SHUJUKU YUANLI JI YINGYONG

数据库原理及应用

秦海菲◎编著

安徽师范大学出版社
ANHUI NORMAL UNIVERSITY PRESS
·芜湖·

图书在版编目(CIP)数据

数据库原理及应用 / 秦海菲编著. — 芜湖: 安徽师范大学出版社, 2022.1
ISBN 978-7-5676-5147-0

Ⅰ.①数… Ⅱ.①秦… Ⅲ.①数据库系统 Ⅳ.①TP311.13

中国版本图书馆CIP数据核字(2021)第192299号

数据库原理及应用 秦海菲◎编著

责任编辑:李 玲 李子旻
责任校对:吴毛顺
装帧设计:丁奕奕
责任印制:桑国磊
出版发行:安徽师范大学出版社
芜湖市北京东路1号安徽师范大学赭山校区 邮政编码:241000
网 址:http://www.ahnupress.com/
发 行 部:0553-3883578 5910327 5910310(传真)
印 刷:苏州市古得堡数码印刷有限公司
版 次:2022年1月第1版
印 次:2022年1月第1次印刷
规 格:787 mm × 1092 mm 1/16
印 张:21.75
字 数:480千字
书 号:ISBN 978-7-5676-5147-0
定 价:59.80元

前　言

数据库的发展体现了一个国家信息化建设的水平，数据库管理已经从一种专门的计算机应用技术发展为现代计算机环境中的一个重要组成部分，数据库系统课程教学已经成为计算机专业教育中的一个核心部分。为了适应应用型本科办学的新特点和新要求，也为了更好地切合教师与学生的实际需求，我们编写本书。

本书参考了很多优秀的国内外经典教材，如王珊教授等编写的《数据库系统概论》，黄雪华教授等编写的《数据库原理及应用》，陈志泊教授等编写的《数据库原理及应用教程》，以及耶鲁大学、斯坦福大学等世界知名大学的优秀教材。

本书以培养数据管理应用型人才为目标，根据大学中常用的数据库课程教学大纲进行编写，以SQL Server为实验环境，引入了大量实例，是理论与实践结合并应用于实践的一本教材，是作者多年从事数据库课程教学和数据处理研究的经验总结。

数据库是数据管理的最新技术，是计算机科学与技术的重要分支，是计算机应用中一个非常活跃、发展迅速、应用广泛的领域。作为计算机科学与技术相关专业的核心课程之一，本课程既能培养学生掌握一种数据库操作语言、对现实世界进行分析与建模的能力，又能提升学生分析问题、解决问题、建立数据库模型的能力。

本书共由五个部分组成：

第一部分：综述（第1章）　主要从数据库系统概述、数据模型、数据库系统的结构和数据库系统的组成等方面进行介绍。其中，数据库系统概述从数据库的基本概念、数据管理技术的发展历史和数据库管理系统几个方面进行综述。

第二部分：基础篇（第2—3章）　主要从关系数据库的角度出发，介绍关系数据库的数据结构、关系操作、关系模型的完整性、关系代数和关系数据库的标准语言（SQL）等。通过关系代数和SQL的转换，提升学生从理论到实践的应用能力，帮助学生熟练使用SQL在某一个数据库管理系统上进行数据库操作。

第2章　关系数据库。系统讲解关系数据库的重要概念，包括关系数据库的数据结构、关系操作、关系模型的完整性、关系代数。

第3章　关系数据库标准语言SQL。详细讲解SQL数据定义、数据更新、数据查询和视图等内容。

第三部分：设计与应用篇（第4—9章）　主要从应用系统开发角度出发，介绍数据库设计应用的过程，培养学生设计数据库模型和开发数据库应用系统的基本能力。

第4章　关系查询处理和查询优化。主要基于第3章SQL进一步提升，详细介绍了在开发应用系统时查询处理和查询优化的方法，以提高系统开发效率和查询效率。

第5章　实体-联系建模。主要从实体、联系的角度出发对数据模型进行设计，主要讲解概念结构设计中的E-R模型和EER模型，其中E-R模型是本章的重点。主要介绍E-R模型的基本概念和设计方法，EER模型可以作为参考和辅助。

第6章　关系数据理论。详细讲解关系规范化理论，它既是关系数据库的重要理论基础，也是数据库设计的有力工具。

第7章　数据库设计。详细讲解数据库设计各阶段的目标、方法和应注意的问题，重点讲解需求分析、概念结构设计和逻辑结构设计。需求分析包括数据流图和数据字典的表示方法，概念结构设计包括E-R图的合并和解决冲突的方法，逻辑结构设计包括将E-R模型转换为关系模型的方法。

第8章　数据库编程。详细讲解数据库应用系统中访问和管理数据的方式、嵌入式SQL、数据库编程语言(基本语法、存储过程、函数、触发器、游标)、数据库接口和访问技术以及基于JDBC设计开发数据库应用程序的方法。

第9章　数据库设计案例。它是第三部分设计与应用篇的一个综合应用。

第四部分：管理篇(第10—12章)　主要从管理和事务的角度出发，针对具体数据库管理系统，选用合适的技术解决数据库的安全性、完整性、故障和并发控制等问题。

第10章　数据库安全性。全面讲解实现数据库安全性的技术和方法，包括用户身份鉴别、自主存取控制、强制存取控制、视图机制、审计功能、加密技术等。

第11章　事务管理——数据库恢复技术。介绍事务的基本概念和特性，讲解数据库系统遇到故障后进行恢复的原理、方法、技术和策略。

第12章　事务管理——并发控制。介绍并发操作可能造成数据不一致等问题，讲解并发控制的基本概念和现阶段数据库管理系统中常用的封锁技术。

第五部分：新技术篇(第13章)　主要介绍现阶段数据库系统发展的特点及数据管理技术的发展趋势。

本书由秦海菲编写，李志虹老师审核。本书的编写，得到陈晓林教授的大力支持和帮助，在此表示衷心的感谢。作者在编写时参阅了大量的著作、论文及网络资料，在此谨向这些作者表示由衷的感谢。

由于本书编写时间紧张，作者水平有限，书中难免存在不足，敬请广大读者批评指正！

秦海菲

二〇二二年一月

目　　录

第1章　绪　　论

本章目标

•数据库的基本概念；

•数据库技术产生和发展的背景；

•数据模型的基本概念、组成要素和主要的数据模型；

•概念模型的基本概念及E-R图；

•数据库系统的三级模式结构以及数据库系统的组成。

“数据库原理及应用”是一门非常重要的课程，其理论知识及技术应用都相当广泛，是信息类学科必须掌握的内容，而且近几年它的理论知识及技术发展达到了一个新的高度。数据库技术是数据管理的最新技术，是计算机科学技术中发展最快的领域之一，也是应用最广的技术之一。它是专门解决如何科学地组织和存储数据，如何高效地获取和处理数据的技术。目前，数据库已成为各行各业存储数据、管理信息、共享资源和决策支持的最先进、最常用的技术。

“数据库原理及应用”不仅是计算机类、信息管理、信息系统、人工智能、大数据等专业的必修课程，也是很多非计算机专业的选修课程。

本章重点阐述数据库的基本概念，数据管理技术的进展情况，数据库技术产生和发展的背景，数据模型的基本概念、组成要素和主要的数据模型，概念模型的基本概念及E-R（Entity Relationship，实体-联系）图，数据库系统的三级模式结构以及数据库系统的组成。学习本章后，读者可以了解数据库各发展阶段及其主要特点，掌握有关数据库的基本概念、数据库系统的组成及各部分主要功能，重点掌握数据库的三级模式、二级映像及体系结构，掌握表示数据的四种模型和了解数据库技术最新的研究进展。

1.1 数据库系统概述

随着计算机技术、通信技术以及互联网产业的蓬勃发展，人们对数据的需求日益递增，数据量呈现爆炸式增长。数据时代，涌现出了各种类型的应用型数据，如物联网数据、无线网络数据、GPS数据、3D数据、多媒体数据、社交网络数据、自媒体数据以及大规模的历史数据等。这些数据的存储、表示、处理、传输要用到数据管理技术。

在人们的生活中，有关数据的应用无处不在，如银行、航空公司、学校、销售行业、医院、企业等。银行需要存储客户的基本信息、账户信息、存款信息、取款信息、转账信息、借款信息等。航空公司需要存储旅客信息、票务信息、航班信息、航线信息等。学校需要存储学生信息、教师信息、课程信息、选课信息、成绩管理，甚至学校的贴吧及论坛等信息都保存在学校的数据库中。销售行业，如沃尔玛等大型国际连锁超市的货物信息、库存信息、销售信息等都保存在数据库中。在线销售，如大型电子商务网站“淘宝”的商品信息、客户信息、销售记录等数据都保存在数据库中。医院需要保存病人的基本信息、诊断信息、病例、医生的相关信息等，这些信息都保存在医院的数据库里，以便于随时获取。企业的人力资源部门需要保存每个职工的基本信息、考勤记录、奖惩记录、薪级工资等信息。

可以说，当今时代数据无处不在，人们随时随地都需要查看数据、保存数据、管理数据、搜索数据、分析数据。这些数据一般都保存在专门的数据库里。商家经常根据顾客的购买历史数据及浏览过的产品为顾客推荐商品，有时候在超市里会看见尿不湿与啤酒摆放在一起，银行根据客户的信用记录决定是否为客户发放贷款等，这些都是从数据中挖掘出规律然后应用于生活中的例子。

目前，我国物联网(Internet of Things，IoT)产业已经形成，而且发展迅速。物联网指的是物物相连的互联网，如智能家居、智能农场。物联网中的设备能够通过互联网搜集并传送数据，构成物联网的数据世界。

1.1.1 数据库的基本概念

1.数据(Data)

数据是描述事物的符号记录。描述事物的符号可以是数字，也可以是文字、图形、图像、音频、视频等。数据有多种表现形式，它们都可以经过数字化加工后存入计算机。例如：

张爽，男，2000，云南昆明，计算机科学与技术，2020

该数据如果保存在学生信息管理系统中，可以解释为：张爽，男性，云南昆明人，出生于2000年，2020年被计算机科学与技术专业录取。

2.数据库(DataBase,DB)

数据库,顾名思义,是存放数据的仓库。只不过这个仓库是在计算机存储设备上,而且数据是按一定的格式存放的。

人们收集并抽取出一个应用所需要的大量数据之后,应将其保存起来,以供进一步加工处理,抽取有用信息。在科学技术飞速发展的今天,人们的视野越来越广,数据量急剧增加。过去人们把数据存放在文件柜里,现在人们借助计算机和数据库技术科学地保存和管理大量复杂的数据,以便能方便而充分地利用这些宝贵的信息资源。

严格地讲,数据库是长期储存在计算机内、有组织的、可共享的大量数据的集合。数据库中的数据按一定的数据模型组织、描述和储存,具有较小的冗余度(redundancy)、较高的数据独立性(data independency)和易扩展性(scalability),并可被各种用户共享。

概括地讲,数据库数据具有永久存储、有组织和可共享三个基本特点。

3.数据库管理系统(DataBase Management System,DBMS)

数据库管理系统是一组程序的集合,将数据存储到数据库,并可以修改和获取数据库中的数据。DBMS有很多种类型,包括运行在个人计算机上的小系统和运行在大型主机上的大系统。

数据库管理系统是位于用户与操作系统之间的一层数据管理软件。数据库管理系统和操作系统一样是计算机的基础软件,也是一个大型复杂的软件系统。它的主要功能包括以下几个方面:

(1)数据定义功能。

数据库管理系统提供数据定义语言(Data Definition Language,DDL),用户通过它可以方便地对数据库中的数据对象的组成与结构进行定义。

(2)数据组织、存储和管理。

数据库管理系统要分类组织、存储和管理各种数据,包括数据字典、用户数据、数据的存取路径等。要确定以何种文件结构和存取方式在存储级上组织这些数据,如何实现数据之间的联系。数据组织和存储的基本目标是提高存储空间利用率和方便存取,提供多种存取方法(如索引查找、hash查找、顺序查找等)来提高存取效率。

(3)数据操纵功能。

数据库管理系统还提供数据操纵语言(Data Manipulation Language,DML),用户可以使用它操纵数据,实现对数据库的基本操作,如查询、插入、删除和修改等。

(4)数据库的事务管理和运行管理。

数据库在建立、运用和维护时由数据库管理系统统一管理和控制,以保证事务的正确运行,保证数据的安全性、完整性、多用户对数据的并发使用及发生故障后的系统恢复。

(5)数据库的建立和维护功能。

数据库的建立和维护功能包括数据库初始数据的输入、转换功能,数据库的转储、恢复功能,数据库的重组织功能和性能监视、分析功能等。这些功能通常是由一些实用程序或管理工具完成的。

(6)其他功能。

其他功能包括数据库管理系统与网络中其他软件系统的通信功能,一个数据库管理系统与另一个数据库管理系统或文件系统的数据转换功能,异构数据库之间的互访和互操作功能等。

4.数据库系统(DataBase System,DBS)

数据库系统是由数据库、数据库管理系统(及其应用开发工具)、应用程序和数据库管理员(DataBase Administrator,DBA)组成的存储、管理、处理和维护数据的系统。

计算机硬件是数据库系统的基础,包括CPU、输入输出设备,需要有足够大的内存存放操作系统,DBMS核心模块、数据缓冲区及应用程序;需要有足够大的磁盘存放数据库及备份数据库;需要有较高的通道能力提高数据传送率。

软件包括创建、管理、维护数据库的DBMS,支持DBMS运行的操作系统,开发语言、编译系统、开发环境及数据库应用程序等。

人员主要包括数据库管理员、系统分析员和数据库设计人员、应用程序员和最终用户。

数据库系统可以用图1.1表示。其中数据库提供数据的存储功能,数据库管理系统提供数据的组织、存取、管理和维护等基础功能,数据库应用系统根据应用需求使用数据库,数据库管理员负责全面管理数据库系统。图1.2是引入数据库后计算机系统的层次结构。在一般不引起混淆的情况下,人们常常把数据库系统简称为数据库。

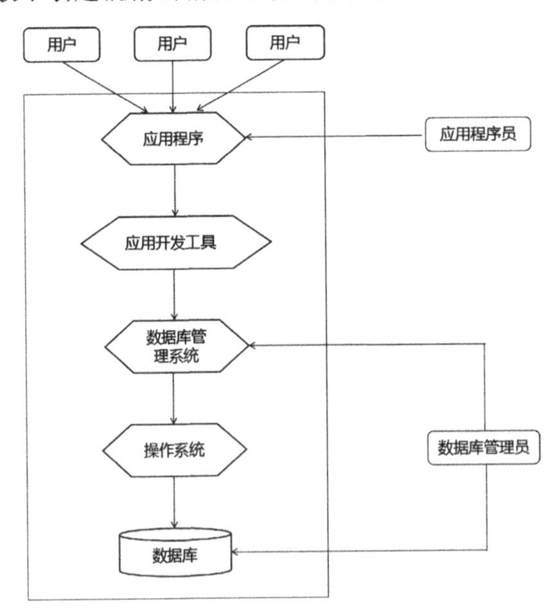

图1.1　数据库系统

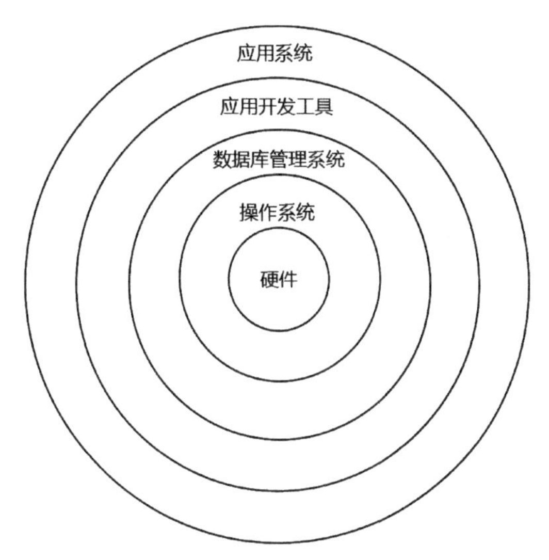

图1.2 计算机系统的层次结构

1.1.2 数据管理技术的发展历史

数据管理是指对数据的组织、分类、加工、存储、检索和维护。随着计算机软硬件技术的发展、数据量的剧增、人们需求的提高,数据管理技术的发展经历了人工管理阶段、文件系统管理阶段和数据库管理系统阶段。

1.人工管理阶段

20世纪50年代中期以前,计算机主要用于科学计算。没有操作系统,当时只有卡片、纸带和磁带,没有磁盘等直接存取设备;数据不保存在计算机内,没有专门管理数据的软件,只有汇编语言,即只有程序,一组数据对应于一个应用程序,数据存在着大量冗余现象。数据处理方式是批处理。人工管理数据具有如下特点:

(1)数据不保存。

由于当时计算机主要用于科学计算,一般不需要将数据长期保存,只是在计算某一课题时将数据输入,用完就撤走。不仅对用户数据如此处置,对系统软件有时也是这样。

(2)应用程序管理数据。

数据需要由应用程序自己设计、说明(定义)和管理,没有相应的软件系统负责数据的管理工作。应用程序中不仅要规定数据的逻辑结构,而且要设计物理结构,包括存储结构、存取方法、输入方式等。

(3)数据不共享。

数据是面向应用程序的,一组数据只能对应一个程序。当多个应用程序涉及某些相同的数据时必须各自定义,无法互相利用、互相参照,因此程序与程序之间有大量的冗余数据。

(4)数据不具有独立性。

数据的逻辑结构或物理结构发生变化后,必须对应用程序做相应的修改,数据完全依赖于应用程序,称之为数据缺乏独立性,这就加重了程序员的负担。

在人工管理阶段,应用程序与数据之间的一一对应关系可用图1.3表示。

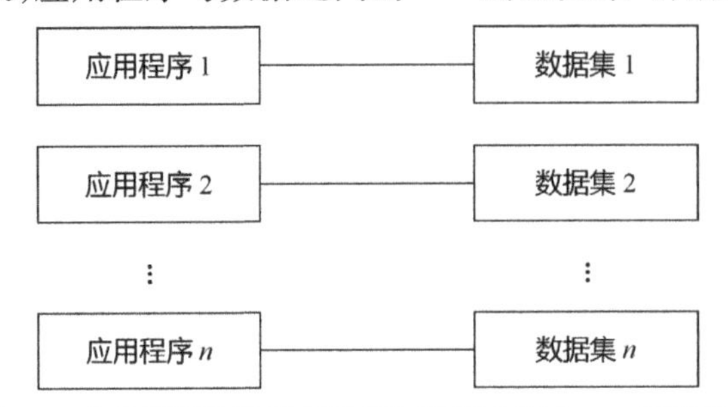

图1.3　人工管理阶段应用程序与数据之间的一一对应关系

2.文件系统管理阶段

20世纪50年代后期到60年代中期,这时硬件方面已有了磁盘、磁鼓等直接存取存储设备;软件方面,操作系统中已经有了专门的数据管理软件,一般称为文件系统;处理方式上不仅有了批处理,还能够联机实时处理。

用文件系统管理数据具有如下特点:

(1)数据可以长期保存。

由于计算机大量用于数据处理,数据需要长期保留在外存上反复进行查询、修改、插入和删除等操作。

(2)由文件系统管理数据。

由专门的软件即文件系统进行数据管理,文件系统把数据组织成相互独立的数据文件,利用“按文件名访问,按记录进行存取”的管理技术,提供了对文件进行打开与关闭、对记录读取和写入等存取方式。文件系统实现了记录内的结构性。

但是,文件系统仍存在以下缺点:

(1)数据共享性差,冗余度大。

在文件系统中,一个(或一组)文件基本上对应于一个应用程序,即文件仍然是面向应用的。当不同的应用程序具有部分相同的数据时,也必须建立各自的文件,而不能共享相同的数据,因此数据的冗余度大,浪费存储空间。同时由于相同数据的重复存储、各自管理,容易造成数据的不一致性,给数据的修改和维护带来了困难。

(2)数据独立性差。

文件系统中的文件是为某一特定应用服务的,文件的逻辑结构是针对具体的应用来设计和优化的,因此要想对文件中的数据再增加一些新的应用会很困难。而且,当数据的逻辑结构改变时,应用程序中文件结构的定义必须修改,应用程序中对数据的使用也要改变,因此数据依赖于应用程序,缺乏独立性。可见,文件系统仍然是一个不具有弹性的无整体结构的数据集合,即文件之间是孤立的,不能反映现实世界事物之间的内在联系。

文件系统管理阶段应用程序与数据之间的关系如图1.4所示。

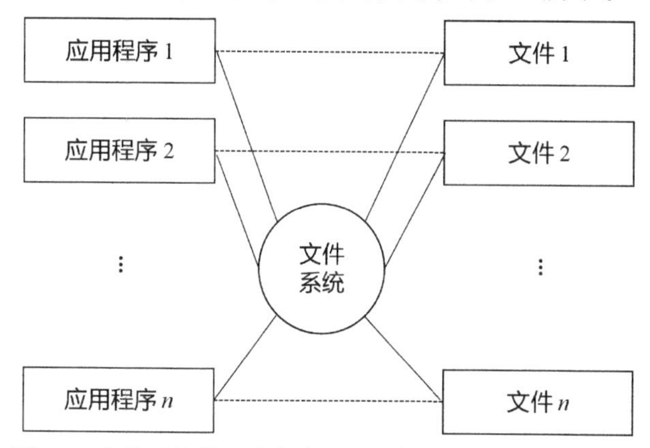

图1.4 文件系统管理阶段应用程序与数据之间的对应关系

文件系统管理阶段，用户可以反复对文件进行查询、修改、插入和删除等操作。人们编写不同的应用程序，从相应的文件中读取记录或写入记录到相应的文件中。下面的两个例子分别展示了文件系统管理阶段如何向文件写入数据，以及如何从文件中读取数据。

【例1.1】 在C语言中，将两个学生的姓名、学号、年龄输入一个文件中，程序清单如下：

```
#include ("stdio.h"
main()
{file *fp;
fp=fopen("filel.c","w");
fputs("chenwei",fp);
putw(20000101,fp);
putw(20,fp);
fputs("Linzi",fp);
putw(20000102,fp);
putw(21,fp);
fclose(fp);
}
```

【例1.2】 在C语言中显示文件中的数据，可使用如下程序：

```
#include"stdio.h"
#define size 2
Struct Student_type
{char name[8];
```

```
Int num;
Int age;
}stud[size];
main()
inti; file *fp;
fp=fopen("filel.c"," r");
for(i=0;i<size;i++)
fread(&stud[i],sizeof(structStudent_type);1,fp);
printf("%8s%8d%4d\n" ,stud[i].name,stud[i],num,stud[i],age);
```

从以上两个程序清单可以看出，文件系统管理阶段对数据的处理非常不灵活，一旦读取或者写入的数据结构发生变化，程序就需要重新编写。

在文件系统管理阶段，虽然一个应用程序可以处理多个数据文件，但是一个文件基本上对应一个应用程序，当不同的应用程序具有相同的数据时，不能共享其中相同的数据，造成数据冗余度大，从而造成数据的不一致性，对数据的维护造成困难。并且文件与文件之间是相对孤立的，它们的联系只能通过应用程序来实现。

在文件系统管理阶段，很难控制某个人对文件的操作，例如，用户A只可以读取文件，而不可以修改文件；而用户B既可以读取文件，又可以修改文件。实际应用中就有很多这样类似的情况，例如，对于学生成绩管理系统，学生只可以查询成绩，而老师才可以录入成绩。文件系统管理阶段也无法实现对数据的安全性管理。

在文件系统管理阶段，当多个用户同时访问某个文件时，也无法进行并发管理，从而导致混乱。例如，用户A修改一个文件的同时，用户B需要读取该文件。

3.数据库管理系统阶段

20世纪60年代后期以来，数据管理中的数据量剧增，硬件出现了大容量的磁盘，价格下降，为了克服文件系统管理阶段的弊病，解决多用户、多应用共享数据的需求，使数据为尽可能多的应用服务，出现了专门管理数据的软件，进入了数据库管理系统管理数据时代。

如图1.5所示，数据统一由数据库管理系统管理和控制，应用程序通过数据库管理系统共享数据库中的数据。在这个阶段，数据从应用程序中分离出来，提高了数据的共享性，使得多个用户可以共享数据库，数据库中的数据被多个应用共享访问，降低了数据的冗余度，提高了数据的一致性。

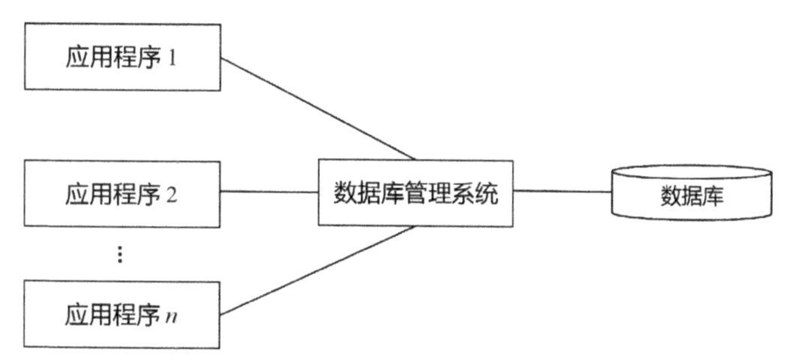

图1.5　数据库管理系统阶段应用程序处理数据

这一阶段实现了数据多级别的安全性管理、多用户同时访问数据的并发控制以及灾难发生时的恢复机制。同时，数据库中的数据是按照一定的数据模型（逻辑数据模型）组织、描述和存储的，通常称为数据结构化。

在应用需求推动下，在计算机硬件、软件发展的基础上，上述数据管理技术经历的三个阶段的特点及其比较如表1.1所示。

表1.1　数据管理三个阶段的比较

		人工管理阶段	文件系统管理阶段	数据库管理系统阶段
背景	应用背景	科学计算	科学计算、数据管理	大规模数据管理
	硬件背景	无直接存取存储设备	磁盘、磁鼓	大容量磁盘、磁盘阵列
	软件背景	没有操作系统	有文件系统	有数据库管理系统
特点	处理方式	批处理	联机实时处理、批处理	联机实时处理、分布处理、批处理
	数据的管理者	用户（程序员）	文件系统	数据库管理系统
	数据面向的对象	某一应用程序	某一应用	现实世界（一个部门、企业、跨国组织等）
	数据的共享程度	无共享，冗余度极大	共享性差，冗余度大	共享性高，冗余度小
	数据的独立性	不独立，完全依赖于程序	独立性差	具有高度的物理独立性和一定的逻辑独立性
	数据的结构化	无结构	记录内有结构、整体无结构	整体结构化，用数据模型描述
	数据控制能力	应用程序自己控制	应用程序自己控制	由数据库管理系统提供数据安全性、完整性、并发控制和恢复能力

数据模型是数据库管理系统的基础，它表示现实世界中各种数据对象和数据间的联系。经过五十多年的时间，依据数据模型的发展，数据库可以分为四个发展阶段：层次数据库管理系统阶段，网状数据库管理系统阶段，关系数据库管理系统阶段，新一代数据库管理系统阶段。

(1)层次数据库管理系统阶段。

1968年由IBM公司研制的层次数据库管理系统IMS(Information Management System)是基于层次数据模型,它是IBM公司推出的一个大型商用数据库管理系统,曾在20世纪70年代到80年代早期被广泛使用。

(2)网状数据库管理系统阶段。

网状数据库管理系统是基于网状数据模型。其典型代表是DBTG(DataBase Task Group)系统,也称为CODASYL系统。它是20世纪70年代由数据系统语言研究会(Conference on Data System Language, CODASYL)下属的数据库任务组提出的一个系统方案,它不是一个实际的数据库系统软件,只是一个模型。20世纪70年代中期,不少公司都采用此模型构建自己的数据库管理系统,其中最典型的如Cullinet软件公司的IDMS,HP公司的IMAGE,Honeywell公司的IDS/2等。

(3)关系数据库管理系统阶段。

关系数据库管理系统是基于关系数据模型。该模型由IBM公司的San Jose研究室的研究员E.F.Codd提出。1976年,IBM公司的System R和美国加州大学Berkeley分校的Ingres关系数据库系统是典型代表。在此基础上,IBM公司推出了DB2商用关系数据库系统,INGRES公司推出了Ingres,ORACLE公司推出了Oracle等。20世纪80年代以来,几乎所有的数据库管理系统都支持关系数据模型,直到现在,RDBMS仍然是主流数据库管理系统,占有大部分市场。关系数据库管理系统具有模型简单清晰、严格的数学理论基础、数据独立性强、数据库语言非过程化、标准化的特色。

(4)新一代数据库管理系统阶段。

20世纪80年代后期,人们又提出了新一代数据库的设想。新一代的数据库管理系统以更丰富多样的数据模型和数据管理功能为特征,满足广泛复杂的新应用的要求。它的研究和发展呈现百花齐放的局面,如基于面向对象的数据模型、基于对象关系的数据模型、基于半结构化XML的数据模型、基于NoSQL模型、基于NewSQL模型等。新一代数据库管理系统必须保持和继承第三代数据库系统的相关技术,而且还支持更加丰富的对象结构、数据类型和规则。

1.1.3 数据库管理系统介绍

数据库管理系统与人工管理和文件系统管理相比有以下特点。

(1)数据结构化:数据库管理系统实现整体数据的结构化,这是数据库管理系统与文件系统的本质区别。所谓整体数据的结构化指数据不仅针对某一应用,而是面向全组织,且数据之间具有联系。

(2)数据的共享性高、冗余度低且易扩充:数据共享可以大大减少数据冗余,节约存储空间,还能避免数据之间的不相容性与不一致性。

(3)数据独立性高:包括数据的物理独立性和数据的逻辑独立性。数据独立性由数据库管理系统的二级映像功能来保证。

(4)数据由数据库管理系统统一管理和控制:由于数据库的共享是并发的共享,即多个用户可以同时存取数据甚至是同一个数据,因而,数据库管理系统必须提供以下四个方面的数据控制功能:

①数据的安全性保护:指保护数据以防止不合法使用造成的数据泄密和破坏。每个用户只能按规定对某些数据以某些方式进行使用和处理。②数据的完整性检查:指数据的正确性、有效性和相容性。将数据控制在有效的范围内,并保证数据之间满足一定的关系。③并发控制:为防止数据相互干扰而得到的错误结果或使数据库完整性遭到破坏,必须对多用户的并发操作加以控制和协调。④数据库恢复:数据库管理系统必须具有将数据库从错误状态恢复到某一已知的正确状态的功能。

当前市场上比较流行(或曾经流行)的一些关系DBMS的产品见表1.2。表1.2从运行的平台、公司、专业性、开发时间、性能方面展示了八种DBMS产品。

表1.2 数据库管理系统产品

产品	平台	公司	专业性	开发时间	性能
VFP、Access	Windows	微软	非专业小型	20世纪80年代	一般
MySQL	跨平台	Oracle	专业中小型	20世纪90年代	好
Oracle	跨平台	Oracle	专业大型	1979年	好
SQLServer	Windows	微软	专业大中型	1994年	好
Sybase	跨平台	Sybase	专业大型	1987年	好
Informix	跨平台	IBM	专业大型	1988年	好
Ingres	跨平台	CA	专业大型	1975年	好
DB2	AS400等	IBM	专业大型	1987年	好

其他的非关系数据库产品如图1.6。

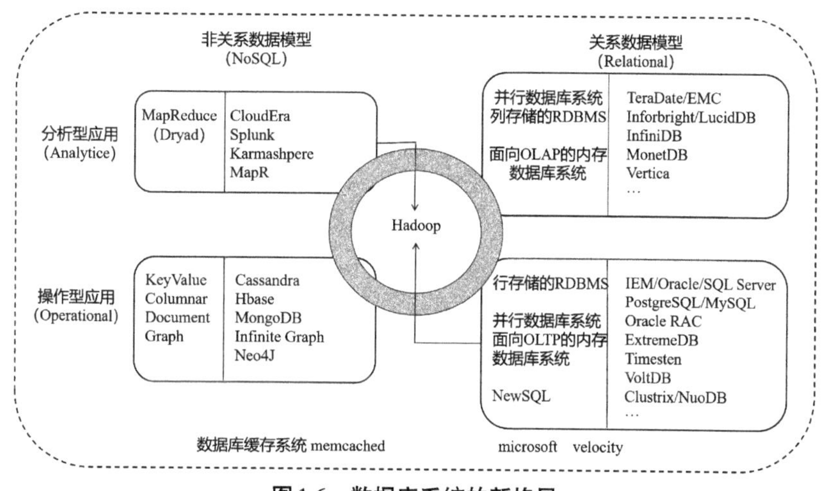

图1.6 数据库系统的新格局

1.2 数据模型

1.2.1 数据模型的概念及分类

数据模型(data model)也是一种模型,它是对现实世界数据特征的抽象,是用来描述数据、组织数据和对数据进行操作的。数据模型是数据库系统的核心和基础,各种机器上实现的数据库管理系统软件都是基于某种数据模型或者说是支持某种数据模型的。

1.数据处理的抽象与转换

为了把现实世界中的具体事物抽象、组织为某一数据库管理系统支持的数据模型,人们常常首先将现实世界抽象为信息世界,然后将信息世界转换为机器世界。也就是说,首先把现实世界中的客观对象抽象为某一种信息结构,这种信息结构并不依赖于具体的计算机系统,不是某一个数据库管理系统支持的数据模型,而是概念级的模型;然后再把概念模型转换为计算机上某一数据库管理系统支持的数据模型,这一过程如图1.7所示。

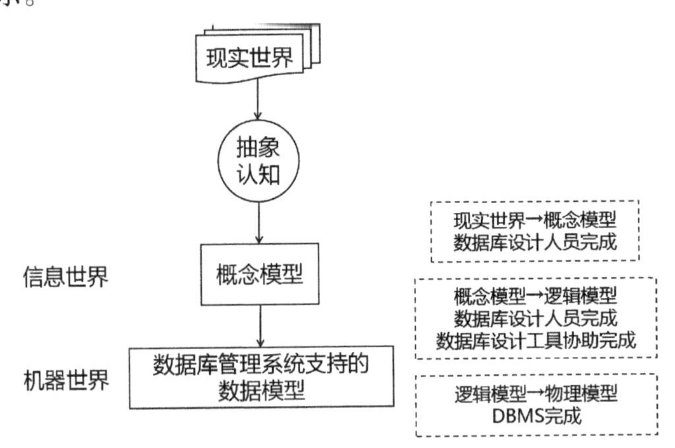

图1.7 现实世界中客观对象的抽象过程

2.数据模型的分类

数据模型应满足三方面要求:一是能比较真实地模拟现实世界,二是容易为人所理解,三是便于在计算机上实现。一种数据模型要很好地、全面地满足这三方面的要求目前尚很困难。因此,需要在数据库系统中针对不同的使用对象和应用目的,采用不同的数据模型。如同在建筑设计和施工的不同阶段需要用不同的图纸一样,在开发实施数据库应用系统中也需要使用不同的数据模型:概念模型、逻辑模型和物理模型。

根据模型应用的不同目的,可以将这些模型划分为两大类,它们分别属于两个不同的层次:第一类是概念模型,第二类是逻辑模型和物理模型。

第一类是概念模型(conceptual model),也称信息模型。它是按用户的观点对数据和信息建模,是对现实世界的事物及其联系的第一级抽象。它不依赖于具体的计算机系统,不涉及信息在计算机内如何表示、如何处理等问题,只是用来描述某个特定组织所关心的信息结构。因此,概念模型属于信息世界中的模型,不是一个DBMS支持的数据模型,而是概念级的模型。概念模型是数据库设计人员进行数据库设计的有力工具,也是数据库设计人员和用户之间进行交流的语言。因此,概念模型一方面应该具有较强的语义表达能力,能够方便、直接地表达应用中的各种语义知识,另一方面它还应该简单、清晰、易于用户理解。概念模型的表示方法很多,其中最为常用的概念模型是P.P.S.Chen于1976年提出的实体-联系方法(Entity-Relationship approach),也称E-R方法或E-R模型。

第二类是逻辑模型(或称数据模型)和物理模型。逻辑模型是属于计算机世界中的模型,这一类模型是按计算机的观点对数据建模,是对现实世界的第二级抽象,有严格的形式化定义,以便于在计算机中实现。任何一个DBMS都是根据某种逻辑模型有针对性地设计出来的,即数据库是按DBMS规定的数据模型组织和建立起来的,因此逻辑模型主要用于DBMS的实现。从概念模型到逻辑模型的转换可以由数据库设计人员完成,也可以用数据设计工具协助设计人员完成。逻辑模型主要包括层次模型(hierarchical model)、网状模型(network model)、关系模型(relational model)、面向对象数据模型(object oriented data model)和对象关系数据模型(object relational data model)、半结构化数据模型(semistructured data model)等。它是按计算机系统的观点对数据建模,主要用于数据库管理系统的实现。

第二类中的物理模型是对数据最底层的抽象,它描述数据在系统内部的表示方式和存取方法,或在磁盘或磁带上的存储方式和存取方法,是面向计算机系统的。物理模型的具体实现是DBMS的任务,用户一般不必考虑物理级细节。从逻辑模型到物理模型的转换是由DBMS自动完成的。

1.2.2 三个世界及有关概念

1.现实世界

现实世界即客观存在的世界。其中存在着各种事物及它们之间的联系,每个事物都有自己的特征或性质。人们总是选用感兴趣的最能表征一个事物的若干特征来描述该事物。例如,描述一个学生,常选用学号、姓名、性别、年龄、系别等基本信息来描述,有了这些特征,就能区分不同的学生。

现实世界中事物之间是相互联系的,而这种联系可能是多方面的,但人们只选择那些感兴趣的联系,无须选择所有的联系。如在学生管理系统中,可以选择“学生选修课程”这一联系表示学生和课程之间的关系。

2.信息世界(概念模型)

信息世界是现实世界在人们头脑中的反映,经过人脑的分析、归纳和抽象,形成信息,人们把这些信息进行记录、整理、归类和格式化后,就构成了信息世界。在信息世界中,常用的主要概念如下。

(1)实体(entity):客观存在并且可以相互区别的事物称为实体。实体可以是具体的人、事或物,如一个学生、一本书、一辆汽车、一种物质等;也可以是抽象的事件,如一堂课、一次比赛、学生选修课程等。

(2)属性(attribute):实体所具有的某一特性称为属性。一个实体可以由若干个属性共同来刻画。如学生实体由学号、姓名、性别、年龄、所在院系等方面的属性组成。属性有“型”和“值”之分。“型”即为属性名,如姓名、年龄、性别都是属性的型;“值”即为属性的具体内容,如学生(20200510101,张爽,20,男,计算机),这些属性值的集合表示了一个学生实体。

(3)实体型(entity type):具有相同属性的实体必然具有共同的特征。所以,用实体名及其属性名集合来抽象和描述同类实体,称为实体型。如学生(学号,姓名,年龄,性别,系)就是一个实体型,它描述的是学生这一类实体。

(4)实体集(entity set):同型实体的集合称为实体集。如所有的学生、所有的课程等。

(5)码(key):在实体型中,能唯一标识一个实体的属性或属性集称为实体的码。如学生的学号就是学生实体的码,而学生实体的姓名属性可能有重名,不能作为学生实体的码。注意:在有些教材中该概念被称为键,具体内容将在本书的第2章介绍。

(6)域(domain):某一属性的取值范围称为该属性的域。如学号的域为11位整数,姓名的域为字符串集合,年龄的域为小于40的整数,性别的域为男或女等。

(7)联系(relationship):在现实世界中,事物内部以及事物之间是有联系的,这些联系同样也要抽象和反映到信息世界中来,在信息世界中将被抽象为单个实体型内部的联系和实体型之间的联系。单个实体型内部的联系通常是指组成实体的各属性之间的联系;实体型之间的联系通常是指不同实体集之间的联系,可分为两个实体型之间的联系以及两个以上实体型之间的联系。

(8)两个实体型间的联系:两个实体型之间的联系是指两个不同的实体集间的联系,有如下三种类型。

①一对一联系(1:1):实体集A中的一个实体至多与实体集B中的一个实体相对应,反之,实体集B中的一个实体至多与实体集A中的一个实体相对应,则称实体集A与实体集B为一对一的联系,记作1:1。如班级与班长、观众与座位、病人与床位之间的联系。

②一对多联系(1:n):实体集A中的一个实体与实体集B中的n($n \geqslant 0$)个实体相联系,反之,实体集B中的一个实体至多与实体集A中的一个实体相联系,记作1:n。如

班级与学生、公司与职员、省与其所辖市之间的联系。

③多对多联系($m:n$):实体集A中的一个实体与实体集B中的$n(n\geq0)$个实体相联系,反之,实体集B中的一个实体与实体集A中的$m(m\geq0)$个实体相联系,记作$m:n$。如教师与学生、学生与课程、工厂与产品之间的联系。

实际上,一对一联系是一对多联系的特例,而一对多联系又是多对多联系的特例。

(9)两个以上实体型间的联系:两个以上的实体型之间也存在着一对一、一对多和多对多的联系。

例如,对于课程、教师与参考书三个实体型,如果一门课程可以有若干个教师讲授,使用若干本参考书,而每一个教师只讲授一门课程,每一本参考书只供一门课程使用,则课程与教师、参考书之间的联系是一对多的联系。

(10)单个实体型内部的联系:同一个实体集内的各个实体之间存在的联系,也可以有一对一、一对多和多对多的联系。

例如,职工实体型内部具有领导与被领导的联系,即某一职工"领导"若干名职工,而一个职工仅被另外一个职工领导,因此在职工实体集内部这种联系,就是一对多的联系。

3.计算机世界(机器世界)

计算机世界是信息世界中信息的数据化,就是将信息用字符和数值等数据表示,便于存储在计算机中并由计算机进行识别和处理。在计算机世界中,常用的主要概念有如下几个。

(1)字段(field):标记实体属性的命名单位称为字段,也称为数据项。字段的命名往往和属性名相同。如学生有学号、姓名、年龄、性别和系等字段。

(2)记录(record):字段的有序集合称为记录。通常用一个记录描述一个实体,因此,记录也可以定义为能完整地描述一个实体的字段集。如一个学生(20200510101,张爽,20,男,计算机系)为一个记录。

(3)文件(file):同一类记录的集合称为文件。文件是用来描述实体集的。如所有学生的记录组成了一个学生文件。

(4)关键字(keyword):能唯一标识文件中每个记录的字段或字段集,称为记录的关键字,或简称键。例如,在学生文件中,学号可以唯一标识每一个学生记录,因此学号可作为学生记录的关键字。

在计算机世界中,信息模型被抽象为数据模型,实体型内部的联系抽象为同一记录内部各字段间的联系,实体型之间的联系抽象为记录与记录之间的联系。

现实世界是信息之源,是设计数据库的出发点,实体模型和数据模型是现实世界事物及其联系的两级抽象,而数据模型是实现数据库系统的根据。通过以上的介绍,我们可总结出三个世界中各术语的对应关系。

1.2.3 数据模型的组成要素

一般地讲，数据模型是严格定义的一组概念的集合。这些概念精确地描述了系统的静态特性、动态特性和完整性约束条件(integrity constraints)。因此，数据模型通常由数据结构、数据操作和数据的完整性约束条件三部分组成。

1. 数据结构

数据结构描述数据库的组成对象以及对象之间的联系。也就是说，数据结构描述的内容有两类：一类是与对象的类型、内容、性质有关的，如网状模型中的数据项、记录，关系模型中的域、属性、关系等；一类是与数据之间联系有关的对象，如网状模型中的系型(set type)。

数据结构是刻画一个数据模型性质最重要的方面。因此在数据库系统中，人们通常按照其数据结构的类型来命名数据模型。例如层次结构、网状结构和关系结构的数据模型分别命名为层次模型、网状模型和关系模型。

总之，数据结构是所描述的对象类型的集合，是对系统静态特性的描述。

2. 数据操作

数据操作是指对数据库中各种对象(型)的实例(值)允许执行的操作的集合，包括操作及有关的操作规则。

数据库主要有查询和更新(包括插入、删除、修改)两大类操作。数据模型必须定义这些操作的确切含义、操作符号、操作规则(如优先级)以及实现操作的语言。

数据操作是对系统动态特性的描述。

3. 数据的完整性约束条件

数据的完整性约束条件是一组完整性规则的集合。完整性规则是给定的数据模型中数据及其联系所具有的制约和依存规则，用以限定符合数据模型的数据库状态以及状态的变化，以保证数据的正确、有效、相容。

一方面，数据模型应该反映和规定本数据模型必须遵守的基本的和通用的完整性约束条件。另一方面，数据模型还应该提供定义完整性约束条件的机制，以反映具体应用所涉及的数据必须遵守的特定的语义约束条件。例如，在学生管理数据库中，学生的年龄不得超过40岁。

1.2.4 常用的数据模型

我们通常所说的数据模型特指逻辑模型。目前，在数据库领域中常用的逻辑数据模型主要有层次模型(hierarchical model)，网状模型(network model)，关系模型(relational model)和面向对象模型(object oriented model)，其中层次模型和网状模型统称为格式化模型。

格式化模型的数据库系统在20世纪70年代至80年代初非常流行,在数据库系统产品中占据了主导地位。层次数据库系统和网状数据库系统在使用和实现上都要涉及数据库物理层的复杂结构,现在已逐渐被关系模型的数据库系统取代。但在美国及欧洲的一些国家里,由于早期开发的应用系统都是基于层次数据库或网状数据库系统,因此目前仍有一些层次数据库系统或网状数据库系统在继续使用。

20世纪80年代以来,面向对象的方法和技术在计算机各个领域,包括程序设计语言、软件工程、信息系统设计、计算机硬件设计等方面都产生了深远的影响,也促进数据库中面向对象数据模型的研究和发展。许多关系数据库厂商为了支持面向对象模型,对关系模型做了扩展,从而产生了对象关系数据模型。

随着Internet的迅速发展,Web上各种半结构化、非结构化数据源已经成为重要的信息来源,产生了以XML为代表的半结构化数据模型和非结构化数据模型。本章简要介绍层次模型、网状模型、关系模型。

数据结构、数据操作和数据完整性约束条件这三个方面的内容完整地描述了一个数据模型,其中数据结构是刻画模型性质的最基本的方面。为了使读者对数据模型有一个基本认识,下面着重介绍三种模型的数据结构。

注意:这里讲的数据模型都是逻辑上的,也就是说是用户眼中看到的数据范围。同时它们又都是能用某种语言描述,使计算机系统能够理解,被数据库管理系统支持的数据视图,这些数据模型将以一定的方式存储于数据库系统中,这是数据库管理系统的功能,是数据库管理系统中的物理存储模型。

在格式化模型中实体用记录表示,实体的属性对应记录的数据项(或字段)。实体之间的联系在格式化模型中转换成记录之间的两两联系。

1.2.5　层次模型

层次模型是最早出现的数据模型。基于层次模型的数据库叫作层次数据库,典型代表是IBM公司的信息管理系统(Information Management System, IMS),曾经得到广泛的使用。

1.层次模型的数据结构

层次模型以一个倒立的树结构表示各对象及对象间的联系。因为现实世界中许多对象之间的联系呈现出一种层次关系。每个结点表示一个记录类型,结点之间的联系表示记录类型之间的联系。每个记录类型可以包括若干字段。层次模型的结构特点如下。

(1)每个子结点只有一个双亲结点,而且只有根结点没有双亲结点。

(2)查询任何一个给定的记录时,只有按其路径查看,才能显示出它的全部含义,没有一个子记录可以脱离双亲记录而存在。

(3)层次数据库系统只能处理一对多的联系。

图1.8给出一个以学校为例的层次模型。

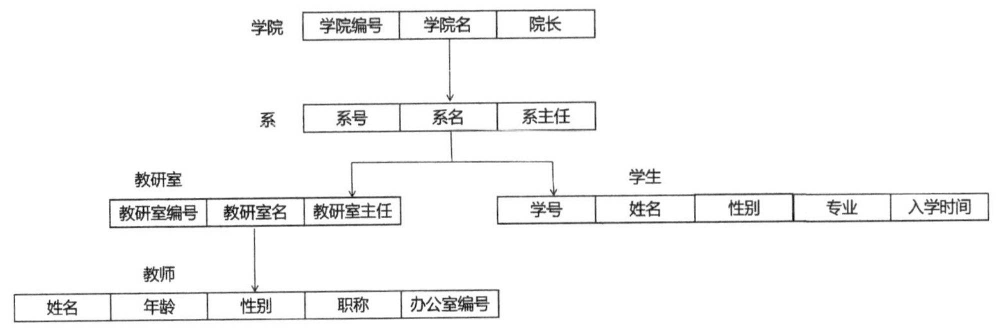

图1.8　学校层次模型实例

该层次模型由学院、系、教研室、学生、教师构成,学院是根结点,结点学生和结点教研室是结点系的子结点,结点教研室是结点教师的双亲结点。学院由多个系组成,系由教研室和学生构成,教研室下面有多个教师。

2.层次模型的操作和完整性约束

层次模型的数据操作主要有增加、删除、修改和查询。对层次模型进行相应操作时,需要满足它的完整性约束条件。

进行插入操作时,如果没有相应的双亲结点,就不能插入它的子女结点。例如,在图1.8的层次数据库中,新调来一名教师,如果没有给他分配教研室,就不能将其值插入到数据库中。

进行删除操作时,如果删除的是双亲结点,则相应的子女结点值也将被同时删除。例如,删除某个教研室,则其下的教师信息将全部被删除。

3.层次模型的优缺点

层次模型能得到广泛使用主要因为它本身存在很多优点。层次模型的优点主要如下。

(1)层次模型的数据结构比较简单。

(2)层次数据库的查询效率高。层次模型的记录之间的联系用指针来实现,当要存取某个结点的值时,只需要沿着指针所示的路径进行寻找,就可以很快找到。

(3)层次模型提供了良好的完整性支持。

层次模型被其他数据模型取代,其原因主要如下。

(1)现实世界中有很多非层次的联系。此外,多对多的联系、一个结点有多个双亲结点等,这些情况都无法用层次模型实现。

(2)查询子女结点必须通过双亲结点。

(3)对插入和删除操作的限制比较多。

1.2.6　网状模型

现实世界中，事物之间的联系更多的是非层次关系。美国CODASYL下属的DBTG于1971年4月发表了名为《1971年DBTG报告》的数据库建议书，给出了网状数据库系统的方案，为网状数据库提供了完整的系统设计和语言规范。

1. 网状模型的数据结构

网状模型是一种比层次模型更具普遍性的模型，即用图(graph)结构表示对象以及对象之间的联系。它的结构特点如下。

(1)允许一个以上的结点无双亲。

(2)一个结点可以有多于一个的双亲。

网状模型比层次模型更具普遍性的结构，因此它可以更直接地描述现实世界。而层次模型实质上是网状模型的特例。与层次模型一样，网状模型中的每个结点表示一个记录类型，每个记录类型可包含若干字段，结点间的连线表示记录类型之间的联系。

图1.9给出了一个网状模型的例子。一个系可以有多个教师、学生、专业；一个教师属于某一个系、教若干学生、任教某个专业；一个学生属于某个系、由某些老师教、学某个专业；一个专业被设在某个系、由某些教师任教、被某些学生选修，它们之间构成了一个复杂的网状结构。

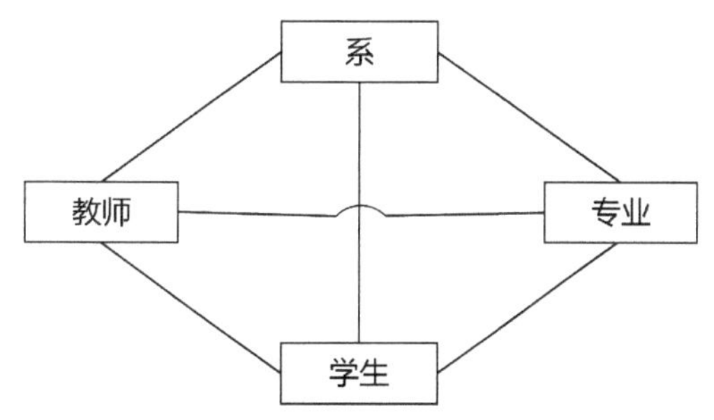

图1.9　学校网状模型实例

网状模型没有层次模型那样严格的完整性约束条件，但提供了定义网状数据库完整性的若干概念和语句。

2. 网状模型的优缺点

网状模型的优点主要如下。

(1)可以更直接地描述现实世界。

(2)具有良好的性能，存取效率较高。

网状模型的缺点主要是数据结构复杂，实现起来比较困难。

1.2.7 关系模型

1970年,美国IBM公司的E. F. Codd首次提出了关系模型,并因此获得了ACM图灵奖。

关系数据模型是目前使用最广泛的一种数据模型,现在的数据库产品大部分都以关系数据模型为基础。它采用关系作为逻辑结构,实际上关系就是一张二维表,一般简称表,如表1.3所示。

表1.3 关系模型的二维表

学号	姓名	性别	年龄/岁	系名
20200510101	张爽	男	20	计算机系
20200510102	刘怡	女	19	信息系
20200510103	王明	女	20	物理系
20200510104	张猛	男	18	外语系

关系模型作为应用最广泛的数据模型,其优点如下。

(1)关系数据模型简单。它的基本结构是二维表,数据表示方法简单、清晰,容易在计算机上实现。

(2)关系模型是三种逻辑数据模型中唯一有数学理论作基础的模型,它的定义及操作有严格的数学理论基础。

(3)关系模型的存取路径对用户透明,因而具有更强的独立性。

1.3 数据库系统的结构

数据库系统的结构从不同人员的角度看,有不同的划分方式。从数据库应用开发人员角度看,数据库系统通常采用三级模式结构,即外模式、模式、内模式。这是数据库系统内部的体系结构。从数据库最终用户角度看,数据库系统结构分为单用户结构、集中式结构、分布式结构、主从式结构、C/S(客户/服务器)结构、B/S(浏览器/服务器)结构等。这是数据库系统外部的体系结构。

1.3.1 模式及实例的概念

在数据模型中有“型”和“值”的概念。型是指某一类数据的结构和属性说明,值是型的一个具体意义。例如,学生记录定义为(学号,姓名,性别,系别,年龄)这样的记录型,而(20200510101,张爽,男,计算机系,20)则是该记录型的一个记录值。

模式(schema)是数据库中全体数据的逻辑结构和特征的描述,它仅涉及型的描述,某种具体状态下的值则称为一个实例(instance)。同一个模式有很多个值,即多个实例。例如，在学生选课数据库模式中包含学生记录、课程记录和学生选课记录。该实例包含了2020年学校所有的学生记录、课程记录和选课记录，那么2021年度学校的所有学生记录、课程记录和选课记录就是另外一个实例。模式是相对稳定的，而实例是相对变动的，因为模式里的值可能是不断变化的。

1.3.2　数据库系统的三级模式结构

不管是数据模型、数据库语言、操作系统，还是存储结构，数据库系统的结构一般都由三级模式构成。图1.10所示为数据库系统的三级模式结构，它由内模式、模式、外模式和两级映像构成。

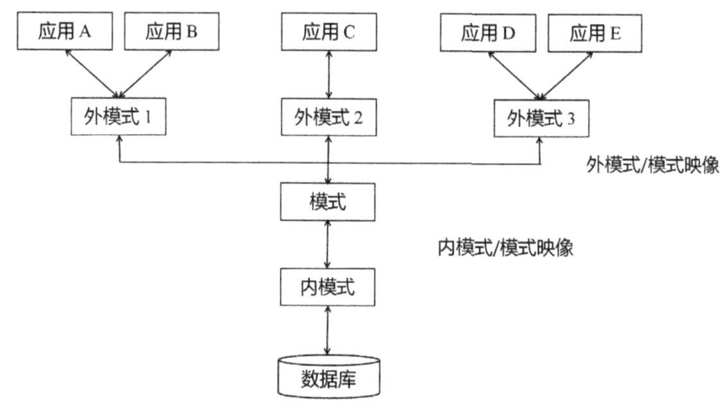

图1.10　数据库系统的三级模式结构

1. 内模式

内模式也称为存储模式，它是数据物理结构和存储方式的描述，是数据在数据库内部的组织方式，是对数据的存储结构、存取方法、存储路径的描述。一个数据库只有一个内模式。例如，数据在数据库内部是按堆存储、按hash方法存储、按索引存储还是按某个值的升序或降序存储、是否加密存储、是否压缩存储，以及数据的存储记录结构是定长还是变长等。在学生选课数据库中，学生表的存储结构是否按堆存储，要考虑是否在学号上建立索引等。

2. 模式

模式也称概念模式或逻辑模式，是数据库中全体数据的逻辑结构和特征的描述，是所有用户公用的数据库逻辑结构。它是数据库系统三级模式结构的中间层，既不涉及数据的物理存储细节，也不涉及应用程序的实现方式。一个数据库只有一个模式。模式定义数据的逻辑结构，如记录名称、数据项名称、数据类型、长度，还包括数据的安全性和完整性以及数据之间的联系。例如，在学生选课数据库中，其模式包含学生记录表Student，课程记录表Course，学生选课记录表SC，如图1.11所示。在该数据库模式中，确定学生记录表是由哪些项构成的，并确定每项的数据类型及取值范围；同理，也需对学生选课记录表及课程记录表进行定义。

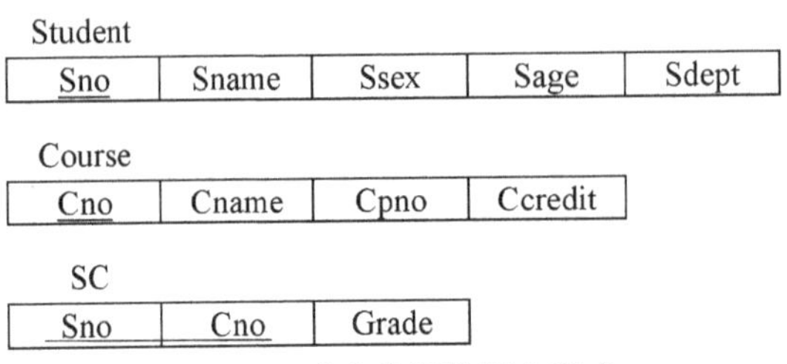

图 1.11　学生选课数据库模式

数据库管理系统提供模式数据定义语言来严格定义模式。

3. 外模式

外模式也称子模式或者用户模式，它是数据库用户能够看见和使用的局部数据的逻辑结构和特征描述，是数据库用户的数据视图，是与某一应用有关的数据的逻辑表示。由于用户的需求等因素不同，一个数据库可以有多个外模式，每个用户通过一个外模式使用数据库，不同的用户可以使用同一个外模式。外模式主要描述用户视图的各记录组成、相互联系，同时用于描述数据项特征、数据安全性和完整性约束条件等。例如，在学生选课数据库中，学生用户视图和教师用户视图不同，如图 1.12 所示，学生用户要查询自己的成绩，所能看到的外模式为 s_grade（Sno，Sname，Cno，Cname，Cgrade）；教师用户要查看哪些同学选了自己的课程，所能看见的外模式为 t_course（Sno，Sname）

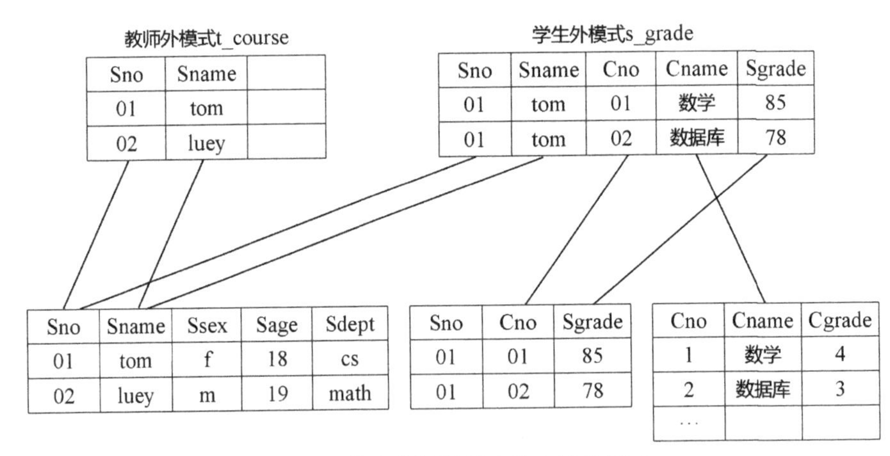

图 1.12　学生选课数据库模式及外模式

数据库管理系统提供外模式数据定义语言（外模式 DDL）来严格定义外模式。

4. 两级映像（射）

（1）外模式/模式映像。

外模式/模式映像定义了外模式与模式之间的映像关系。一个模式可以有很多个外模式，而每个外模式都有一个外模式/模式映像，它定义了该外模式与模式之间的对应关系，这些映像定义通常在各自外模式的描述中。当模式改变时，如增加新的属性、改变属性的数据类型、增加新的关系等，外模式不需要改变，只需要修改其外模式/模式映射，不用修改对应的应用程序,保证了数据与程序的逻辑独立性,称作数据的逻辑独立性。

(2)内模式/模式映像。

内模式/模式映像定义了模式与内模式之间的映像关系。因为数据库中只有一个模式及一个内模式,因此也只有一个内模式/模式映像,它定义了数据的全局逻辑结构与存储结构之间的对应关系。例如,当数据库的存储结构或存取方法发生改变时,不用修改模式,只需要修改内模式/模式映像,从而保证了数据的物理独立性。在数据库的三级模式结构中,数据库模式(即全局逻辑结构)是数据库的中心与关键。设计数据库模式结构时,应首先确定数据库的全局逻辑结构;设计合适的数据内模式使得所定义的全局逻辑结构按照一定的物理存储策略进行组织,以达到较高的时间与空间效率;数据库的外模式面向具体的应用程序,当相应的外模式已经不能满足视图要求时,该模式就要做相应的改动,应充分考虑应用的扩充性。

1.3.3 数据库系统的体系结构

一个数据库应用系统中通常包括数据存储层、业务处理层、界面表示层三个层次。数据存储层负责对数据库中数据的各种操作;业务处理层完成用户的业务操作,通常通过程序语言编程实现;界面表示层实现数据库应用系统与用户的交互。根据这几个层次在数据库应用系统中的分布位置,数据库应用系统的体系结构分为集中式、两层客户/服务器、三层客户/服务器等结构。

1.集中式结构

在集中式结构中,数据库应用系统中的数据存储层、业务处理层及界面表示层都运行于单台计算机上,即应用程序、DBMS和数据都在一台计算机上,所有的处理任务都由这台机器完成。各个用户可以通过终端设备接入这台计算机(主机),并发地存取和使用数据库。这台计算机既执行应用程序,又执行DBMS功能。集中式结构比较容易实现,缺点是当主机任务繁忙时,性能急速下降,而当主机发生故障时,整个系统都将陷入瘫痪状态。数据库应用系统集中式结构由运行数据库的主机及终端构成。

2.两层客户/服务器结构

在两层客户/服务器(Browser/Server,C/S)结构中,数据存储层和业务处理层及界面表示层分别运行在两台不同的机器上,数据存储层运行于数据库服务器上,业务处理层和界面表示层运行在客户机上,即存放了数据和执行DBMS功能的机器叫作数据库服务器(DB Server),而运行客户端程序支持客户交互与应用业务的机器叫作客户机。这里的客户机可以是浏览器,也可以理解为浏览器/服务器结构。

在两层客户/服务器结构中,客户端的用户请求通过网络传送到数据库服务器。数据库服务器处理完用户的数据请求之后将结果数据返回给客户端,客户端再将最终结果呈现给用户。

3.三层客户/服务器结构

在三层客户/服务器结构中,数据存储层、业务处理层及界面表示层分别运行在三台不同的机器上,运行数据存储层的机器叫作数据库服务器,运行业务处理层的机器叫作应用服务器,与用户交互的界面表示层为客户端,即存放了数据和执行DBMS功能的机器叫作数据库服务器,而运行应用程序的机器叫作应用服务器,运行客户端程序的叫作客户端。

在该结构中,客户端的用户请求通过网络首先被发送给应用服务器,应用服务器执行相应的业务处理,如果有数据请求,则请求被传送到数据库服务器,数据库服务器进行处理后将结果通过应用服务器反馈给用户。

1.4 数据库系统的组成

1.4.1 数据库系统的组成

在本章一开始介绍了数据库系统一般由数据库、数据库管理系统(及其应用开发工具)、应用程序和数据库管理员构成。下面分别介绍这几个部分的内容。

1.硬件平台及数据库

由于数据库系统的数据量都很大,加之数据库管理系统丰富的功能使得其自身的规模也很大,因此整个数据库系统对硬件资源提出了较高的要求,这些要求是:

(1)要有足够大的内存,存放操作系统、数据库管理系统的核心模块、数据缓冲区和应用程序。

(2)有足够大的磁盘或磁盘阵列等设备存放数据库,有足够大的磁带(或光盘)作数据备份。

(3)要求系统有较高的通道能力,以提高数据传送率。

2.软件

数据库系统的软件主要包括:

(1)数据库管理系统。数据库管理系统是为数据库的建立、使用和维护配置的系统软件。

(2)支持数据库管理系统运行的操作系统。

(3)具有与数据库接口的高级语言及其编译系统,便于开发应用程序。

(4)以数据库管理系统为核心的应用开发工具。应用开发工具是系统为应用开发人员和最终用户提供的高效率、多功能的应用生成器、第四代语言等各种软件工具。它们为数据库系统的开发和应用提供了良好的环境。

(5)为特定应用环境开发的数据库应用系统。

3. 人员

开发、管理和使用数据库系统的人员主要包括数据库管理员、系统分析员和数据库设计人员、应用程序员和最终用户。不同的人员涉及不同的数据抽象级别，具有不同的数据视图。

(1)数据库管理员(DataBase Administrator，DBA)。

在数据库系统环境下有两类共享资源，一类是数据库，另一类是数据库管理系统软件，因此需要有专门的管理机构来监督和管理数据库系统。数据库管理员则是这个机构的一个(组)人员，负责全面管理和控制数据库系统。具体包括如下职责。

①决定数据库中的信息内容和结构。数据库中要存放哪些信息，数据库管理员要参与决策。因此，数据库管理员必须参加数据库设计的全过程，并与用户、应用程序员、系统分析员密切合作、共同协商，做好数据库设计。

②决定数据库的存储结构和存取策略。数据库管理员要综合各用户的应用要求，和数据库设计人员共同决定数据的存储结构和存取策略，以求获得较高的存取效率和存储空间利用率。

③定义数据的安全性要求和完整性约束条件。数据库管理员的重要职责是保证数据库的安全性和完整性。因此，数据库管理员负责确定各个用户对数据库的存取权限、数据的保密级别和完整性约束条件。

④监控数据库的使用和运行。数据库管理员还有一个重要职责就是监视数据库系统的运行情况，及时处理运行过程中出现的问题。比如系统发生各种故障时，数据库会因此遭到不同程度的破坏，数据库管理员必须在最短时间内将数据库恢复到正常状态，并尽可能不影响或少影响计算机系统其他部分的正常运行。为此，数据库管理员要定义和实施适当的后备和恢复策略，如周期性的转储数据、维护日志文件等。有关这方面的内容将在第11章数据库恢复技术做进一步讨论。

⑤数据库的改进和重组、重构。数据库管理员还负责在系统运行期间监视系统的空间利用率、处理效率等性能指标，对运行情况进行记录、统计分析，依靠工作实践并根据实际应用环境不断改进数据库设计。不少数据库产品都提供了对数据库运行状况进行监视和分析的工具，数据库管理员可以使用这些软件完成这项工作。

另外，在数据运行过程中，大量数据不断插入、删除、修改，时间一长，数据的组织结构会受到严重影响，从而降低系统性能。因此，数据库管理员要定期对数据库进行重组织，以改善系统性能。当用户的需求增加和改变时，数据库管理员还要对数据库进行较大的改造，包括修改部分设计，即数据库的重构。

(2)系统分析员和数据库设计人员。

系统分析员负责应用系统的需求分析和规范说明，要和用户及数据库管理员相结合，确定系统的硬件软件配置，并参与数据库系统的概要设计。

数据库设计人员负责数据库中数据的确定及数据库各级模式的设计。数据库设计人员必须参加用户需求调查和系统分析,然后进行数据库设计。在很多情况下,数据库设计人员由数据库管理员担任。

(3)应用程序员。

应用程序员负责设计和编写应用系统的程序模块,并进行调试和安装。

(4)用户。

这里用户是指最终用户(end user)。最终用户通过应用系统的用户接口使用数据库。常用的接口方式有浏览器、菜单驱动、表格操作、图形显示、报表书写等。最终用户可以分为如下三类。

①偶然用户。这类用户不经常访问数据库,但每次访问数据库时往往需要不同的数据库信息,这类用户一般是企业或组织机构的中高级管理人员。

②简单用户。数据库的多数用户都是简单用户,其主要工作是查询和更新数据库,一般都是通过应用程序员精心设计并具有友好界面的应用程序存取数据库。银行的职员、航空公司的机票预订工作人员、宾馆总台服务员等都属于这类用户。

③复杂用户。复杂用户包括工程师、科学家、经济学家等具有较高科学技术背景的人员。这类用户一般都比较熟悉数据库管理系统的各种功能,能够直接使用数据库语言访问数据库,甚至能够基于数据库管理系统的应用程序接口编制应用程序。

1.4.2 DBMS组成

DBMS是一个功能强大的软件系统,它的组成比较复杂,不同的DBMS产品组成结构差别非常大。图1.13给出了一个简化的DBMS组成结构。

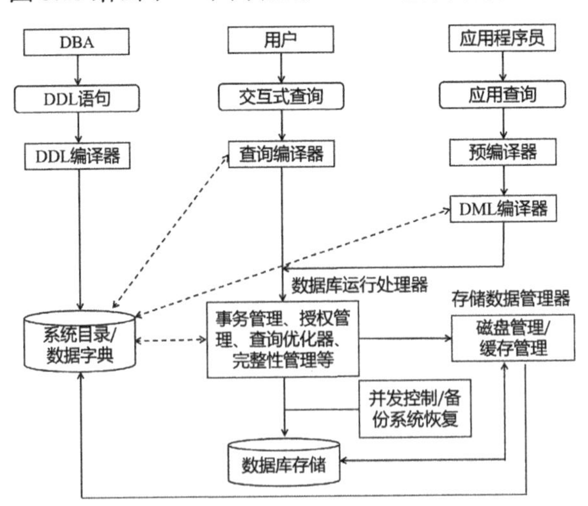

图1.13　DBMS组成结构

DBMS由DDL编译器、DML编译器、查询优化器、数据库运行处理器、存储数据管理器等组成。DDL语句经编译后对数据库模式所做的修改都需要保存到数据库的元数据(即系统目录和数据字典)中;语法正确的查询语句及DML语句经过编译后,首先检查用户是否有操作权限,通过存储数据管理器调用系统目录及数据字典获取相关元数据信息,并调用查询优化器进行优化,选择最合适的执行计划,再去磁盘上获取或者写入最终数据。其中,存储数据管理器主要包括磁盘管理器、缓存管理器两部分,通过磁盘管理器访问和读写磁盘数据,有些DBMS自带存储数据管理器,有些DBMS调用操作系统的存储数据管理器。数据库由元数据和数据构成,所有的信息都写在磁盘的数据文件和日志文件上。数据库运行时处理器主要由事务管理、授权管理、完整性管理等构成。

1.5 小　结

本章通过生活中的数据库示例说明数据库的重要性,给出有关数据库的基本概念,主要包括数据、数据库、数据库系统、数据库管理系统及数据库的几类用户,并详细阐述了数据库管理系统的功能。本章以具体的数据库例子来讲述该课程涉及的专业知识。

本章的难点知识集中在后面几节,包括数据模型的概念、数据库系统的三级模式结构、数据库应用系统的体系架构、数据库系统的模块组成。本章从数据结构、数据操作及完整性约束三方面介绍了层次模型、网状模型、关系模型;详细说明了数据库系统三级模式结构的理论,它由内模式、模式、外模式及两级映像组成,这种结构保证了数据的物理独立性和逻辑独立性;最后简述了数据库应用系统体系架构和数据库系统的组成模块。

本章应重点掌握数据库的基本概念、数据库的应用举例、数据模型及数据库系统的三级模式结构的内容。

习　题

1. 试述数据、数据库、数据库管理系统、数据库系统的基本概念。

2. 试述文件系统与数据库系统的区别和联系。

3. 举出适合用文件系统而不适用数据库系统的应用例子,以及适合用数据库系统的应用例子。

4. 试述数据库系统的特点。

5. 数据库管理系统的主要功能有哪些?

6. 什么是概念模型? 试述概念模型的作用。

7. 定义并解释以下概念模型中的术语:实体、实体型、实体集、实体之间的联系。

8. 试述数据模型的概念、数据模型的作用和数据模型的三个要素。

9. 试述层次数据库、网状数据库的优缺点。

第2章　关系数据库

本章目标

•关系数据库的基本概念；

•关系模型的基本概念及关系模型的组成；

•关系操作；

•关系模型的完整性；

•关系代数。

关系模型数据库简称关系数据库，指的是逻辑模型为关系模型的数据库，采用关系模型作为数据的组织方式。关系数据库是目前应用最广泛，也是最重要、最流行的数据库。按照数据模型的三个要素，关系模型由关系数据结构、关系操作集合和关系完整性约束三部分组成。本章主要从这三个要素讲述关系数据库的一些基本理论，包括关系模型的数据结构、关系的定义和性质、关系的完整性、关系代数和关系数据库的基本概念等。

本章内容是学习关系数据库的基础，其中关系代数是学习的重点和难点。学习本章后，读者应掌握关系的定义及性质、关系码、外部码等基本概念，掌握关系演算语言的使用方法。重点掌握实体完整性和参照完整性的内容和意义、常用的几种关系代数的基本运算。

关系数据库应用数学方法来处理数据，具有结构简单、理论基础坚实、数据独立性高以及提供非过程性语言等优点。

2.1　关系数据库的数据结构

在数据库的逻辑模型中,关系模型是目前应用最广泛的数据模型。下面先介绍关系模型的一些基本概念及关系的性质,然后形式化定义关系模型。

2.1.1　关系模型的基本概念

1.关系

关系模型中用于描述数据的主要结构是关系(relation)。数据对象之间的联系用关系表示,对数据对象的操作就是对关系的运算,关系运算的结果仍然是关系。这是关系数据模型的一大特点,即用关系表示一切。实际上,关系就是一张二维表。

例如,某校的学生基本信息如表 2.1 所示。二维表的名字就是关系的名字,表 2.1 的关系名就是“学生”。

表 2.1　学生关系表 1

学号	姓名	性别	年龄/岁	籍贯
20200510101	张爽	男	20	云南
20200510102	刘怡	女	19	四川
20200510103	王明	女	20	北京
20200510104	张猛	男	18	陕西

2.元组

关系是一个二维表,表中的每行对应一个元组(tuple)。例如,表 2.1 中学号为 20200510101 的学生信息(20200510101,张爽,男,20,云南)就是一个元组。表 2.1 中有 4 个元组,实际上就代表了 4 个学生的具体信息。

3.属性

关系中的每列对应一个属性(attribute),也叫作关系中的字段。例如,姓名、性别、年龄、籍贯都是学生的属性,是对学生特征的具体描述。

4.域

域(domain)是一组具有相同数据类型的值的集合。例如,整数的集合、实数的集合、字符串的集合、{'男','女'}、全体教师的集合、{0,1}、小于 100 的正整数、全体学生的集合,都可以是域。属性的取值范围就来自某个域,如年龄的域为整数。

5.分量

分量(component)即元组中的属性值。例如,张爽的性别为“男”就是一个分量;元组(20200510101,张爽,男,20,云南)中有五个分量。

6.码和候选码

码(key)也叫作键或者关键字,它是关系中能唯一标识一个元组的属性或者属性组。例如,在上面的学生关系表中,假设姓名不重复,则存在两个码:“学号”“姓名”,可以分别用学号值或姓名值代表一个具体的学生。例如,学号20200510101代表一个学生,张爽代表一个学生,但是如果出现学生重名的情况,姓名就不能作为学生关系的一个码,不能唯一代表一个学生。候选码(candidate key)实际上就是码,也叫作候选键或者候选关键字。

码不一定由单一属性构成,有可能由多个属性组合构成。例如,表2.2中,码由“学号”和“课程编号”组合而成,任意单独的一个学号或一个课程编号都不能唯一标识选课关系的一个元组,只能由“学号”及“课程编号”组合起来代表一个选课记录。

表2.2 学生选课关系表

学号	课程编号	成绩/分
20200510101	1	78
20200510101	2	87
20200510101	3	89
20200510102	1	80
20200510102	2	76

一个关系中可能有多个候选码,可以选定其中一个候选码作为主码(primary key)(主键或者主关键字)。假设姓名不重名,在学生关系的两个候选码中,选取学号为主码。当然,也可以选“姓名”为主码。一般根据人们的习惯选择主码。

7. 主属性

主属性(prime attribute):包含在任意码中的属性。例如,学生关系中的学号、姓名都是主属性。

8.非主属性

不包含在任何候选码中的属性称为非主属性(nonprime attribute)或非码属性(non-key attribute)。例如,学生关系表中的非主属性是性别、年龄、籍贯。

9. 全码

关系模式的候选码由关系表的所有属性构成,称为全码(all-key)。

10. 关系模式

关系数据库中,关系模式(relation schema)是型,它确定关系由哪些属性构成,即关系的逻辑结构,而关系是值。对关系的描述,一般表示为

关系名(属性1,属性2,…,属性n)

例如,表2.1可描述为:学生(学号,姓名,性别,年龄,籍贯)。

以上概念如图2.1所示,学生关系表中的学号为主码,学号、姓名、性别、年龄、籍贯为属性名,姓名“张猛”为分量,“18”为年龄属性值,“男、女”为性别的域。

"20200510101，张爽，男，20，云南"为一个元组。

关系是关系模式在某一时刻的状态和内容。关系模式是型，关系是值。关系模式是静态的、稳定的，而关系是动态的、变化的。实际中，常把关系模式和关系统称为关系。

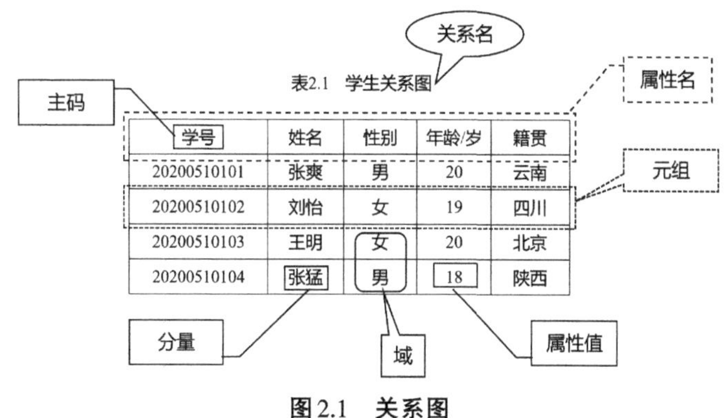

图 2.1　关系图

11. 关系数据库模式

在一个给定的现实世界领域中，所有对象及对象之间的联系的集合构成一个关系数据库。关系数据库的型称为关系数据库模式。关系数据库的值是关系数据库模式在某一时刻对应的所有关系的集合。

2.1.2　关系的性质

关系不仅仅是表，它应该满足如下性质。

（1）列是同质的，即每列中的数据必须来自同一个域，具有相同的数据类型。

例如，上文表 2.1 中年龄的数据类型必须是整数，不能用出生日期；性别取值为男或女，不能用 1 或 2 表示。类似地，学号及姓名分别来自同一个域。

（2）每列必须是不可再分的数据项（不允许表中套表）。

在关系中，要求每个分量都是不可分的项，例如表 2.3 应该改成表 2.4，即表中不能嵌套表。

表 2.3　职工工资表 1

职工号	姓名	工资/元		
		基本工资	岗位工资	绩效工资
20170201	李书香	1 600	980	1 200

表 2.4　职工工资表 2

职工号	姓名	基本工资/元	岗位工资/元	绩效工资/元
20170201	李书香	1 600	980	1 200

（3）元组不重复，即不能有相同的行。

表 2.5 中出现了两个一样的学生信息，因此该表是错误的关系。

表2.5　学生关系表2

学号	姓名	性别	年龄/岁	籍贯
20200510101	张爽	男	20	云南
20200510102	刘怡	女	19	四川
20200510103	王明	女	20	北京
20200510103	王明	女	20	北京

(4)元组无序性,即与行次序无关。

例如,表2.6和表2.7实质上是同一个关系,与行的次序无关。

表2.6　学生关系表3

学号	姓名	性别	年龄/岁	籍贯
20200510101	张爽	男	20	云南
20200510102	刘怡	女	19	四川
20200510103	王明	女	20	北京
20200510104	张猛	男	18	陕西

表2.7　学生关系表4

学号	姓名	性别	年龄/岁	籍贯
20200510101	张爽	男	20	云南
20200510102	刘怡	女	19	四川
20200510104	张猛	男	18	陕西
20200510103	王明	女	20	北京

(5)属性无序性,即与列次序无关。

表2.8和表2.9实质上是同一个关系,与列的次序无关。

表2.8　学生关系表5

学号	姓名	性别	年龄/岁	籍贯
20200510101	张爽	男	20	云南
20200510102	刘怡	女	19	四川
20200510103	王明	女	20	北京
20200510104	张猛	男	18	北京

表2.9　学生关系表6

学号	姓名	年龄/岁	性别	籍贯
20200510101	张爽	20	男	云南
20200510102	刘怡	19	女	四川
20200510103	王明	20	女	北京
20200510104	张猛	18	男	北京

(6)属性不同名。

表2.10中出现了两个相同的属性名——姓名,这样的关系是不正确的,应将第二个“姓名”改为“曾用名”。

表2.10 学生关系表7

学号	姓名	性别	年龄/岁	姓名
20200510101	张爽	男	20	张双
20200510102	刘怡	女	19	刘宜
20200510103	王明	女	20	王名
20200510104	张猛	男	18	张孟

2.1.3 关系模型的形式化定义

前面用非形式化的方法描述了关系模型,关系模型有严格的数学理论基础,它建立在集合代数理论的基础上。下面从集合论的角度给出关系的定义。

1.笛卡尔积

(1)域(domain)。

定义2.1 域是一组具有相同数据类型的值的集合。例:整数、实数、介于某个取值范围内的整数、指定长度的字符串集合、{'男','女'}等。

(2)笛卡尔积(cartesian product)。

定义2.2 给定一组域$D_1,D_2,\cdots,D_n$,这些域中可以有相同的。$D_1,D_2,\cdots,D_n$的笛卡尔积为

$$D_1\times D_2\times\cdots\times D_n=\left\{(d_1,d_2,\cdots,d_n)\middle|d_i\in D_i,i=1,2,\cdots,n\right\}$$

①实际上它是域上的一种集合运算,具体来说就是所有域上的所有取值的一个组合,且不能重复。

②笛卡尔积可表示为一个二维表,表中的每行对应一个元组,表中的每列对应一个域。或者用一个集合来表示。

笛卡尔积中每一个元素$(d_1,d_2,\cdots,d_n)$叫作一个n元组(n-tuple),或简称元组(tuple)。

(3)分量(component)。

笛卡尔积元素$(d_1,d_2,\cdots,d_n)$中的每一个值d_i叫作一个分量。

(4)基数(cardinal number)。

一个域允许的不同取值个数称为这个域的基数。

若$D_i(i=1,2,\cdots,n)$为有限集,其基数为$m_i(i=1,2,\cdots,n)$,则$D_1\times D_2\times\cdots\times D_n$的基数$M$为

$$M=\prod_{i=1}^{n} m_i$$

【例2.1】 设D_1={01，02}，D_2={张三，李四}，则$D_1 \times D_2$={(01，张三)，(01，李四)，(02，张三)，(02，李四)}可用表2.11表示为

表2.11 $D_1 \times D_2$二维表

01	张三
01	李四
02	张三
02	李四

$D_1 \times D_2$的元组个数即为基数，也就是说，$D_1 \times D_2$一共有2×2=4个基数。

【例2.2】 设D_1={张三，李四}，D_2={数学，语文}，D_3={优，良}，则$D_1 \times D_2 \times D_3$={(张三，数学，优)，(张三，数学，良)，(张三，语文，优)，(张三，语文，良)，(李四，数学，优)，(李四，数学，良)，(李四，语文，优)，(李四，语文，良)}

可用表2.12表示为

表2.12 $D_1 \times D_2 \times D_3$的笛卡尔积

D_1	D_2	D_3
张三	数学	优
张三	数学	良
张三	语文	优
张三	语文	良
李四	数学	优
李四	数学	良
李四	语文	优
李四	语文	良

$D_1 \times D_2 \times D_3$基数为$2 \times 2 \times 2 = 8$。

2.关系(relation)

定义2.3 $D_1 \times D_2 \times \cdots \times D_n$的子集叫作在域$D_1, D_2, \cdots, D_n$上的关系，表示为

$$R(D_1, D_2, \cdots, D_n)$$

其中，R为关系名，n为关系的目或度(degree)。

一般来说，$D_1, D_2, \cdots, D_n$的笛卡尔积是没有实际语义的，只有它的某个真子集才有实际含义。

关系中的每个元素是关系中的一个元组，通常用t表示。

当n=1时，称该关系为单元关系(unary relation)或一元关系；

当n=2时，称该关系为二元关系(binary relation)。

3. 关系模式

关系数据库中，对关系的描述称为关系模式（relation schema）。关系模式是型，它确定关系由哪些属性构成，而关系是值。

定义2.4　关系模式形式化地表示为

$$R(U,D,\mathrm{DOM},F)$$

其中，R为关系名，U为该关系的所有属性。D为U中属性所来自的域，DOM为属性向域的映像，F为属性间数据的依赖。属性间的依赖（如函数依赖）在后面的章节中讨论。这里，关系模式表示为

$$R(U,D,\mathrm{DOM})$$

例如，在学生关系中，性别的域为男和女，年龄的域为整数，即DOM（性别）=｛'男'，'女'｝，DOM（年龄）=整数。

关系模式通常可以简记为$R(U)$或者$R(A_1,A_2,\cdots,A_n)$，其中R为关系名，A_i(A_i = 1，2…，n)为属性名，n为关系的度。而域名及属性向域的映像直接说明属性的数据类型和长度。

2.1.4　关系数据库模式定义

在关系模型中，实体以及实体间的联系都是用关系来表示的。例如导师实体、研究生实体、导师与研究生之间的一对多联系都可以分别用一个关系来表示。关系数据库模式是关系数据库的型，是对关系数据库的整体逻辑结构的描述。对于一个给定的应用，所有关系的集合就构成了一个关系数据库，这些关系的模式的集合就构成了整个关系数据库的模式。

【例2.3】　一个学生选课关系数据库中包括学生关系Student，课程关系Course，选修关系SC，数据结构如下。

（1）学生：Student（Sno，Sname，Ssex，Sage，Sdept），依次表示学号，姓名，性别，年龄，所在系。（2）课程：Course（Cno，Cname，Cpno，Ccredit），依次表示课程编号，课程名，先修课程号，学分。（3）选修：SC（Sno，Cno，Grade），依次表示学号，课程编号，成绩。学生选课关系数据库模式如图2.2所示。

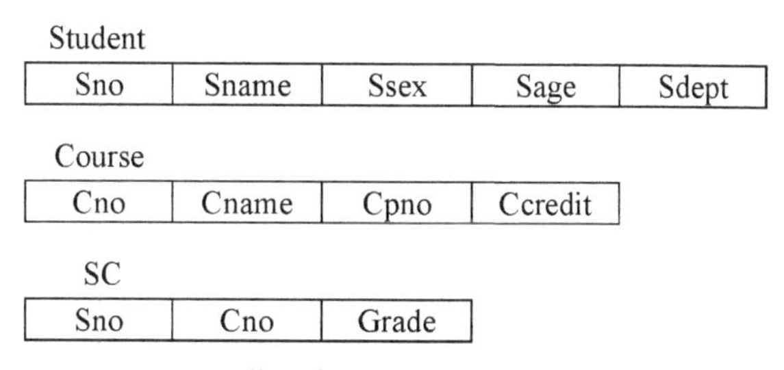

图2.2　学生选课关系数据库模式

2.1.5 关系模型的存储结构

我们已经知道，在关系数据模型中实体及实体间的联系都用表来表示，但表是关系数据的逻辑模型。在关系数据库的物理组织中，有的关系数据库管理系统中一个表对应一个操作系统文件，将物理数据组织交给操作系统完成；有的关系数据库管理系统从操作系统那里申请若干个大的文件，自己划分文件空间，组织表、索引等存储结构，并进行存储管理。

2.2 关系操作

关系模型给出了关系操作的能力说明，但不对关系数据库管理系统语言给出具体的语法要求，也就是说不同的关系数据库管理系统可以定义和开发不同的语言来实现这些操作。

2.2.1 基本的关系操作

关系模型中常用的关系操作包括查询（query）操作和插入（insert）、删除（delete）、修改（update）操作两大部分。

关系的查询表达能力很强，是关系操作中最主要的部分。查询操作又可以分为选择（select）、投影（project）、连接（join）、除（divide）、并（union）、差（except）、交（intersection）、笛卡尔积等。其中选择、投影、并、差、笛卡尔积是5种基本操作，其他操作可以用基本操作来定义和导出，就像乘法可以用加法来定义和导出一样。

关系操作的特点是集合操作方式，即操作的对象和结果都是集合。这种操作方式也称为一次一集合（set-at-a-time）的方式。相应地，非关系数据模型的数据操作方式则为一次一记录（record-at-a-time）的方式。

2.2.2 关系数据语言的分类

早期的关系操作能力通常用代数方式或逻辑方式来表示，分别称为关系代数（relational algebra）和关系演算（relational calculus）。关系代数用对关系的运算来表达查询要求，关系演算则用谓词来表达查询要求。关系演算又可按谓词变元的基本对象是元组变量还是域变量分为元组关系演算和域关系演算。关系代数、元组关系演算和域关系演算三种语言在表达能力上是等价的，都具有完备的表达能力。

关系代数、关系演算和域关系演算均是抽象的查询语言，这些抽象的语言与具体的关系数据库管理系统中实现的实际语言并不完全一样，但它们能用作评估实际系统中查询语言能力的标准或基础。实际的查询语言除了提供关系代数或关系演算的功能外，还提供了许多附加功能，例如聚集函数(aggregation function)、关系赋值、算术运算等，使得目前实际查询语言的功能十分强大。

另外，还有一种介于关系代数和关系演算之间的结构化查询语言(Structured Query Language，SQL)。SQL 不仅具有丰富的查询功能，而且具有数据定义和数据控制功能，是集查询、数据定义语言、数据操纵语言和数据控制语言(Data Control Language，DCL)于一体的关系数据语言。它充分体现了关系数据语言的特点和优点，是关系数据库的标准语言。

因此，关系数据语言分为三类，如图 2.3 所示。

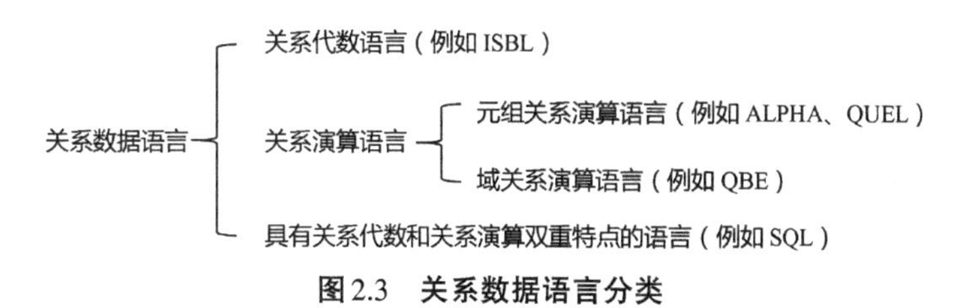

图 2.3　关系数据语言分类

特别地，SQL 是一种高度非过程化的语言，用户不必请求数据库管理员为其建立特殊的存取路径，存取路径的选择由关系数据库管理系统的优化机制来完成。例如，在一个存储有几百万条记录的关系中查找符合条件的某一个或某一些记录，从原理上讲可以有多种查找方法。例如，可以顺序扫描这个关系，也可以通过某一种索引来查找。不同的查找路径(或者称为存取路径)的效率是不同的，有的完成某一个查询可能很快，有的可能极慢。关系数据库管理系统中研究和开发了查询优化方法，系统可以自动选择较优的存取路径，提高查询效率。

2.3　关系模型的完整性

关系模型的完整性规则是对关系的某种约束条件。也就是说关系的值随着时间变化时应该满足一些约束条件。这些约束条件实际上是现实世界的要求。任何关系在任何时刻都要满足这些语义约束。

关系模型中有三类完整性约束：实体完整性(entity integrity)、参照完整性(referential integrity)和用户自定义完整性(user-defined integrity)。其中实体完整性和参照完整性是关系模型必须满足的完整性约束条件，被称作是关系的两个不变性，应该由关系系统自动支持。用户自定义完整性是应用领域需要遵循的约束条件，体现了具体领域中的语义约束。

2.3.1 实体完整性

用实体完整性约束条件保证关系中的每个元组都是可区分的，是唯一的。

规则 2.1 实体完整性规则：若属性（指一个或一组属性）A 是基本关系 R 的主属性，则 A 不能取空值（null value）。

空值表示三种意义：①还未知具体的值；②值不存在；③值无意义。

例如，学生关系（学号，姓名，性别，年龄，班级），其中学号为码，则学号不能取空值。

按照实体完整性规则的规定，如果主码由若干属性组成，则所有这些主属性都不能取空值。例如选修（学号，课程编号，成绩）关系中，"学号，课程编号"为主码，则"学号"和"课程编号"两个属性都不能取空值。

对于实体完整性规则说明如下：

（1）实体完整性规则是针对基本关系而言的。一个基本表通常对应现实世界的一个实体集。例如学生关系对应于学生的集合。

（2）现实世界中的实体是可区分的，即它们具有某种唯一性标识。例如每个学生都是独立的个体，是不一样的，即关系中的每个元组都是唯一的，不会出现重复的元组记录。

（3）相应地，关系模型中以主码作为唯一性标识。

（4）主码中的属性即主属性不能取空值。如果主属性取空值，就说明存在某个不可标识的实体，即存在不可区分的实体，这与第（2）点相矛盾，因此这个规则称为实体完整性。

2.3.2 参照完整性

数据之间往往存在某种联系。在关系模型中，数据之间的联系也用关系来描述。这样，关系之间就存在着关系与关系间的引用。

【例 2.4】 下面是学生关系和专业关系，其中主码用下划线标识。

学生（<u>学号</u>，姓名，性别，专业编号，年龄）

专业（<u>专业编号</u>，专业名称，所在院系，专业负责人）

这两个关系之间存在属性的引用，即学生关系引用了班级关系的主码"专业编号"。很明显，学生关系中的"专业编号"的值必须是确实存在的专业，即专业关系中存在该专业。也就是说，学生关系中的专业取值需要参照专业关系的专业编号取值。

【例 2.5】 学生关系、课程关系、选课关系之间也存在多对多联系的情形。

学生（<u>学号</u>，姓名，性别，班级编号，电话）

课程（<u>课程编号</u>，课程名，先修课程号，学分）

选课（<u>学号</u>，<u>课程编号</u>，成绩）

选课关系中的学号值引用了学生关系中的学号，必须是存在的学生才可以选课；同样，选课关系中的课程编号值引用了课程关系中的课程编号，必须是存在的课程才可以被选。

不仅两个或两个以上的关系间可以存在引用关系，同一关系内部属性间也可能存在引用关系。

【例 2.6】 在学生(学号，姓名，性别，专业编号，年龄，班长)关系中，“学号”属性是主码，“班长”属性表示该学生所在班级班长的学号，它引用了本关系“学号”属性，即“班长”必须是确实存在的学生的学号。

这三个例子说明关系与关系之间存在着相互引用、相互约束的情况。下面先引入外码的概念，然后给出表达关系之间相互引用约束的参照完整性的定义。

定义 2.5 设 F 是基本关系 R 的一个或一组属性，但不是 R 的码，K_S 是基本关系 S 的主码。如果 F 与 K_S 相对应，则称 F 是 R 的外码(外键或者外关键字)(foreign key)，并称基本关系 R 为参照关系(referencing relation)，基本关系 S 为被参照关系(referenced relation)或目标关系(target relation)。关系 R 和 S 不一定是不同的关系。

显然，目标关系 S 的码 K_S 和参照关系 R 的外码 F 必须定义在同一个(或同一组)域上。

在前面的例子中，学生关系中的“专业编号”与专业关系中的主码“专业编号”相对应，因此，“专业编号”属性是学生关系的外码。学生关系为参照关系，而专业关系为被参照关系，分别如表 2.13、表 2.14 所示。

表 2.13　学生关系

学号	姓名	性别	年龄/岁	专业编号
S1	赵亦	女	17	01
S2	钱尔	男	18	02
S11	王威	男	19	03

表 2.14　专业关系

专业编号	专业名称
01	计算机
02	网络工程
03	信息

参照完整性规则定义了主码和外码之间的引用规则。

规则 2.2 参照完整性规则：若属性(或属性组) F 是基本关系 R 的外码，它与基本关系 S 的码 K_S 相对应(基本关系 R 和 S 不一定是不同的关系)，则对于 R 中每个元组在 F 上的值必须取空值(F 的每个属性均为空值)或等于 S 中某个元组的主码值。

对于外码值规则说明如下：

•或者取空值(F 的每个属性值均为空值)；

•或者等于被参照关系S中某个元组的主码值。

例如，对于例2.4，学生关系中的“专业编号”属性的取值只能是下列两类值。

空值，表示尚未给该学生分配专业。

非空值，必须是专业关系中的某个专业编号值，表示该学生不可能分配到一个不存在的专业中。

对于例2.5，按照参照完整性规则，“学号”和“课程编号”属性也可以取两类值：空值或目标关系中已经存在的值。但由于“学号”和“课程编号”是选修关系中的主属性，按照实体完整性规则，它们均不能取空值，所以选修关系中的“学号”和“课程编号”属性实际上只能取相应被参照关系中已经存在的主码值。

参照完整性规则中，R与S可以是同一个关系。

2.3.3 用户自定义完整性

用户自定义完整性是针对某一具体关系数据库的约束条件，它反映某一具体应用所涉及的数据必须满足的语义要求。关系数据库管理系统提供了定义和检验这类完整性的机制。用户自定义完整性也叫用户自定义约束。例如：

（1）规定某一属性的取值范围为0~100。

（2）规定职工一周内最长工作时间为56小时。

（3）规定讲师的基本工资不能超过教授的基本工资。

（4）规定学生的性别取值只能为“男”或者“女”。

完整性的定义可在定义关系结构时设置，也可以之后再通过触发器、规则、约束来设置。开发数据库应用系统时，定义完整性是一项非常重要的工作。例如：

（1）定义关系的主键。

（2）定义关系的外键。

（3）定义属性是否为空值。

（4）定义属性值的唯一性。

（5）定义属性的取值范围。

（6）定义属性的默认值。

（7）定义属性间函数依赖关系。

2.4　本书示例数据库

关系数据库实例是某时刻所有关系模式对应的关系的集合。例如,某一时刻学生选课关系数据库,关系的主码加下划线表示。各个表中的数据示例如图 2.4 所示。

(a)学生表:Student(Sno,Sname,Ssex,Sage,Sdept);

(b)课程表:Course(Cno,Cname,Cpno,Ccredit);

(c)学生选课表:SC(Sno,Cno,Grade)。

Student (Sno,Sname,Ssex,Sage,Sdept)

Sno	Sname	Ssex	Sage	Sdept
20200510101	张爽	男	20	计算机系
20200510102	刘怡	女	19	信息系
20200510103	王明	女	20	物理系
20200510104	张猛	男	18	外语系

(a)

Course (Cno,Cname,Cpno,Ccredit)

Cno	Cname	Cpno	Ccredit
1	数据库	5	4
2	高等数学		2
3	信息系统	1	4
4	操作系统	6	3
5	数据结构	7	4
6	计算机网络	4	3
7	C语言	6	4
8	大学物理	2	4

(b)

Sno	Cno	Grade
20200510101	1	91
20200510101	2	87
20200510101	3	88
20200510102	1	90
20200510102	2	81

(c)

图 2.4　学生选课关系数据库

2.5　关系代数

2.5.1　关系代数运算

关系代数是一种抽象的查询语言,它用关系的运算来表达查询。

关系运算体系:所有以关系为运算对象的一组运算符及其对应运算规则的合称。

关系代数就是用关系运算符连接操作对象的表达式,而操作对象是关系,其操作结果仍然是关系,关系运算符有传统的集合运算符、专门的关系运算符、比较运算符,以及逻辑运算符,如表 2.15 所示。

表2.15 关系代数运算符

运算符		含义	运算符		含义
集合运算符	$\cup$	并	比较运算符	$>$	大于
	$-$	差		$\geqslant$	大于等于
	$\cap$	交		$<$	小于
	$\times$	笛卡尔积		$\leqslant$	小于等于
				$=$	等于
				$<>$	不等于
专门的关系运算符	σ	选择	逻辑运算符	$\neg$	非
	Π	投影		$\wedge$	与
	$\bowtie$	连接		$\vee$	或
	$\div$	除			

关系代数的运算按运算符的不同分为传统的集合运算和专门的关系运算。比较运算符和逻辑运算符用来辅助专门的关系运算符进行查询操作。关系是行的集合，每行可以看成一个元素，因此，关系的查询请求可以采用传统的集合运算来表达。

2.5.2 传统的集合运算

传统关系运算包括并、交、差和笛卡尔积，其中并、交、差运算要求操作对象具有相同的模式，即操作对象具有相同的目且相应属性的取值来自同一个域。

1. 并运算

设关系R和关系S具有相同的目n(即两个关系都有n个属性)，且相应的属性值取自同一个域，则关系R与关系S的并由属于R或属于S的元组组成，其结果仍为n目关系，记为

$$R \cup S = \{t \mid t \in R \vee t \in S\}$$

并运算由属于R或属于S的元组组成，两集合元组并在一起，去掉重复元组。

【例2.7】 关系R与关系S的并运算如图2.5所示。

关系R

A	B	C
a_1	b_1	c_1
a_2	b_2	c_2
a_3	b_3	c_3

关系S

A	B	C
a_1	b_1	c_1
a_1	b_3	c_2
a_2	b_2	c_1

$R \cup S$

A	B	C
a_1	b_1	c_1
a_2	b_2	c_2
a_3	b_3	c_3
a_1	b_3	c_2
a_2	b_2	c_1

图2.5 并运算举例一

【例2.8】 R为男学生关系，S为女学生关系，R与S进行并运算，如图2.6所示。

R：男学生关系

学号	姓名	性别	年龄/岁	专业
1	刘润	男	17	物理
2	李敏	男	18	数学
3	王奇	男	19	物理

S：女学生关系

学号	姓名	性别	年龄/岁	专业
7	李俏	女	18	英语
8	孙丽	女	17	数学

$R \cup S$：学生关系

学号	姓名	性别	年龄/岁	专业
1	刘润	男	17	物理
2	李敏	男	18	数学
3	王奇	男	19	物理
7	李俏	女	18	英语
8	孙丽	女	17	数学

图2.6　并运算举例二

但是，学生关系模式和教师关系模式一般不进行集合运算，因为它们不具有相同的模式。

2. 差运算

设关系R和关系S具有相同的目n(即两个关系都有n个属性)，且相应的属性值取自同一个域，则关系R与关系S的差由属于R而不属于S的元组组成，其结果仍为n目关系，记为

$$R-S=\{t \mid t \in R \wedge t \notin S\}$$

差由属于R并不属于S的元组组成。

【例2.9】　关系R与关系S的差运算如图2.7所示.

关系R

A	B	C
a_1	b_1	c_1
a_2	b_2	c_2
a_3	b_3	c_3

关系S

A	B	C
a_1	b_1	c_1
a_1	b_3	c_2
a_2	b_2	c_1

$R-S$

A	B	C
a_2	b_2	c_2
a_3	b_3	c_3

图2.7　差运算举例一

【例2.10】　R为学生关系，S为男学生关系，R与S的差运算如图2.8所示。

R：学生关系

学号	姓名	性别	年龄/岁	专业
1	刘润	男	17	物理
2	李敏	男	18	数学
3	王奇	男	19	物理
7	李俏	女	18	英语
8	孙丽	女	17	数学

S：男学生关系

学号	姓名	性别	年龄/岁	专业
1	刘润	男	17	物理
2	李敏	男	18	数学
3	王奇	男	19	物理

$R-S$：女学生关系

学号	姓名	性别	年龄/岁	专业
7	李俏	女	18	英语
8	孙丽	女	17	数学

图2.8　差运算举例二

3.交运算

设关系R和关系S具有相同的目n(即两个关系都有n个属性),且相应的属性值取自同一个域,则关系R与关系S的交由既属于R,又属于S的元组组成,其结果仍为n目关系,记为

$$R \cap S = \{t \mid t \in R \wedge t \in S\}$$

【例2.11】 关系R与关系S的交运算如图2.9所示。

关系R

A	B	C
a_1	b_1	c_1
a_2	b_2	c_2
a_3	b_3	c_3

关系S

A	B	C
a_1	b_1	c_1
a_1	b_3	c_2
a_2	b_2	c_1

$R \cap S$

A	B	C
a_1	b_1	c_1

图2.9 交运算举例一

【例2.12】 R为男学生关系,S为学生关系,$R \cap S$为男学生关系,如图2.10所示。

R:男学生关系

学号	姓名	性别	年龄/岁	专业
1	刘润	男	17	物理
2	李敏	男	18	数学
3	王奇	男	19	物理

S:学生关系

学号	姓名	性别	年龄/岁	专业
1	刘润	男	17	物理
2	李敏	男	18	数学
3	王奇	男	19	物理
7	李俏	女	18	英语
8	孙丽	女	17	数学

$R \cap S$:男学生关系

学号	姓名	性别	年龄/岁	专业
1	刘润	男	17	物理
2	李敏	男	18	数学
3	王奇	男	19	物理

图2.10 交运算举例二

4.笛卡尔积

R为n目关系,S为m目关系,$t_r \in R$(t_r为关系R的任一个元组),$t_s \in S$(t_s为关系S的任一个元组)。$\widehat{t_r t_s}$称为元组的连接,它是一个$(n+m)$列的元组,前n个分量为R中的一个n元组,后m个分量为S中的一个m元组。

这里的笛卡尔积是广义的笛卡尔积。笛卡尔积的元素是元组。

广义笛卡尔积:两个分别为n目和m目的关系R和S的广义笛卡尔积是一个列的元组的集合。元组的前n列是关系R的一个元组,后m列是关系S的一个元组。若R有k_1个元组,S有k_2个元组,则关系R和关系S的广义笛卡尔积有$k_1 \times k_2$个元组。记为

$$R \times S = \{\widehat{t_r t_s} \mid t_r \in R \wedge t_s \in S\}$$

【例 2.13】　关系 R 与关系 S 的笛卡尔积运算如图 2.11 所示。

关系 R

A	B	C
a_1	b_1	c_1
a_2	b_2	c_2
a_3	b_3	c_3

关系 S

A	B	C
a_1	b_1	c_1
a_1	b_3	c_2
a_2	b_2	c_1

$R \times S$

A	B	C	A	B	C
a_1	b_1	c_1	a_1	b_1	c_1
a_1	b_1	c_1	a_1	b_3	c_2
a_1	b_1	c_1	a_2	b_2	c_1
a_2	b_2	c_2	a_1	b_1	c_1
a_2	b_2	c_2	a_1	b_3	c_2
a_2	b_2	c_2	a_2	b_2	c_1
a_3	b_3	c_3	a_1	b_1	c_1
a_3	b_3	c_3	a_1	b_3	c_2
a_3	b_3	c_3	a_2	b_2	c_1

图 2.11　笛卡尔积举例

2.5.3　专门的关系运算

专门的关系运算包括选择、投影、连接、除运算等。引入几个记号如下：

(1)设关系模式为 $R(A_1, A_2, \cdots, A_n)$，它的一个关系设为 R；$t \in R$ 表示 t 是 R 的一个元组；$t[A_i]$ 则表示元组 t 中相应于属性 A_i 的一个分量。

(2)若 $A = \{A_{i1}, A_{i2}, \cdots, A_{ik}\}$，其中 $A_{i1}, A_{i2}, \cdots, A_{ik}$ 是 $A_1, A_2, \cdots, A_n$ 中的一部分，则 A 称为属性列或属性组。

$t[A] = \{t[A_{i1}], t[A_{i2}], \cdots, t[A_{ik}]\}$ 表示元组 t 在属性列 A 上诸分量的集合。

$\bar{A}$ 则表示 $\{A_1, A_2, \cdots, A_n\}$ 中去掉 $\{A_{i1}, A_{i2}, \cdots, A_{ik}\}$ 后剩余的属性组。

(3)R 为 n 目关系，S 为 m 目关系。$t_r \in R$，$t_s \in S$，$\widehat{t_r t_s}$ 称为元组的连接。$\widehat{t_r t_s}$ 是一个 $n+m$ 列的元组，前 n 个分量为 R 中的一个 n 元组，后 m 个分量为 S 中的一个 m 元组。

(4)给定一个关系 $R(X, Z)$，X 和 Z 为属性组。当 $t[X]=x$ 时，x 在 R 中的象集(images set)为 $Z_x = \{t[Z] \mid t \in R, t[X] = x\}$。

它表示 R 中属性组 X 上值为 x 的诸元组在 Z 上分量的集合。

【例 2.14】　图 2.12 中，x_1 在 R 中的象集 $Z_{x_1} = \{Z_1, Z_2, Z_3\}$，$x_2$ 在 R 中的象集 $Z_{x_2} = \{Z_2, Z_3\}$，x_3 在 R 中的象集 $Z_{x_3} = \{Z_1, Z_3\}$。

x_1	Z_1
x_1	Z_2
x_1	Z_3
x_2	Z_2
x_2	Z_3
x_3	Z_1
x_3	Z_3

图2.12 象集举例

下面给出这些专门的关系运算的定义。

1.选择(selection)

选择运算是单目运算,它根据一定的条件从关系R中选择若干个元组,组成一个新关系。

定义:选择关系R中满足逻辑表达式F为真的元组,即

$$\sigma_{F(R)} = \{ t \mid t \in R \land F(t) = \text{'真'} \}$$

说明:

(1)F:选择条件,是一个逻辑表达式,基本形式为$X_1 \theta Y_1 [\varphi X_2 \theta Y_2]$,其中θ为比较运算符,$\varphi$为逻辑运算符与(∧)、或(∨)、非(¬),$X_i$、$Y_i$等是属性名或常量名或简单函数。

(2)选择运算是从关系R中选取使逻辑表达式F为真的元组,是从行的角度进行的运算。

(3)属性名也可以用它的序号来代替。

应用举例:

设学生选课关系数据库包括学生关系Student、课程关系Course和选修关系SC,数据结构如下。

学生:Student(Sno,Sname,Ssex,Sage,Sdept),依次表示学号,姓名,性别,年龄,所在系。

课程:Course(Cno,Cname,Cpno,Ccredit),依次表示课程编号,课程名,先修课程号,学分。

选修:SC(Sno,Cno,Grade),依次表示学号,课程编号,成绩。

【例2.15】 查询信息系(IS)的全体学生。

$\sigma_{\text{Sdept}} = \text{'IS'}(\text{Student})$ 或 $\sigma_5 = \text{'IS'}(\text{Student})$。

【例2.16】 查询年龄小于20的男生。

$\sigma_{\text{Sage}} < 20 \land \text{Ssex} = \text{'男'}(\text{Student})$或$\sigma_4 < 20 \land 3 = \text{'男'}(\text{Student})$。

2.投影(projection)

定义:从关系R中选择出若干属性列组成新的关系,记作

$$\Pi_A(R) = \{ t[A] \mid t \in R \}$$

其中A为R中的属性列。

说明:

(1)投影操作主要是从列的角度进行运算。

(2)投影之后不仅取消了原关系中的某些列,还可能取消某些元组(避免重复行)。

(3)属性名也可以用它的序号来代替。

应用举例:

【例2.17】 查询学生关系中有哪些系。

Π_{Sdept}(Student)或Π_5(Student)。

【例2.18】 查询学生关系中学生的姓名和所在系。

$\Pi_{Sname,Sdept}$(Student)或$\Pi_{2,5}$(Student)。

3.连接(join)

定义:连接也称为θ连接,即从两个关系的笛卡尔积中选取属性间满足一定条件的元组。记作

$$R \bowtie S=\{\widehat{t_r t_s} \mid t_r \in R \wedge t_s \in S \wedge t_r[A]\ \theta\ t_s[B]\}$$

常见的连接类型:

(1)等值连接:θ为"="的连接运算称为等值连接。它是从关系R与S的广义笛卡尔积中选取A、B属性值相等的那些元组,即等值连接为

$$R \bowtie S=\{\widehat{t_r t_s} \mid t_r \in R \wedge t_s \in S \wedge t_r[A] = t_s[B]\}$$

(2)自然连接:$A=B$在连接符下不加比较表达式,比较分量必须是相同的属性组。即若R和S中具有相同的属性组B,U为R和S的全体属性集合,则自然连接可记作

$$R \bowtie S=\{\widehat{t_r t_s}[U-B] \mid t_r \in R \wedge t_s \in S \wedge t_r[B] = t_s[B]\}$$

连接结果去掉重复列。

【例2.19】 设图2.13(a)和(b)分别为关系R和关系S,图2.13(c)为自然连接的结果,图2.13(d)为非等值连接的结果,图2.13(e)为等值连接的结果。

关系 R

A	B	C
a_1	b_1	9
a_1	b_2	6
a_2	b_3	8
a_2	b_4	12

(a)

关系 S

B	E
b_1	2
b_2	7
b_3	10
b_3	2
b_5	2

(b)

$R \bowtie S$

A	B	C	E
a_1	b_1	9	2
a_1	b_2	6	7
a_2	b_3	8	10
a_2	b_3	8	2

(c)

$\underset{C<E}{R \bowtie S}$

A	$R.B$	C	$S.B$	E
a_1	b_1	9	b_3	10
a_1	b_2	6	b_2	7
a_1	b_2	6	b_3	10
a_2	b_3	8	b_3	10

(d)

$\underset{B=B}{R \bowtie S}$

A	$R.B$	C	$S.B$	E
a_1	b_1	9	b_1	2
a_1	b_2	6	b_2	7
a_2	b_3	8	b_3	10
a_2	b_3	8	b_3	2

(e)

图2.13　关系R与S的连接运算一

【例2.20】　设图2.14(a)和(b)分别为关系R和关系S,图2.14(c)为等值连接的结果,图2.14(d)为自然连接的结果。

关系 R

A	B	C
a_1	b_1	9
a_1	b_2	6
a_2	b_3	8
a_2	b_4	12

(a)

关系 S

A	B	E
a_1	b_1	2
a_1	b_2	7
a_2	b_3	10
a_2	b_3	2
a_3	b_5	2

(b)

$\underset{AB=AB}{R \bowtie S}$

$R.A$	$R.B$	C	$S.A$	$S.B$	E
a_1	b_1	9	a_1	b_1	2
a_1	b_2	6	a_1	b_2	7
a_2	b_3	8	a_2	b_3	10
a_2	b_3	8	a_2	b_3	2

(c)

$R \bowtie S$

A	B	C	E
a_1	b_1	9	2
a_1	b_2	6	7
a_2	b_3	8	10
a_2	b_3	8	2

(d)

图2.14　关系R与S的连接运算二

连接运算的另一种定义方法:如果关系R和关系S满足条件,就连接相应的元组,并形成结果关系表中的一个元组,否则就丢弃。

等值连接,实际上是关系R和关系S在对应的某个属性值上相等才进行连接。

不等值连接,实际上是关系R和关系S在对应某个属性值上满足一定条件才进行选择。

连接运算是两个表之间的运算,经常发生在参照关系与被参照关系之间。参照关系的外码与被参照关系的主码之间满足一定的条件,如相等或者其他比较关系,相应的元组才连接成一条新记录,成为结果表中的一条记录。

【例2.21】 以图2.4学生选课数据库为例,查询张爽同学的选课情况,包括张爽的学号、姓名、课程编号和成绩,结果如表2.16所示。

关系代数表达式为

$$\Pi_{Sno,Sname,Cno,Grade}\sigma_{Sname='张爽'}(Student \bowtie SC)$$

表2.16 张爽同学选课情况查询表

Sno	Sname	Cno	Grade
20200510101	张爽	1	91
20200510101	张爽	2	87
20200510101	张爽	3	88

【例2.22】 查询已选课同学的选课情况。采用等值连接,其结果如表2.17所示。

关系代数表达式为

$$Student \underset{Student.Sno=SC.Sno}{\bowtie} SC$$

表2.17 已选课同学的选课情况一

Sno	Sname	Ssex	Sage	Sdept	Sno	Cno	Grade
20200510101	张爽	男	20	计算机系	20200510101	1	91
20200510101	张爽	男	20	计算机系	20200510101	2	87
20200510101	张爽	男	20	计算机系	20200510101	3	88
20200510102	刘怡	女	19	信息系	20200510102	2	90
20200510102	刘怡	女	19	信息系	20200510102	3	81

若采用自然连接,其结果如表2.18所示。

关系代数表达式为

$$Student \bowtie SC$$

表2.18 已选课同学的选课情况二

Sno	Sname	Ssex	Sage	Sdept	Cno	Grade
20200510101	张爽	男	20	计算机系	1	91
20200510101	张爽	男	20	计算机系	2	87
20200510101	张爽	男	20	计算机系	3	88
20200510102	刘怡	女	19	信息系	2	90
20200510102	刘怡	女	19	信息系	3	81

【例2.23】 查询选了“数据库”课程的学生的学号,其结果如表2.19所示。关系代数表达式为

$$\Pi_{Sno}\sigma_{Cname='数据库'}(SC \bowtie Course)$$

表2.19 选了“数据库”课程学生的学号

Sno
20200510101

【例2.24】 查询选了“数据库”课程的学生的姓名,其结果如表2.20所示。关系代数表达式为

$$\Pi_{Sname}\sigma_{Cname='数据库'}(Student \bowtie SC \bowtie Course)$$

表2.20 选了“数据库”课程学生的姓名

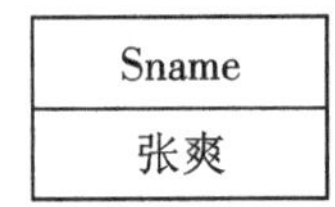

Sname
张爽

【例2.25】 查询课程被选修的情况,包括学生的学号、课程编号、成绩及课程的所有基本信息,其结果如表2.21所示。

关系代数表达式为

$$\Pi_{Sno,Sname,Cno,cname}\sigma_{Cname='数据库'}(Student \bowtie SC \bowtie Course)$$

表2.21 查询课程被选修的情况

Sno	Cno	Grade	Cno	Cname	Cpno	Ccredit
20200510101	1	91	1	数据库	5	4
20200510101	2	87	2	高等数学		2
20200510101	3	88	3	信息系统	1	4
20200510102	2	90	2	高等数学		2
20200510102	3	81	3	信息系统	1	4

【例2.26】 查询已选课学生的选课情况,结果如表2.22所示。

表2.22 已选课学生的选课情况

Sno	Sname	Ssex	Sage	Sdept	Sno	Cno	Grade
20200510101	张爽	男	20	计算机系	20200510101	1	91
20200510101	张爽	男	20	计算机系	20200510101	2	87
20200510101	张爽	男	20	计算机系	20200510101	3	88
20200510102	刘怡	女	19	信息系	20200510102	2	90
20200510102	刘怡	女	19	信息系	20200510102	3	81

连接运算又分为内连接运算和外连接运算。内连接是指满足条件的元组放在结果中。其中,内连接包括前面介绍的等值连接、不等值连接和自然连接。

在图2.4学生选课数据库中,共有4个学生,有2个学生(王明和张猛)没有选课。如果没有选课的学生的基本信息(学号、姓名、性别、年龄、所在系)也要列在查询结果中,就需要用到外连接。

(3)外连接:两个关系*R*和*S*在做自然连接时,选择两个关系公共属性上值相等的元组构成新的关系。此时关系*R*中某些元组有可能在*S*中不存在公共属性上值相等的元组,从而造成*R*中这些元组在操作时被舍弃了,同样,*S*中某些元组也可能被舍弃。这些被舍弃的元组称为悬浮元组(dangling tuple)。

如果把舍弃的元组也保存在结果关系中,而在其他属性上填空值(NULL),这种连接就叫做外连接(outer join)。外连接是指除了满足条件的元组保留在结果中外,不满足条件的元组也保留在结果关系中。外连接分为左外连接(⟕)、右外连接(⟖)和全外连接(⟗)。

①左外连接:如果只把左边关系*R*中要舍弃的元组保留就叫做左外连接(left outer join或left join)。左外连接除了满足条件的元组保留在结果关系中,左边关系中不满足条件的元组也保留在结果关系中,其对应的右边关系中属性的取值用NULL填充。

【例2.27】 关系*R*和关系*S*进行左外连接,如图2.15所示。

关系*R*

A	*B*	*C*
a_1	b_1	c_1
a_2	b_2	c_2
a_3	b_3	c_3
a_4	b_4	c_4

关系*S*

A	*D*	*E*
a_1	d_1	e_1
a_1	d_2	e_2
a_2	d_3	e_3

$R ⟕ S$

R.A	*B*	*C*	*S.A*	*D*	*E*
a_1	b_1	c_1	a_1	d_1	e_1
a_1	b_1	c_1	a_1	d_2	e_2
a_2	b_2	c_2	a_2	d_3	e_3
a_3	b_3	c_3	NULL	NULL	NULL
a_4	b_4	c_4	NULL	NULL	NULL

图2.15　*R*和*S*的左外连接运算

②右外连接:除了满足条件的元组保留在结果关系中,右边关系中不满足条件的元组也保留在结果关系中,其对应的左边关系中属性的取值用NULL填充。

说明:

•一般的连接操作是从行的角度进行运算。

•自然连接还需要取消重复列,所以是同时从行和列的角度进行运算。

【例2.28】 关系R和关系S进行右外连接，如图2.16所示。

关系R

A	D	E
a_1	d_1	e_1
a_1	d_2	e_2
a_2	d_3	e_3

关系S

A	B	C
a_1	b_1	c_1
a_2	b_2	c_2
a_3	b_3	c_3
a_4	b_4	c_4

$R \ltimes S$

$R.A$	D	E	$S.A$	B	C
a_1	d_1	e_1	a_1	b_1	c_1
a_1	d_2	e_2	a_1	b_1	c_1
a_2	d_3	e_3	a_2	b_2	c_2
NULL	NULL	NULL	a_3	b_3	c_3
NULL	NULL	NULL	a_4	b_4	c_4

图2.16　R和S的右外连接运算

4.除(division)

设关系R除以S的结果为关系T，则T包含所有在R但不在S中的属性及其值，且T的元组与S的元组的所有组合都在R中。

下面用用象集来定义除法：给定关系$R(X,Y)$和$S(Y,Z)$，其中X、Y、Z为属性组。R中的Y与S中的Y可以有不同的属性名，但必须出自相同的域集。

R与S的除运算得到一个新的关系$P(X)$，P是R中满足下列条件的元组在X属性列上的投影：元组在X上分量值x的象集Y_x包含S在Y上投影的集合。记作

$$R \div S = \left\{ t_r[X] \,\middle|\, t_r \in R \wedge \Pi Y(S) \in Y_x \right\}$$

其中Y_x为x在R中的象集，$x = t_r[X]$。(象集：关系$R(X,Z)$，X和Z为属性组。当$t[X]=x$时，x在R中的象集为$Z_x=\{t[Z] | t\in R, t[X]=x\}$。)

除法运算同时从行和列的角度进行运算，适合于包含“全部”之类的短语的查询。

【例2.29】 已知关系R和关系S，则$R \div S$的结果如图2.17所示。

关系R

A	B	C
a_1	b_1	c_2
a_2	b_3	c_7
a_3	b_4	c_6
a_1	b_2	c_3
a_2	b_2	c_3
a_1	b_2	c_1

关系S

B	C	D
b_1	c_2	d_1
b_2	c_3	d_1
b_2	c_1	d_2

$R \div S$

A
a_1

图2.17　R和S的除运算

在关系R中，A可以取3个值$\{a_1, a_2, a_3\}$。其中a_1的象集为$\{(b_1, c_2), (b_2, c_3), (b_2, c_1)\}$，$a_2$的象集为$\{(b_3, c_7), (b_2, c_3)\}$，$a_3$的象集为$\{(b_4, c_6)\}$，$S$在$(B, C)$的投影为$\{(b_1,$

c_2),(b_2,c_3),(b_2,c_1)}。显然只有a_1的象集$(B,C)_{a_1}$包含了S在(B,C)属性组上的投影,所以$R \div S=\{a_1\}$。

【例2.30】 查询至少同时选修了2号课程和3号课程的学生的学号,其过程如图2.18所示。

SC (Sno,Cno,Grade)

Sno	Cno	Grade
20200510101	1	91
20200510101	2	87
20200510101	3	88
20200510102	2	90
20200510102	3	81

T

Cno
2
3

图2.18 选修了2号课程和3号课程的学生学号

解题方法:先建立一个临时的关系T,$\Pi_{Sno}=\{2, 3\}$,则有$\Pi_{Sno,Cno}(SC)\div T=$ {20200510101,20200510102}。

2.6 小 结

本章介绍了关系数据库的数据结构以及完整性约束,关系数据库的数据结构为关系,它的完整性约束包含实体完整性约束、参照完整性约束、用户自定义完整性约束。关系数据模型是建立在严格的数据理论基础之上的,本章详细讲述了关系模型形式化的定义,关系模型的基本概念,包括关系、元组、属性、域、分量、码、主码、主属性、非主属性、全码、关系模式、关系数据库模式,给出了关系数据库模式及其实例,学生选课关系数据库也是本书的示例数据库。

本章还介绍的关系数据库的操作,包括增、删、改、查,讲述的关系操作的语言包括关系代数语言、元组演算语言、域演算语言、SQL。本章只涉及关系代数语言,它是抽象的操作语言,包含传统的集合运算:并、交、差、笛卡尔积,还包含专门的关系运算:选择、投影、连接(等值连接、不等值连接、自然连接、外连接)及除运算。

习 题

1.试述关系模型的概念,定义并解释以下术语:关系、元组、属性、域、分量、码、关系模式。

2.为什么关系代数里包含传统的集合运算?

3.两个关系进行并、交、差运算的前提条件是什么?

4.什么是投影运算?什么是选择运算?举例说明。

5. 什么是内连接？什么是外连接？举例说明。

6. 针对2.4节的示例数据库完成下列题目，请用关系代数表达式。

(1)检索学分为4的课程编号(Cno)和课程名(Cname)；

(2)检索年龄大于19岁男学生的学号(Sno)和姓名(Sname)；

(3)检索选修2号课程的学生姓名(Sname)；

(4)检索“刘怡”同学不学课程的课程编号(Cno)；

(5)检索至少选修两门课程的学生学号(Sno)。

第3章　关系数据库标准语言SQL

本章目标

•SQL概述；

•SQL数据定义功能；

•SQL数据操纵功能，重点介绍数据查询和数据更新方法；

•视图。

结构化查询语言（Structured Query Language，SQL）是关系数据库的标准语言，也是一个通用的、功能极强的关系数据库语言。其功能不仅仅是查询，而是包括数据库模式创建、数据库数据的插入与修改、数据库安全性完整性定义与控制等一系列功能。

本章详细介绍SQL的基本功能，并进一步讲述关系数据库的基本概念。

3.1　SQL概述

自SQL成为国际标准语言以后，各个数据库厂家纷纷推出各自的SQL软件或与SQL的接口软件，这就使大多数数据库均用SQL作为共同的数据存取语言和标准接口，使不同数据库系统之间的互操作有了共同的基础。SQL已成为数据库领域中的主流语言，其意义十分重大。有人把确立SQL为关系数据库标准语言及其后的发展称为是一场革命。

3.1.1　SQL的产生与发展

SQL是在1974年由Boyce和Chamberlin提出的，最初叫Sequel，并在IBM公司研制的关系数据库管理系统原型System R上实现。由于SQL简单易学，功能丰富，深受用户及计算机工业界欢迎，因此被数据库厂商所采用。经各公司的不断修改、扩充和完善，SQL得到业界的认可。1986年10月，美国国家标准局（American National Standard

Institute, ANSI)的数据库委员会X3H2批准了SQL作为关系数据库语言的美国标准，同年公布了SQL标准文本(简称SQL-86)。1987年,国际标准化组织(International Organization for Standardization,ISO)也通过了这一标准。

SQL标准从公布以来随数据库技术的发展而不断发展、不断丰富。表3.1是SQL标准的进展过程。

表3.1　SQL标准的进展过程

标准	大致页数	发布年份	标准	大致页数	发布年份
SQL-86		1986年	SQL 2003	3 600页	2003年
SQL-89 (FIPS127-1)	120页	1989年	SQL 2008	3 777页	2008年
SQL-92	622页	1992年	SQL 2012		2012年
SQL-99(SQL3)	1 700页	1999年			

2008年、2012年又对SQL 2003做了一些修改和补充。可以发现,SQL标准的内容越来越丰富,也越来越复杂。SQL-99合计超过1 700页。SQL-86和SQL-89都是单个文档。SQL-92和SQL-99已经扩展为一系列开放的部分。例如,SQL-92除了SQL基本部分外还增加了SQL调用接口、SQL永久存储模块;而SQL 99则进一步扩展为框架、SQL基础部分、SQL调用接口、SQL永久存储模块、SQL宿主语言绑定、SQL外部数据的管理和SQL对象语言绑定等多个部分。

目前,没有一个数据库系统能够支持SQL标准的所有概念和特性。大部分数据库系统能支持SQL-92标准中的大部分功能以及SQL-99、SQL 2003中的部分新概念。同时,许多软件厂商对SQL基本命令集还进行了不同程度的扩充和修改,又可以支持标准以外的一些功能特性。本书不是介绍完整的SQL,而是介绍SQL的基本概念和基本功能。因此,在使用具体系统时要查阅各产品的用户手册。

3.1.2　SQL的特点

(1)综合统一。SQL集DDL、DML、DCL、DQL于一体,可以完成数据库生命周期中的全部活动,包括建立数据库,定义关系模式,对数据及模式的增、删、改、查,数据库的维护、重构,数据库的安全性和完整性控制,为数据库应用系统开发提供了良好的基础。

(2)高度非过程化。SQL进行数据操作,用户只需提出"做什么",而不用说明"怎么做",其操作过程由系统自动完成。用户无须了解存取路径、存取路径的选择、操作过程等执行过程的相关内容,这样大大减轻了用户的负担。

(3)面向集合的操作方式。SQL的操作对象、操作结果都是元组的集合。

(4)一种语法提供两种操作方式。SQL包含两种形式:一种是自含式,另一种是嵌入式。作为自含式语言,它可以独立地用于联机交互的使用方式,用户在终端键盘上直接键入SQL命令对数据库进行操作。作为嵌入式语言,SQL嵌入到高级语言程序中，供程序员设计程序时使用，进行数据库应用系统的开发。在两种使用方式下，SQL语法结构基本一致。两种使用方式采用同样的语法，为用户提供了极大的方便。

（5）功能强大，语言简洁。完成数据定义、数据操纵、数据控制功能只需要九个动词，如表3.2所示。

表3.2　SQL动词

SQL功能	动词
数据查询	SELECT
数据定义	CREATE，DROP，ALTER
数据更新	UPDATE，INSERT，DELETE
数据控制	GRANT，REVOKE

3.1.3　SQL的基本概念

支持SQL的关系数据库管理系统同样支持关系数据库三级模式结构。如图3.1所示，其中外模式包括若干视图（view）和部分基本表（base table），数据库模式包括若干基本表，内模式包括若干存储文件（stored file）。

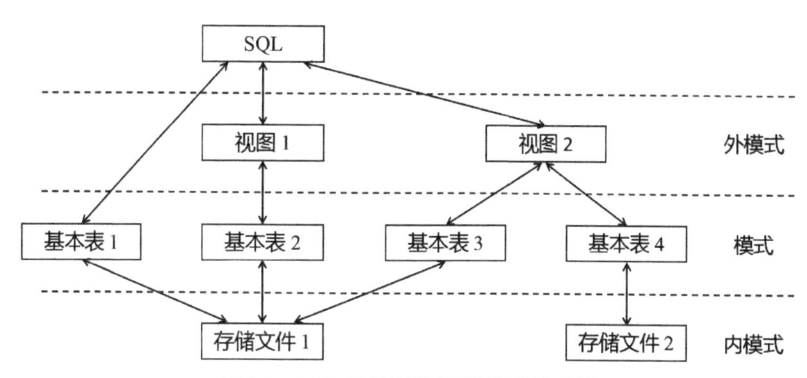

图3.1　SQL对关系数据库模式的支持

用户可以用SQL对基本表和视图进行查询或其他操作，基本表和视图一样，都是关系。基本表是本身独立存在的表，在关系数据库管理系统中一个关系就对应一个基本表。一个或多个基本表对应一个存储文件，一个表可以有若干索引，索引也存放在存储文件中。

存储文件的逻辑结构组成了关系数据库的内模式。存储文件的物理结构对最终用户是隐蔽的。

视图是从一个或几个基本表导出的表。它本身不独立存储在数据库中，即数据库中只存放视图的定义而不存放视图对应的数据。这些数据仍存放在导出视图的基本表中，因此视图是一个虚表。视图在概念上与基本表等同，用户可以在视图上再定义视图。

下面将逐一介绍各SQL语句的功能和格式。为了突出基本概念和基本功能，略去了许多语法细节。各个关系数据库管理系统产品在实现标准SQL时各有差别，与SQL标准的符合程度也不相同。因此，具体使用某个关系数据库管理系统产品时，还应参阅该系统提供的有关手册。

3.2 SQL数据定义

本节主要包括关系模式的定义、关系中的数据类型、完整性约束的定义、关系模式的修改，并给出一个具体的数据库举例。

3.2.1 SQL数据定义和数据类型

1. SQL数据定义

SQL的数据定义语言(DDL)可以定义表结构、索引、视图、模式等，也可以对这些数据库对象进行修改和删除。它主要包含的SQL数据定义语句如表3.3所示。

表3.3 SQL的数据定义语句

数据库对象	操作方式		
	创建	删除	修改
表	CREATE TABLE	DROP TABLE	ALTER TABLE
视图	CREATE VIEW	DROP VIEW	ALTER VIEW
索引	CREATE INDEX	DROP INDEX	ALTER INDEX

在早期的数据库系统中，所有的数据库对象都属于一个数据库，只有一个命名空间。现代的RDBMS提供了一个层次化的命名空间，一个数据库服务器(实例)中可以创建多个数据库，每个数据库下面有可能有多个模式，每个模式下面通常包含多个数据库对象，如表、视图、索引。

本章以Microsoft SQL Server作为实验环境，所有的语句都在此环境下成功运行，该实验环境不区分大小写。

(1)创建数据库。

其语句如下：

```
CREATE DATABASE 数据库名;
```

【例3.1】 创建学生选课数据库S-T。

```
CREATE DATABASE S-T;
```

(2)创建模式。

从SQL 2开始增加了模式的概念。必须有相应的权限，才可以创建模式。创建模式的语句如下：

```
CREATE SCHEMA<模式名>AUTHORIZATION<用户名>;
```

定义模式实际上是定义了一个命名空间，在这个空间中包含表、视图、索引等数据库对象。

【例3.2】　创建模式Student_tom。

```
CREATE SCHEMA Student_tom;
```

【例3.3】　为用户Huang创建Student_tom模式。

```
CREATE SCHEMA Student_tom AUTHORIZATION Huang;
```

可以在定义模式的同时定义表、视图、索引等数据库对象。

(3)删除模式。

在SQL中，删除模式的语句如下：

```
DROP SCHEMA<模式名 > < CASCADE | RESTRICT>;
```

CASCADE表示删除模式的同时删除模式中的所有对象，RESTRICT表示如果模式中存在对象，则拒绝删除该模式。

【例3.4】　删除模式Student_tom。

```
DROP SCHEMA Student_tom CASCADE;
```

(4)创建表。

模式创建完毕后，就可以在其中创建表了。创建表的语法格式如下：

```
CREATE TABLE <表名>(<列名><数据类型>[列完整性约束条件]
[,<列名><数据类型>[列完整性约束条件]]
…
[,<表级完整性约束条件>]);
```

【例3.5】　建立一个学生表Student。

```
CREATE TABLE Student
        (Sno CHAR(11),
        Sname CHAR(8),
        Ssex CHAR (2),
        Sage INT,
        Sdept CHAR(30)
);
```

2.数据类型

不同的RDBMS环境下有不同的数据类型，SQL支持的常用数据类型如表3.4所示。

表3.4　SQL支持的常用数据类型

数据类型		说明符	解释
数值型	大整型	BIGINT	整数值,一般用8个字节存储
	整型	INTJNTEGER	整数值,一般用4个字节存储
	小整型	SMALLINT	整数值,一般用2个字节存储
	定点数值型	DECIMAL(*P*,*S*)	表示定点数。*P*表示总的数字位数,*S*表示小数点后的位数
	定点数值型	NUMERIC(*P*,*S*)	同DECIMAL
	浮点数值型	REAL	取决于机器精度的浮点数
	浮点数值型	DOUBLE	取决于机器精度的双精度浮点数
	浮点数值型	FLOAT(*n*)	浮点数,一般精度至少为*n*位数字
字符串型	定长字符串	CHAR(*n*),CHARACTER(*n*)	长度为*n*的定长字符串
	变长字符串	VARCHAR(*n*),CH ARACTER VARYING (*n*)	最大长度为*n*的变长字符串
位串型	位串	BIT(*n*)	表示长度为*n*的二进制位串
	变长位串	BIT VARYING(*n*)	表示长度为*n*的变长二进制位串
日期时间型	日期	DATE	表示日期值年、月、日,表示为YYYY-MM-DD
	时间	TIME	表示时间值时、分、秒,表示为HH:MM:SS
	日期时间	DATETIME	表示日期时间值年、月、日、时、分、秒,表示为 YYYY-MM-DD HH: MM: SS
逻辑型	布尔值	BOOLEAN	其值为true或者false,表示真或者假
大对象	字符型大对象	CLOB	字符串大对象
	二进制型大对象	BLOB	二进制大对象
时间戳型	—	TIMESTAMPLOB	由日期、时间、6位秒精度、时区构成,如'2017-08-30 08:00:00 648302'

字符数据类型的数据放在单引号里面,区分大小写;按照字母表顺序,如果一个字符串str1出现在另一个字符串str2前面,则认为str1小于str2。字符串连接符号为“||”,例如'abc'||'xyz',其结果为'abcxyz'。

日期、时间、时间戳能够被转换成字符串类型并进行比较。

3.2.2　定义完整性约束

可以在创建表的同时，指定完整性约束，也可以在表创建好后再添加完整性约束。完整性约束被保存到数据字典中。一旦对数据库中的数据进行操作DBMS会自动根据定义的完整性约束检查数据是否满足条件，而采取相应的拒绝或接受操作。

1.实体完整性约束

关系模型的实体完整性在CREATE TABLE中用PRIMARY KEY定义。对单属性构成的码有两种说明方法，一种是定义为列级约束条件，另一种是定义为表级约束条件。对多个属性构成的码只有一种说明方法，即定义为表级约束条件。

【例3.6】　定义学生表Student，学号为主键，定义列级约束。

```
CREATE TABLE Student
    (Sno CHAR(11) PRIMARY KEY,
    Sname CHAR(8),
    Ssex CHAR (2),
    Sage INT,
    Sdept CHAR(30)
);
```

【例3.7】　定义课程表，课程编号为主键，定义表级约束。

```
CREATE TABLE Course
    (Cno CHAR(5),
    Cname VARCHAR(50),
    Credit DECIMAL(2,1),
    Cpno CHAR(5),
    PRIMARY KEY(Cno)
);
```

【例3.8】　在选课表中将学号及课程编号定义为组合主键。

```
CREATE TABLE SC
    (Sno CHAR(11),
    Cno CHAR(5),
    Grade DECIMAL(3,1),
    PRIMARY KEY(Sno,Cno)
);
```

注意：定义主键约束时，如果主键由单一属性构成，则可以在属性定义后直接定义主键，如学生表；也可以在创建表语句的末尾定义，如课程表；如果主键是组合属性，则主键必须在所有的属性定义完后再进行定义，只能定义成表级，如选课表。

定义主键约束时，还可以通过系统提供的CONSTRAINT关键字来实现。

【例3.9】 对课程表的定义，还可以有如下两种表示方式。

```
CREATE TABLE Course
        (Cno CHAR(5),
        Cname VARCHAR(50),
        Credit DECIMAL(2,1),
        Cpno CHAR(5),
        CONSTRAINT pk_Cno PRIMARY KEY(Cno)
);
```

或者

```
CREATE TABLE Course
        (Cno CHAR(5) CONSTRAINT pk_Cno PRIMARY KEY (Cno),
        cname VARCHAR(50),
        Credit DECIMAL(2,1),
        Cpno CHAR(5),
);
```

注意：SQL还在CREATE TABLE语句中提供了完整性约束命名子句CONSTRAINT，用来对完整性约束条件命名，从而可以灵活地增加、删除一个完整性约束条件。

CONSTRAINT <完整性约束条件名><完整性约束条件>

<完整性约束条件>包括 NOT NULL、UNIQUE、PRIMARY KEY、FOREIGN KEY、CHECK短语等。

【例3.10】 建立学生登记表Student，要求学号在90 000~99 999之间，姓名不能取空值，年龄小于30，性别只能是“男”或“女”。

```
CREATE TABLE Student
        (Sno CHAR(11),
        CONSTRAINT C1 CHECK (Sno BETWEEN 90000 AND 99999),
        Sname CHAR(8),
        CONSTRAINT C2 NOT NULL,
        Sage NUMERIC(3),
        CONSTRAINT C3 CHECK (Sage < 30),
        Ssex CHAR(2),
        CONSTRAINT C4 CHECK (Ssex IN ('男','女')),
        CONSTRAINT StudentKey PRIMARY KEY(Sno)
);
```

在Student表上建立了五个约束条件，包括主码约束（命名为StudentKey）以及C1、C2、C3、C4这四个列级约束。

2.参照完整性约束(外键约束)

外键约束的关键字为FOREIGN KEY，用该短语定义哪些列为外码，用REFERENCES短语指明这些参照哪些表的主码。

【例3.11】 创建选课表，并添加外键。

```
CREATE TABLE SC
        (Sno CHAR (11),
        Cno CHAR(5),
        Grade DECIMAL(3,1),
        PRIMARY KEY(Sno,Cno),
        FOREIGN KEY (Sno) REFERENCES Student(Sno),
        FOREIGN KEY (Cno) REFERENCES Course (Cno),
);
```

选课表中的学号是外键，其值参考学生表中学号的值；选课表中的课程编号是外键，其值参考课程表中课程编号的值。

【例3.12】 创建课程表，并给Cpno添加外键，它参考本表中课程编号的值。

```
CREATE TABLE Course
        (Cno CHAR(5) PRIMARY KEY,
        Cname VARCHAR(50),
        Credit DECIMAL(2,1),
        Cpno CHAR(5),
        FOREIGN KEY (Cpno) REFERENCES Course(Cno)
);
```

同样，也可以通过系统提供的CONSTRAINT关键字来实现外键约束。

【例3.13】 对选课表定义外键约束。

```
CREATE TABLE SC
        (Sno CHAR(11),
        Cno CHAR(5),
        Grade DECIMAL(3,1),
        PRIMARY KEY(Sno,Cno),
        CONSTRAINT fk_Sno FOREIGN KEY(Sno)REFERENCES Student(Sno),
        CONSTRAINT fk_Cno FOREIGN KEY(Cno)REFERENCES Course (Cno)
);
```

考虑以下情况：

(1)通过参照完整性就把学生表和选课表两个表相应的元组联系起来了。加入外键约束后,DBMS对增、删、改数据操作采取一定的策略。

(2)对选课表新增加一行数据时,其新增加的学号值不是学生表中存在的学生。

(3)对选课表修改学号值时,其修改后的学号值不是已存在的学生表中的学生。

(4)修改学生表的学号值,造成选课表的某些元组的学号值在学生表中找不到对应的元组。

(5)删除学生表的数据,造成选课表的某些元组的学号值在学生表中找不到对应的元组。

当发生以上情况时,系统可以采用如下策略之一。

•拒绝执行(关键字NO ACTION)该操作,一般是系统的默认策略。

•级联操作(关键字CASCADE),即修改和删除被参照表的被参照属性值时,相应的参照表的外键的值也跟着相应变化。如删除学生表中的某个学生时,其在选课表中的相应选课记录同时被删除。

•设置为空值(关键字SET NULL),即修改和删除被参照表的被参照属性值时,相应的参照表的外键的值设置为空值。

【例3.14】 对选课表定义外键约束,并设置相应的策略。

```
CREATE TABLE SC
    (Sno CHAR (11),
    Cno CHAR(5),
    Grade DECIMAL(3,1),
    PRIMARY KEY(Sno,Cno),
    CONSTRAINT fk_Sno FOREIGN KEY(Sno)REFERENCES Student (Sno)
    ON DELETE CASCADE ON UPDATE CASCADE,
    CONSTRAINT fk_Cno FOREIGN KEY(Cno)REFERENCES Course(Cno)
    ON DELETE NO ACTION ON UPDATE NO ACTION
);
```

该例子对选课表的外键Sno设置成级联删除和级联修改。当学生表中的学生被删除或者修改时,其对应的选课记录分别级联删除或者级联修改。对外键Cno的策略则设置成拒绝执行,即当有课程表的课程被删除或者修改时,系统会禁止执行该操作,因为选课表引用了该课程记录。

3.用户自定义约束

用户自定义约束多种多样,一般是根据用户需求或者应用环境需求进行设置的,包含默认约束(DEFAULT),检查约束(CHECK),非空约束(NOT NULL),唯一约束(UNIQUE)等。

【例3.15】 创建Student表,添加用户自定义约束,年龄在某个范围之内,专业默认为CS。

```
CREATE TABLE Student
    (Sno CHAR(11),
    Sname VARCHAR(8),
    Sage INT CHECK (Sage< = 35 AND Sage> = 15),
    Sdept CHAR (20) DEFAULT 'CS',
    Ssex CHAR (2),
    PRIMARY KEY(Sno)
);
```

或者也可

```
CREATE TABLE Student
    (Sno CHAR(11),
    Sname VARCHAR (8),
    Sage INT,
    Sdept CHAR(20)DEFAULT 'CS',
    Ssex CHAR (2),
    PRIMARY KEY(Sno),
    CHECK(Sage< = 35 AND Sage> = 15)
);
```

或者采用关键字CONSTRAINT来引导约束：

```
CREATE TABLE Student
    (Sno CHAR(11),
    Sname VARCHAR (8),
    Sage INT CONSTRAINT ck_Sage CHECK (Sage< = 35 AND Sage> = 15),
    Sdept CHAR (20) DEFAULT 'CS',
    Ssex CHAR (2),
    PRIMARY KEY(Sno)
);
```

【例3.16]　创建Course表，课程名唯一且必须输入值。

```
CREATE TABLE Course
    (Cno CHAR(5) PRIMARY KEY,
    cname VARCHAR (50) UNIQUE NOT NULL,
    Credit DECIMAL (2,1),
    Cpno CHAR(5)
);
```

前面所学的实体完整性约束由UNIQUE和PRIMARY KEY实现；参照完整性约束由FOREIGN KEY实现；用户自定义约束由CHECK，DEFAULT，NOT NULL等实现。

完整性约束对象可以是列、元组、关系三类。列级约束主要限制单个属性取值，如对属性的取值范围、属性取值的格式、属性取值的精度等。元组约束定义几个属性值之间的联系，如工资表中包含应发工资、实发工资等列，要求实发工资不能大于应发工资。表级约束定义多个表之间的联系，以及多个元组之间的联系，如外键约束。表级约束定义多个表之间的联系，以及多个元组之间的联系，如外键约束。

3.2.3 修改基本表

1.修改表结构

修改表结构的语句格式为

```
ALTER TABLE<表名>
[ADD [COLUMN]<新列名><数据类型>[列完整性约束条件]]
[ADD<表级完整性约束>]
[DROP [COLUMN] <列名>[CASCADE | RESTRICT]]
[DROP CONSTRAINT<完整性约束名>[CASCADE | RESTRICT]]
[ALTER [ COLUMN ]< 列名 ><数据类型 >];
```

【例3.17】 在Student表结构中增加一个电话号码(Stel)属性。

```
ALTER TABLE Student ADD Stel CHAR (11) NOT NULL;
```

【例3.18】 删除Student表的Stel属性。

```
ALTER TABLE Student DROP COLUMN Stel;
```

【例3.19】 修改Student表的Stel列的属性。

```
ALTER TABLE Student ALTER COLUMN Stel CHAR(12);
```

2.添加约束

可以在表创建好后，对表添加约束。

假设学生表、课程表及选课表上没有约束，可对其添加约束。

【例3.20】 对学生表Student添加主键约束。

```
ALTER TABLE Student ADD CONSTRAINT pk_Sno PRIMARY KEY(Sno);
```

【例3.21】 对选课表SC添加外键约束。

```
ALTER TABLE SC ADD CONSTRAINT fk_Sno FOREIGN KEY (Sno) REFER-
ENCES Student (Sno);
```

【例3.22】 对学生表Student添加CHECK约束。

```
ALTER TABLE Student ADD CONSTRAINT ck_Sage CHECK (Sage< = 35 AND
Sage> = 15);
```

3.删除表

一般语句格式为

DROP TABLE<表名>[RESTRICT | CASCADE];

删除表结构时,表中的数据也一并删除。因此,删除表要慎重!

【例3.23】　删除课程表Course。

```
DROP TABLE Course;
```

3.3　数据更新

数据更新操作有三种:向表中添加若干行数据、修改表中的数据和删除表中的若干行数据。在SQL中有相应的三类语句。

3.3.1　插入数据

SQL的数据插入语句INSERT通常有两种形式,一种是插入一个元组,另一种是插入子查询结果。后者可以一次插入多个元组。

1.插入元组

插入元组的INSERT语句的格式为

INSERT INTO<表名>[(<属性列1>[,<属性列2>]…)]

VALUES(<常量1>[,<常量2>]…);

其功能是将新元组插入指定表中。其中新元组的属性列1的值为常量1,属性列2的值为常量2,…。INTO子句中没有出现的属性列,新元组在这些列上将取空值。但必须注意的是,在表定义时说明了NOTNULL的属性列不能取空值,否则会出错。

如果INTO子句中没有指明任何属性列名,则新插入的元组必须在每个属性列上均有值。

【例3.24】　将一个学生元组(学号:20200510101,姓名:张爽,性别:男,系:计算机系,年龄:20岁)插入到Student表中。

```
INSERT INTO Student(Sno,Sname,Ssex,Sdept,Sage)
VALUES('20200510101','张爽','男','计算机系',20);
```

【例3.25】　将本书2.4节示例数据库中的学生表数据入库。

```
INSERT INTO Student(Sno,Sname,Ssex,Sage,Sdept)
VALUES('20200510101','张爽','男',20,'计算机系'),
('20200510102','刘怡','女',19,'信息系'),
('20200510103','王明','女',20,'物理系'),
('20200510104','张猛','男',18,'外语系');
```

在INTO子句中指出了表名Student,并指出了新增加的元组在哪些属性上要赋值,属性的顺序可以与CREATETABLE中的顺序不一样。VALUES子句对新元组的各属性赋值,字符串常数要用单引号(英文符号)括起来。

【例3.26】 将一名新学生元组(学号:20200510105,姓名:张成民,性别:男,所在系:中文系,年龄:18岁)插入到Student表中。

```
INSERT INTO Student
VALUES('20200510105','张成民','男',18,'中文系');
```

与例3.24的不同是在INTO子句中只指出了表名,没有指出属性名。这表示新元组要在表的所有属性列上都指定值,属性列的次序与CREATE TABLE中的次序相同。VALUES子句对新元组的各属性列赋值,一定要注意值与属性列要一一对应,如果像例3.24那样,成为('20200510105','张成民','男','中文系',18),则含义是将中文系赋予了列Sage,而18赋予了列Sdept,这样则会因为数据类型不匹配出错。

【例3.27】 插入一条选课记录('20200510105','C01')。

```
INSERT INTO SC(Sno,Cno)
VALUES('20200510105','C01');
```

关系数据库管理系统将在新插入记录的Grade列上自动地赋空值。或者:

```
INSERT INTO SC(Sno,Cno)
VALUES('20200510105','C01',NULL);
```

因为没有指出SC的属性名,在Grade列上要明确给出空值。

2.插入子查询结果

子查询不仅可以嵌套在SELECT语句中用以构造父查询的条件,也可以嵌套在INSERT语句中用以生成要插入的批量数据。

插入子查询结果的INSERT语句格式为

```
INSERT
INTO<表名>[(<属性列1>[,<属性列2>…])
子查询;
```

【例3.28】 对每一个系,求学生的平均年龄,并把结果存入数据库。

①首先在数据库中建立一个新表,其中一列存放系名,另一列存放相应的学生平均年龄。

```
CREATE TABLE Deptage
(Sdept CHAR(15)
Avgage SMALLINT);
```

②然后对Student表按系分组求平均年龄,再把系名和平均年龄存入新表中。

```
INSERT INTO Deptage(Sdept, Avgage)
SELECT Sdept,AVG(Sage)
```

```
FROM Student
GROUP BY Sdept;
```

3.3.2　修改数据

修改操作又称为更新操作，其语句的一般格式为

```
UPDATE<表名>
SET<列名>=<表达式>[,<列名>=<表达式>]…
[WHERE<条件>];
```

其功能是修改指定表中满足WHERE子句条件的元组。其中SET子句给出<表达式>的值用于取代相应的属性列值。如果省略WHERE子句，则表示要修改表中的所有元组。

1.修改某一个元组的值

【例3.29】　将学生20200510105的年龄改为20岁。

```
UPDATE Student
SET Sage=20
WHERE Sno='20200510105';
```

2.修改多个元组的值

【例3.30】　将所有学生的年龄增加1岁。

```
UPDATE Student
SET Sage=Sage+1;
```

3.带子查询的修改语句

子查询也可以嵌套在UPDATE语句中，用以构造修改的条件。

【例3.31】　将计算机科学系全体学生的成绩置零。

```
UPDATE SC
SET Grade=0
WHERE Sno IN
      (SELECT Sno
      FROM Student
      WHERE Sdept='计算机系');
```

3.3.3　删除数据

删除语句的一般格式为

```
DELETE
FROM<表名>
[WHERE<条件>];
```

DELETE语句的功能是从指定表中删除满足WHERE子句条件的所有元组。如果省略WHERE子句则表示删除表中全部元组,但表的定义仍在字典中。也就是说,DELETE语句删除的是表中的数据,而不是关于表的定义。

1.删除某一个元组的值

【例3.32】 删除学号为20200510105的学生记录。

```
DELETE
FROM Student
WHERE Sno='20200510105';
```

2.删除多个元组的值

【例3.33】 删除所有的学生选课记录。

```
DELETE
FROM SC;
```

这条DELETE语句将使SC成为空表,它删除了SC的所有元组。

3.带子查询的删除语句

子查询同样也可以嵌套在DELETE语句中,用以构造执行删除操作的条件。

【例3.34】 删除计算机科学系所有学生的选课记录。

```
DELETE
FROM SC
WHERE Sno IN
      (SELECT Sno
      FROM Student
      WHERE Sdept='计算机系');
```

对某个基本表中数据的增、删、改操作有可能会破坏参照完整性。

3.4 数据查询

数据查询是数据库的核心操作。SQL提供了SELECT语句进行数据查询,该语句具有灵活的使用方式和丰富的功能。其一般格式为

```
SELECT [ALL | DISTINCT]<目标列表达式>[,<目标列表达式>]…
FROM<表名或视图名>[,<表名或视图名>…]|(<SELECT语句>)[AS] <别名>
[WHERE <条件表达式>]
[GROUP BY<列名 1> [HAVING <条件表达式>]]
[ORDER BY<列名 2> [ASC|DESC]];
```

整个SELECT语句的含义是,根据WHERE子句的条件表达式从FROM子句指定

的基本表、视图或派生表中找出满足条件的元组，再按SELECT子句中的目标列表达式选出元组中的属性值形成结果表。

如果有GROUP BY子句，则将结果按<列名1>的值进行分组，该属性列值相等的元组为一个组。通常会在每个组中作用聚集函数。如果GROUP BY子句带HAVING短语，则只有满足指定条件的组才予以输出。

如果有ORDER BY子句，则结果表还要按<列名2>的值的升序或降序排序。

SELECT语句既可以完成简单的单表查询，也可以完成复杂的连接查询和嵌套查询。下面以学生选课数据库为例说明SELECT语句的各种用法。

3.4.1 单表查询

单表查询是指仅涉及一个表的查询。

1.选择表中的若干列

选择表中的全部或部分列即关系代数的投影运算。

(1)查询指定列。

在很多情况下，用户只对表中的一部分属性列感兴趣，这时可以通过在SELECT子句的<目标列表达式>中指定要查询的属性列。

【例3.35】 查询全体学生的学号与姓名。

```
SELECT Sno,Sname
FROM Student;
```

该语句的执行过程可以是这样的：从Student表中取出一个元组，取出该元组在属性Sno和Sname上的值，形成一个新的元组作为输出。对Student表中的所有元组做相同的处理，最后形成一个结果关系作为输出。

【例3.36】 查询全体学生的姓名、学号、所在系。

```
SELECT Sname,Sno,Sdept
FROM Student;
```

<目标列表达式>中各个列的先后顺序可以与表中的顺序不一致。用户可以根据应用的需要改变列的显示顺序。本例中先列出姓名，再列出学号和所在系。

(2)查询全部列。

将表中的所有属性列都选出来有两种方法，一种方法就是在SELECT关键字后列出所有列名；如果列的显示顺序与其在基表中的顺序相同，也可以简单地将<目标列表达式>指定为*。

【例3.37】 查询全体学生的详细记录。

```
SELECT *
FROM Student;
```

等价于

```
SELECT Sno,Sname,SSsex,Sage,Sdept
FROM Student;
```

(3) 查询经过计算的值。

SELECT子句的<目标列表达式>不仅可以是表中的属性列,也可以是表达式。

【例3.38】 查询全体学生的姓名及其出生年份。

```
SELECT Sname,2020-Sage   /*查询结果的第2列是一个算术表达式*/
FROM Student;
```

查询结果中第2列不是列名而是一个计算表达式,是用当时的年份(假设为2020年)减去学生的年龄。这样所得的即是学生的出生年份。结果如图3.2所示。

	Sname	(无列名)
1	张爽	2000
2	刘怡	2001
3	王明	2000
4	张猛	2002
5	张成民	2002

图3.2 例3.38的查询结果

<目标列表达式>不仅可以是算术表达式,还可以是字符串常量、函数等。

【例3.39】 查询全体学生的姓名、出生年份和所在的院系。

```
SELECT Sname,2020-Sage,'Year of Birth', Sdept
FROM Student;
```

结果为如图3.3所示。

	Sname	Year of birth	Sdept
1	张爽	2000	计算机系
2	刘怡	2001	信息系
3	王明	2000	物理系
4	张猛	2002	外语系
5	张成民	2002	中文系

图3.3 例3.39的查询结果

用户可以通过指定别名来改变查询结果的列标题,这对于含算术表达式、常量、函数名的目标列表达式尤为有用。

2.选择表中的若干元组

(1)消除取值重复的行。

两个本来并不完全相同的元组在投影到指定的某些列上后,可能会变成相同的行。可以用DISTINCT消除它们。

【例3.40】 查询选修了课程的学生学号。

```
SELECT Sno
FROM SC;
```

执行上面的SELECT语句后,结果为如图3.4所示。

	Sno
1	20200510101
2	20200510101
3	20200510101
4	20200510102
5	20200510102
6	20200510105

图3.4　例3.40的查询结果

该查询结果里包含了许多重复的行。如想去掉结果表中的重复行，必须指定DISTINCT：

```
SELECT DISTINCT (Sno)
FROM SC;
```

则执行结果如图3.5所示。

	Sno
1	20200510101
2	20200510102
3	20200510105

图3.5　例3.40去掉重复行的查询结果

如果没有指定DISTINCT关键词，则默认为ALL，即保留结果表中取值重复的行。

```
SELECT Sno
FROM SC;
```

等价于

```
SELECT ALL Sno
FROM SC;
```

(2)查询满足条件的元组。

查询满足指定条件的元组可以通过WHERE子句实现。WHERE子句常用的查询条件如表3.5所示。

表3.5　WHERE子句常用的查询条件

查询条件	谓词
比较	=,>,<,>=,<=,!=,o,!>,!<;NOT+上述比较运算符
确定范围	BETWEEN AND,NOT BETWEEN AND
确定集合	IN,NOT IN
字符匹配	LIKE,NOT LIKE
空值	IS NULL,IS NOT NULL
多重条件(逻辑运算)	AND,OR,NOT

①比较大小。用于进行比较的运算符一般包括=(等于),>(大于),<(小于),>=(大于等于),<=(小于等于),!=或<>(不等于),!>(不大于),!<(不小于)。

【例3.41】 查询计算机科学系全体学生的名单。

```
SELECT Sname
FROM Student
WHERE Sdept='计算机系';
```

关系数据库管理系统执行该查询的一种可能过程是:对Student表进行全表扫描,取出一个元组,检查该元组在Sdept列的值是否等于CS,如果相等,则取出Sname列的值形成一个新的元组输出;否则跳过该元组,取下一个元组。重复该过程,直到处理完Student表的所有元组。

如果全校有数万个学生,计算机系的学生人数是全校学生的5%左右,可以在Student表的Sdept列上建立索引,系统会利用该索引找出Sdept='CS'的元组,从中取出Sname列值形成结果关系。这就避免了对Student表的全表扫描,加快了查询速度。注意如果学生较少,索引查找不一定能提高查询效率,系统仍会使用全表扫描。这由查询优化器按照某些规则或估计执行代价来作出选择。

【例3.42】 查询所有年龄在20岁以下的学生姓名及其年龄。

```
SELECT Sname,Sage
FROM Student
WHERE Sage<20;
```

【例3.43】 查询考试成绩不及格的学生的学号。

```
SELECT DISTINCT Sno
FROM SC
WHERE Grade<60;
```

这里使用了DISTINCT短语,当一个学生有多门课程不及格,他的学号也只列一次。

②确定范围。谓词BETWEEN…AND…和NOT BETWEEN…AND…可以用来查找属性值在(或不在)指定范围内的元组,其中BETWEEN后是范围的下限(即低值),AND后是范围的上限(即高值)。

【例3.44】 查询年龄在20~23岁(包括20岁和23岁)之间的学生的姓名、系别和年龄。

```
SELECT Sname,Sdept,Sage
FROM Student
WHERE Sage BETWEEN 20 AND 23;
```

【例3.45】 查询年龄不在20~23岁之间的学生姓名、系别和具体年龄。

```
SELECT Sname,Sdept,Sage
```

```
FROM Student
WHERE Sage NOT BETWEEN 20 AND 23;
```

③确定集合。谓词IN可以用来查找属性值属于指定集合的元组。

【例3.46】 查询计算机科学系(CS)、数学系(MA)和信息系(IS)学生的姓名和性别。

```
SELECT Sname,Ssex
FROM Student
WHERE Sdept IN('计算机系','数学系','信息系');
```

与IN相对的谓词是NOT IN,用于查找属性值不属于指定集合的元组。

【例3.47】查询既不是计算机科学系、数学系,也不是信息系的学生的姓名和性别。

```
SELECT Sname,Ssex
FROM Student
WHERE Sdept not IN('计算机系','数学系','信息系');
```

④字符匹配。谓词LIKE可以用来进行字符串的匹配。其一般语法格式如下:

```
[NOT]LIKE'<匹配串>'[ESCAPE'<换码字符>]
```

其含义是查找指定的属性列值与<匹配串>可以用来进行字符串匹配的元组。<匹配串>可以是一个完整的字符串,也可以含有通配符%和_,其中:

•%(百分号)代表任意长度(长度可以为0)的字符串。

例如a%b表示以a开头,以b结尾的任意长度的字符串。如acb、addgb、ab等都满足该匹配串。

•_(下横线)代表任意单个字符。

例如a_b表示以a开头,以b结尾的长度为3的任意字符串。如acb、afb等都满足该匹配串。

【例3.48】 查询学号为20200510101的学生的详细情况。

```
SELECT*
FROM Student
WHERE Sno LIKE '20200510101';
```

等价于

```
SELECT*
FROM Student
WHERE Sno='20200510101';
```

如果LIKE后面的匹配串中不含通配符,则可以用=(等于)运算符取代LIKE谓词,用！=或<>(不等于)运算符取代NOT LIKE谓词。

【例3.49】 查询所有姓刘的学生的姓名、学号和性别。

```
SELECT Sname,Sno,Ssex
```

```
FROM Student
WHERE Sname LIKE '刘%'
```

【例3.50】 查询姓“欧阳”且全名为三个汉字的学生的姓名。

```
SELECT Sname
FROM Student
WHERE Sname LIKE '欧阳_';
```

注意:数据库字符集为ASCII时一个汉字需要两个_;当字符集为GBK时只需要一个_。

【例3.51】 查询名字中第二个字为“阳”的学生的姓名和学号。

```
SELECT Sname,Sno
FROM Student
WHERE Sname LIKE '_阳%';
```

【例3.52】 查询所有不姓刘的学生的姓名、学号和性别。

```
SELECT Sname,Sno,Ssex
FROM Student
WHERE Sname NOT LIKE'刘%';
```

如果用户要查询的字符串本身就含有通配符%或_,这时就要使用ESCAPE'<换码字符>'短语对通配符进行转义了。

【例3.53】 查询DB_Design课程的课程编号和学分。

```
SELECT Cno,Credit
FROM Course
WHERE Cname LIKE 'DB\_Design' ESCAPE '\';
```

注意:ESCAPE'\'表示“ \ ”为换码字符。这样匹配串中紧跟在“\”后面的字符“_”不再具有通配符的含义,转义为普通的“_”字符。

【例3.54】 查询以“DB_”开头,且倒数第三个字符为i的课程的详细情况。

```
SELECT*
FROM Course
WHERE Cname LIKE'DB\_%i_ _'ESCAPE'\';
```

这里的匹配串为“DB_%i_ _”。第一个_前面有换码字符\,所以它被转义为普通的_字符。而i后面的两个_的前面均没有换码字符\,所以它们仍作为通配符。

⑤涉及空值的查询。

【例3.55】 某些学生选修课程后没有参加考试,所以有选课记录,但没有考试成绩。查询缺少成绩的学生的学号和相应的课程编号。

```
SELECT Sno,Cno
FROM SC
```

```
WHERE Grade IS NULL;    /*分数Grade是空值*/
```

注意:这里的“IS”不能用等号(=)代替。

【例3.56】　查所有有成绩的学生学号和课程编号。

```
SELECT Sno,Cno
FROM SC
WHERE Grade IS NOT NULL;
```

⑥多重条件查询。逻辑运算符AND和OR可用来连接多个查询条件。AND的优先级高于OR,但用户可以用括号改变优先级。

【例3.57】　查询计算机科学系年龄在20岁以下的学生姓名。

```
SELECT Sname
FROM Student
WHERE Sdept='计算机系' AND Sage<20;
```

例3.56中的IN谓词实际上是多个OR运算符的缩写,因此该例中的查询也可以用OR运算符写成如下等价形式:

```
SELECT Sname,Ssex
FROM Student
WHERE Sdept='计算机系'OR Sdept='数学系'OR Sdept='信息系';
```

3.ORDER BY子句

用户可以用ORDER BY子句对查询结果按照一个或多个属性列的升序(ASC)或降序(DESC)排列,默认值为升序。

【例3.58】　查询选修了C03号课程的学生的学号及其成绩,查询结果按分数的降序排列。

```
SELECT Sno,Grade
FROM SC
WHERE Cno='C03'
ORDER BY Grade DESC;
```

对于空值,排序时显示的次序由具体系统实现来决定。例如按升序排,含空值的元组最后显示;按降序排,空值的元组则最先显示。各个系统的实现可以不同,只要保持一致就行。

【例3.59】　查询全体学生情况,查询结果按所在系的系号升序排列,同一系中的学生按年龄降序排列。

```
SELECT *
FROM Student
ORDER BY Sdept,Sage DESC;
```

4.聚集函数

为了进一步方便用户，增强检索功能，SQL提供了许多聚集函数，主要有：

COUNT(*)	统计元组个数
COUNT([DISTINCT|ALL]<列名>)	统计一列中值的个数
SUM([DISTINCT|ALL]<列名>)	计算一列值的总和(此列必须是数值型)
AVG([DISTINCT|ALL]<列名>)	计算一列的平均值(此列必须是数值型)
MAX([DISTINCT|ALL]<列名>)	求一列值中的最大值
MIN([DISTINCT|ALL]<列名>)	求一列值中的最小值

如果指定DISTINCT短语，则表示在计算时要取消指定列中的重复值。如果不指定DISTINCT短语或指定ALL短语（ALL为默认值），则表示不取消重复值。

【例3.60】 查询学生总人数。

```
SELECT COUNT(*)
FROM Student;
```

【例3.61】 查询选修了课程的学生人数。

```
SELECT COUNT(DISTINCT Sno)
FROM SC;
```

学生每选修一门课，在SC中都有一条相应的记录。一个学生要选修多门课程，为避免重复计算学生人数，必须在COUNT函数中用DISTINCT短语。

【例3.62】 计算选修C01号课程的学生平均成绩。

```
SELECT AVG(Grade)
FROM SC
WHERE Cno='C01';
```

【例3.63】 查询选修C01号课程的学生最高分数。

```
SELECT MAX(Grade)
FROM SC
WHERE Cno='C01';
```

【例3.64】 查询学生20200510101选修课程的总学分数。

```
SELECT SUM(Credit)
FROM SC,Course
WHERE Sno='20200510101' AND SC.Cno=Course.Cno;
```

当聚集函数遇到空值时，除COUNT(*)外，都跳过空值而只处理非空值。COUNT(*)是对元组进行计数，某个元组的一个或部分列取空值不影响COUNT的统计结果。

注意：WHERE子句中是不能用聚集函数作为条件表达式的。聚集函数只能用于SELECT子句和GROUP BY中的HAVING子句。

5.GROUP BY子句

GROUP BY子句将查询结果按某一列或多列的值分组，值相等的为一组。

对查询结果分组的目的是为了细化聚集函数的作用对象。如果未对查询结果分组，聚集函数将作用于整个查询结果。分组后聚集函数将作用于每一个组，即每一组都有一个函数值。

【例3.65】 求各个课程编号及相应的选课人数。

```
SELECT Cno,COUNT(Sno) as 'COUNT(Sno)'
FROM SC
GROUP BY Cno;
```

该语句对查询结果按Cno的值分组，所有具有相同Cno值的元组为一组，然后对每一组作用聚集函数COUNT进行计算，以求得该组的学生人数，查询结果如图3.6所示。

	Cno	COUNT(Sno)
1	C01	2
2	C02	2
3	C03	2

图3.6　例3.65的查询结果

如果分组后还要求按一定的条件对这些组进行筛选，最终只输出满足指定条件的组，则可以使用HAVING短语指定筛选条件。

【例3.66】 查询选修了三门以上课程的学生学号。

```
SELECT Sno
FROM SC
GROUP BY Sno
HAVING COUNT(*) >3;
```

这里先用GROUP BY子句按Sno进行分组，再用聚集函数COUNT对每一组计数；HAVING短语给出了选择组的条件，只有满足条件（即元组个数>3，表示此学生选修的课超过3门）的组才会被选出来。

WHERE子句与HAVING短语的区别在于作用对象不同。WHERE子句作用于基本表或视图，从中选择满足条件的元组。HAVING短语作用于组，从中选择满足条件的组。

【例3.67】 查询平均成绩大于等于90分的学生学号和平均成绩。

下面的语句是不对的：

```
SELECT Sno,AVG(Grade)
FROM SC
WHERE AVG(Grade)>=90
GROUP BY Sno;
```

因为WHERE子句中是不能用聚集函数作为条件表达式的，正确的查询语句应该是：

```
SELECT Sno,AVG(Grade)
FROM SC
GROUP BY Sno
HAVING AVG(Grade)>=90;
```

3.4.2 连接查询

前面的查询都是针对一个表进行的。若一个查询同时涉及两个以上的表，则称之为连接查询。连接查询是关系数据库中最主要的查询，包括等值连接查询、自然连接查询、非等值连接查询、自身连接查询、外连接查询和复合条件连接查询等。

1.等值与非等值连接查询

连接查询的WHERE子句中用来连接两个表的条件称为连接条件或连接谓词，其一般格式为

[<表名1>.]<列名1><比较运算符>[<表名2>.]<列名2>

其中比较运算符主要有=、>、<、>=、<=、!=(或<>)等。

此外连接谓词还可以使用下面形式：

[<表名1>.]<列名1>BETWEEN[<表名2>.]<列名2>AND[<表名2>.]<列名3>

当连接运算符为=时，称为等值连接。使用其他运算符称为非等值连接。

连接谓词中的列名称为连接字段。连接条件中的各连接字段类型必须是可比的，但名字不必相同。

【例3.68】 查询每个学生及其选修课程的情况。

学生情况存放在Student表中，学生选课情况存放在SC表中，所以本查询实际上涉及Student与SC两个表。这两个表之间的联系是通过公共属性Sno实现的。

```
SELECT Student.*,SC.*
FROM Student,SC
WHERE Student.Sno=SC.Sno; /*将Student与SC中同一学生的元组连接起来*/
```

假设Student表、SC表的数据如图2.4所示，该查询的执行结果如图3.7所示。

	Sno	Sname	Ssex	Sdept	Sno	Cno	Grade
1	20200510101	张爽	男	计算机系	20200510101	C01	91
2	20200510101	张爽	男	计算机系	20200510101	C02	87
3	20200510101	张爽	男	计算机系	20200510101	C03	88
4	20200510102	刘怡	女	信息系	20200510102	C02	90
5	20200510102	刘怡	女	信息系	20200510102	C03	81
6	20200510105	张成民	男	中文系	20200510105	C01	NULL

图3.7 例3.68查询结果

本例中，SELECT子句与WHERE子句中的属性名前都加上了表名前缀，这是为了避免混淆。如果属性名在参加连接的各表中是唯一的，则可以省略表名前缀。

关系数据库管理系统执行该连接操作的一种可能过程是：首先在表Student中找到第一个元组，然后从头开始扫描SC表，逐一查找与Student第一个元组的Sno相等的SC元组，找到后就将Student中的第一个元组与该元组拼接起来，形成结果表中一个元组。SC全部查找完后，再找Student中第二个元组，然后再从头开始扫描SC，逐一查找满足连接条件的元组，找到后就将Student中的第二个元组与该元组拼接起来，形成结果表中一个元组。重复上述操作，直到Student中的全部元组都处理完毕为止。这就是嵌套循环连接算法的基本思想。

如果在SC表Sno上建立了索引，就不用每次全表扫描SC表了，而是根据Sno值通过索引找到相应的SC元组。用索引查询SC中满足条件的元组一般会比全表扫描快。

若在等值连接中把目标列中重复的属性列去掉则为自然连接。

【例3.69】 对例3.68用自然连接完成。

```
SELECT Student.Sno,Sname,Ssex,Sage,Sdept,Cno,Grade
FROM Student,SC
WHERE Student.Sno=SC.Sno;
```

本例中，由于Sname，Ssex，Sage，Sdept，Cno和Grade属性列在Student表与SC表中是唯一的，因此引用时可以去掉表名前缀；而Sno在两个表都出现了，因此引用时必须加上表名前缀。

一条SQL语句可以同时完成选择和连接查询，这时WHERE子句是由连接谓词和选择谓词组成的复合条件。

【例3.70】 查询选修C02号课程且成绩在90分以上的所有学生的学号和姓名。

```
SELECT Student.Sno,Sname
FROM Student,SC
WHERE Student.Sno=SC.Sno AND          /*连接谓词*/
SC.Cno='C02'AND SC.Grade>90;          /*其他限定条件*/
```

该查询的一种优化（高效）的执行过程是，先从SC中挑选出Cno='C02'并且Grade>90的元组形成一个中间关系，再和Student中满足连接条件的元组进行连接得到最终的结果关系。

2.自身连接

连接操作不仅可以在两个表之间进行，也可以是一个表与其自己进行连接，称为表的自身连接。

【例3.71】 查询每一门课的间接先修课（即先修课的先修课）。

在Course表中只有每门课的直接先修课信息，而没有先修课的先修课。要得到这个信息，必须先对一门课找到其先修课，再按此先修课的课程编号查找它的先修课。

这就要将Course表与其自身连接。

为此，要为Course表取两个别名，一个是FIRST，另一个是SECOND。具体如图3.8所示。

FIRST表　Course (Cno,Cname,Cpno,Ccredit)

Cno	Cname	Cpno	Ccredit
C01	数据库	C05	4
C02	高等数学		2
C03	信息系统	C01	4
C04	操作系统	C06	3
C05	数据结构	C07	4
C06	计算机网络	C04	3
C07	C语言	C06	4
C08	大学物理	C02	4

SECOND表　Course (Cno,Cname,Cpno,Ccredit)

Cno	Cname	Cpno	Ccredit
C01	数据库	C05	4
C02	高等数学		2
C03	信息系统	C01	4
C04	操作系统	C06	3
C05	数据结构	C07	4
C06	计算机网络	C04	3
C07	C语言	C06	4
C08	大学物理	C02	4

图3.8　自身连接情况

完成该查询的SQL为

```
SELECT FIRST.Cno,SECOND.Cpno
FROM Course FIRST,Course SECOND
WHERE FIRST.Cpno=SECOND.Cno;
```

执行结果如图3.9所示。

	Cno	Cpno
1	C01	C07
2	C03	C05
3	C04	C07
4	C05	C02
5	C06	C02
6	C07	NULL
7	C08	NULL

图3.9　例3.71查询结果

3.外连接

在通常的连接操作中，只有满足连接条件的元组才能作为结果输出。在SC表中没有相应的元组，导致Student中这些元组在连接时被舍弃了。

有时想以Student表为主体列出每个学生的基本情况及其选课情况。若某个学生没有选课，仍把Student的悬浮元组保存在结果关系中，而在SC表的属性上填空值NULL，这时就需要使用外连接。

【例3.72】　用外连接改写查询每个学生及其选修课程的情况。

```
SELECT Student.Sno,Sname,Ssex,Sage,Sdept,Cno,Grade
FROM Student LEFT OUTER JOIN SC ON(Student.Sno=SC.Sno);
```

执行结果如图3.10所示：

	Sno	Sname	Ssex	Sage	Sdept	Cno	Grade
1	20200510101	张爽	男	20	计算机系	C01	91
2	20200510101	张爽	男	20	计算机系	C02	87
3	20200510101	张爽	男	20	计算机系	C03	88
4	20200510102	刘怡	女	19	信息系	C02	90
5	20200510102	刘怡	女	19	信息系	C03	81
6	20200510103	王明	男	20	物理系	NULL	NULL
7	20200510104	张猛	男	18	外语系	NULL	NULL
8	20200510105	张成民	男	18	中文系	C01	NULL

图3.10 例3.72的查询结果

左外连接列出左边关系(如本例Student)中所有的元组,右外连接列出右边关系中所有的元组。

4.多表连接

连接操作除了可以是两表连接、一个表与其自身连接外,还可以是两个以上的表进行连接,后者通常称为多表连接。

【例3.73】 查询每个学生的学号、姓名、选修的课程名及成绩。

本查询涉及三个表,完成该查询的SQL语句如下:

```
SELECT Student.Sno,Sname,Cname,Grade
FROM Student,SC,Course
WHERE Student.Sno=SC.Sno AND SC.Cno=Course.Cno;
```

关系数据库管理系统在执行多表连接时,通常是先进行两个表的连接操作,再将其连接结果与第三个表进行连接。本例的一种可能的执行方式是,先将Student表与SC表进行连接,得到每个学生的学号、姓名、所选课程编号和相应的成绩,然后再将其与Course表进行连接,得到最终结果。

3.4.3 嵌套查询

在SQL中,一个SELECT-FROM-WHERE语句称为一个查询块。将一个查询块嵌套在另一个查询块的WHERE子句或HAVING短语的条件中的查询称为嵌套查询(nested query)。

【例3.74】 查询选修了C02课程的学生姓名。

解法一:

```
SELECT Sname
FROM Student,SC
WHERE Student.Sno=SC.Sno and SC.Cno='C02';
```

解法二:

```
SELECT Sname                    /*外层查询或父查询*/
FROM Student
WHERE Sno IN
```

```
        (SELECT Sno              /*内层查询或子查询*/
        FROM SC
        WHERE Cno='C02');
```

本例中,下层查询块SELECT Sno FROM SC WHERE Cno='C02'是嵌套在上层查询块SELECT Sname FROM Student WHERE Sno IN的WHERE条件中的。上层的查询块称为外层查询或父查询,下层查询块称为内层查询或子查询。

SQL允许多层嵌套查询,即一个子查询中还可以嵌套其他子查询。需要特别指出的是,子查询的SELECT语句中不能使用ORDERBY子句,ORDERBY子句只能对最终查询结果排序。

嵌套查询使用户可以用多个简单查询构成复杂的查询,从而增强SQL的查询能力。以层层嵌套的方式来构造程序正是SQL中"结构化"的含义所在。

1.带有IN谓词的子查询

在嵌套查询中,子查询的结果往往是一个集合,所以IN谓词是嵌套查询中最经常使用的谓词。

【例3.75】 查询与"张爽"在同一个系学习的学生。

先分步来完成此查询,然后再构造嵌套查询。

①确定"张爽"所在系名

```
SELECT Sdept
FROM Student
WHERE Sname='张爽';
```

结果为计算机系。

②查找所有在计算机系学习的学生。

```
SELECT Sno,Sname,Sdept
FROM Student
WHERE Sdept='计算机系';
```

将第一步查询嵌入到第二步查询的条件中,构造嵌套查询如下:

```
SELECT Sno,Sname,Sdept          /*例3.75的解法一*/
FROM Student
WHERE Sdept IN
      (SELECT Sdept
      FROM Student
      WHERE Sname='张爽');
```

本例中,子查询的查询条件不依赖于父查询,称为不相关子查询。一种求解方法是由里向外处理,即先执行子查询,子查询的结果用于建立其父查询的查找条件。得到如下的语句:

```
SELECT Sno,Sname,Sdept
FROM Student
WHERE Sdept IN('计算机系')
```

然后执行该语句。

本例中的查询也可以用自身连接来完成：

```
SELECT S1.Sno , S1.Sname , S1.Sdept        /*例3.75的解法二*/
FROM Student S1 , Student S2
WHERE S1.Sdept=S2.Sdept AND S2.Sname='张爽';
```

可见，实现同一个查询请求可以有多种方法，当然不同的方法其执行效率可能会有差别，甚至会差别很大。这就是数据库编程人员应该掌握的数据库性能调优技术，有兴趣的读者可以参考本章相关文献资料和具体产品的性能调优方法。

【例3.76】 查询选修了课程名为“信息系统”的学生学号和姓名。

本查询涉及学号、姓名和课程名三个属性。学号和姓名存放在Student表中，课程名存放在Course表中，但Student与Course两个表之间没有直接联系，必须通过SC表建立它们二者之间的联系。所以本查询实际上涉及三个关系。

```
SELECT Sno,Sname                 /*③ 最后在Student关系中取出Sno和Sname */
FROM Student
WHERE Sno IN
     (SELECT Sno      /*②然后在SC关系中找出选修了3号课程的学生学号*/
     FROM SC
     WHERE Cno IN
          (SELECT Cno      /*①首先在Course关系中找出"信息系统"的课程编号*/
          FROM Course
          WHERE Cname='信息系统'));
```

本查询同样可以用连接查询实现：

```
SELECT Student.Sno,Sname
FROM Student,SC,Course
WHERE Student.Sno=SC.Sno AND
     SC.Cno=Course.Cno AND
     Course.Cname='信息系统';
```

有些嵌套查询可以用连接运算替代，有些是不能替代的。从例3.76可以看到，查询涉及多个关系时，用嵌套查询逐步求解层次清楚，易于构造，具有结构化程序设计的优点。但是相比于连接运算，目前商用关系数据库管理系统对嵌套查询的优化做得还不够完善，所以在实际应用中，能够用连接运算表达的查询尽可能采用连接运算。

例3.76中子查询的查询条件不依赖于父查询，这类子查询称为不相关子查询。不相关子查询是较简单的一类子查询。如果子查询的查询条件依赖于父查询，这类子查询称为相关子查询（correlated subquery），整个查询语句称为相关嵌套查询（correlated neste dquery）语句。

2.带有比较运算符的子查询

带有比较运算符的子查询是指父查询与子查询之间用比较运算符进行连接。当用户能确切知道内层查询返回的是单个值时，可以用>、<、=、>=、<=、！=或<>等比较运算符。

例如在例3.75中，由于一个学生只可能在一个系学习，也就是说内层查询的结果是一个值，因此可以用=代替IN：

```
SELECT Sno,Sname,Sdept   /*例3.75的解法三*/
FROM Student
WHERE Sdept=
        (SELECT Sdept
        FROM Student
        WHERE Sname='张爽');
```

【例3.77】 找出每个学生超过他自己选修课程平均成绩的课程编号。

```
SELECT Sno,Cno
FROM SC x
WHERE Grade>=(SELECT AVG(Grade)    /*某学生的平均成绩*/
    FROM SC y
    WHERE y.Sno=x.Sno);
```

x是表SC的别名，又称为元组变量，可以用来表示SC的一个元组。内层查询是求一个学生所有选修课程平均成绩的，至于是哪个学生的平均成绩要看参数x.Sno的值，而该值是与父查询相关的，因此这类查询称为相关子查询。

这个语句的一种可能的执行过程采用以下三个步骤。

①从外层查询中取出SC的一个元组x，将元组x的Sno值（20200510101）传送给内层查询。

```
SELECT AVG(Grade)
FROM SC y
WHERE y.Sno='20200510101';
```

②执行内层查询，得到值88（近似值），用该值代替内层查询，得到外层查询：

```
SELECT Sno,Cno
FROM SC x
WHERE Grade>=88;
```

③执行这个查询，得到结果如图3.11所示。

	Sno	Cno
1	20200510101	C01
2	20200510101	C03
3	20200510102	C02

图3.11　例3.77的查询结果

求解相关子查询不能像求解不相关子查询那样一次将子查询求解出来，然后求解父查询。内层查询由于与外层查询有关，因此必须反复求值。

3.带有ANY(SOME)或ALL谓词的子查询

子查询返回单值时可以用比较运算符，但返回多值时要用ANY（有的系统用SOME）或ALL谓词修饰符。而使用ANY或ALL谓词时则必须同时使用比较运算符。其语义如下所示：

>ANY	大于子查询结果中的某个值
>ALL	大于子查询结果中的所有值
<ANY	小于子查询结果中的某个值
<ALL	小于子查询结果中的所有值
>=ANY	大于等于子查询结果中的某个值
>=ALL	大于等于子查询结果中的所有值
<=ANY	小于等于子查询结果中的某个值
<=ALL	小于等于子查询结果中的所有值
=ANY	等于子查询结果中的某个值
=ALL	等于子查询结果中的所有值(通常没有实际意义)
!=(或<>)ANY	不等于子查询结果中的某个值
!=(或<>)ALL	不等于子查询结果中的任何一个值

【例3.78】　查询非计算机科学系中比计算机系任意一个学生年龄小的学生姓名和年龄。

```
SELECT Sname,Sage
FROM Student
WHERE Sage<ANY(SELECT Sage
               FROM Student
               WHERE Sdept='计算机系')
      AND Sdept<>'计算机系';                /*注意这是父查询块中的条件*/
```

本查询同样也可以用聚集函数实现。SQL语句如下：

```
SELECT Sname,Sage
FROM Student
WHERE Sage<(SELECT MIN(Sage)
```

```
        FROM Student
        WHERE Sdept='CS')
AND Sdept<>'计算机系';
```

事实上,用聚集函数实现子查询通常比直接用ANY或ALL查询效率要高。ANY、ALL与聚集函数的对应关系如表3.6所示。

表3.6　ANY(或SOME)、ALL谓词与聚集函数、IN谓词的等价转换关系

	=	<>或!=	<	<=	>	>=
ANY	IN	—	<MAX	<=MAX	>MIN	>=MIN
ALL	—	NOTIN	<MIN	<=MIN	>MAX	>=MAX

表3.6中,=ANY等价于IN谓词,<ANY等价于<MAX,<>ALL等价于NOT IN谓词,<ALL等价于<MIN,等等。

4.相关的嵌套查询

相关的嵌套查询是指内层查询里引用了外层查询的某个属性,其执行过程为双层循环的过程,分为两类。

(1)不带exists的相关嵌套查询,其执行过程如下。

第一步:把外层查询中第一行数据中被引用的属性值传入内层查询。

第二步:内层查询根据此属性值计算查询结果。

第三步:外层查询根据内层查询的结果判断第一行数据是否保留,满足条件则保留在查询结果中,否则丢弃。

对外层查询的每行数据重复执行以上三个步骤,直到外层查询的所有行数据判断完毕。

【例3.79】　查询每个学生高出自己所有科目平均成绩的那些课程及成绩。

```
SELECT Sno,Cno,Grade
FROM SC SC1
WHERE Grade>(
        SELECT AVG(Grade)
        FROM SC SC2
        WHERE SC1.Sno=SC2.Sno);
```

(2)带exists的相关嵌套查询,其执行过程如下。

第一步:把外层查询中第一行数据中被引用的属性值传入内层查询。

第二步:内层查询根据此属性值计算查询结果。

第三步:外层查询根据内层查询的结果判断第一行数据是否保留,如果内层查询有结果,则返回true给外层查询,外层查询当前行数据保留在结果中,否则返回false给外层查询,外层查询当前行数据丢弃。

对外层查询的每行数据重复执行以上三个步骤，直到外层查询的所有行数据判断完毕。

【例3.80】　查询所有选修了C02号课程的学生的姓名。

```
SELECT Sname
FROM Student
WHERE EXISTS
    (SELECT *
    FROM SC
    WHERE Student.Sno=SC.Sno AND Cno='C02');
```

【例3.81】　查询没有选修C02号课程的学生的姓名。

```
SELECT Sname
FROM Student
WHERE NOT EXISTS
    (SELECT *
    FROM SC
    WHERE Student.Sno=SC.Sno AND Sno='C02');
```

【例3.82】　查询选修了全部课程的学生的姓名。

```
SELECT Sname
FROM Student
WHERE NOT EXISTS
    (SELECT Cno
    FROM Course
    EXCEPT
    SELECT Cno
    FROM SC
    WHERE Sno=Student.Sno);
```

【例3.83】　用相关嵌套查询数据库这门课程的直接先修课程。

```
SELECT C02.Cname
FROM Course C0l,Course C02
WHERE C0l.Cpno=C02.Cno AND C0l.Cname='数据库';
```

以上自连接可改为如下相关嵌套查询语句。

```
SELECT C02.Cname
FROM Course C02
WHERE EXISTS
    (SELECT C0l.*
```

```
FROM course C0l
WHERE C0l.cpno=C02.Cno AND C0l.cname='数据库');
```

3.4.4 集合查询

并、交、差集合运算的SQL实现分别采用关键字UNION，INTERSEC，EXCEPT。实际上，这些关键字是对SQL语句的查询结果进行的运算。有些RDBMS不一定支持所有的集合运算，而且采用的关键字可能有所不同。

1.并运算

【例3.84】 查询计算机科学系的学生及年龄不大于19岁的学生。

```
SELECT *
FROM Student
WHERE Sdept='计算机系'
      UNION
      SELECT *
      FROM Student
      WHERE Sage<=19;
```

该SQL语句也可以写成如下形式：

```
SELECT Student.*
FROM Student
WHERE Sdept='计算机系'or Sage<=19;
```

但是如果写成以下形式，该语句将出现语法错误。因为并、交、差运算要求两个SQL语句的结果具有相同的列数。

```
SELECT Sno
FROM Student
WHERE Sdept='计算机系'
      UNION
      SELECT Student.*
      FROM Student
      WHERE Sage<=19;
```

2.交运算

【例3.85】 查询所在系为database的学生，与年龄小于20岁的学生的交集。

```
SELECT Student.*
FROM Student
```

```
WHERE Sdept='计算机系'
        INTERSECT
        SELECT Student.*
        FROM Student
        WHERE Sage<20;
```

该SQL语句也可以写成如下形式：

```
SELECT *
FROM Student
WHERE Sdept='计算机系' AND
Sage<=19;
```

3.差运算

【例3.86】 查询计算机系的学生与年龄不大于等于19岁的学生的差集。

```
SELECT *
FROM Student
WHERE Sdept='计算机系'
        EXCEPT
        SELECT *
        FROM Student
        WHERE Sage <19;
```

也就是查询计算机系中年龄大于等于19岁的学生。

```
SELECT *
FROM Student
WHERE Sdept='计算机系' AND Sage>=19;
```

3.4.5 基于派生表的查询

子查询不仅可以出现在WHERE子句中，也可以出现在SELECT子句中，或可以出现在FROM子句中。这时子查询生成临时的派生表。

1.子查询出现在SELECT子句中

【例3.87】 查询每个学生的基本信息及平均成绩。

```
SELECT Student.*,
(SELECT AVG(Grade)
FROM SC
WHERE Sno=Student.Sno
```

```
GROUP BY Sno)
AS avg_Grade
FROM Student;
```

子查询的结果作为SELECT列表中的属性列时，要为其定义别名。

2.子查询出现在FROM子句中

【例3.88】 查询每个学生超过他自己选修课程平均成绩的课程编号。

```
SELECT Sno, Cno
FROM SC, (SELECT Sno, Avg(Grade) FROM SC GROUP BY Sno)
AS Avg_SC(avg_no,avg_Grade)
WHERE SC.Sno = Avg_SC.avg_no and SC.Grade >= Avg_SC.avg_Grade
```

当子查询的结果作为派生表时，需要给派生表定义表名和列名。

3.4.6 SELECT语句的一般格式

SELECT语句是SQL的核心语句，从前面的例子可以看到其语句成分丰富多样，下面总结一下它们的一般格式。

SELECT 语句的一般格式：

```
SELECT[ALL|DISTINCT]<目标列表达式>[别名][,<目标列表达式>[别名]]…
FROM<表名或视图名>[别名][,表名或视图名>[别名]]…|(<SELECT 语句>)
[AS]<别名>[WHERE<条件表达式>]
[GROUP BY<列名 1>[HAVING<条件表达式>]]
[ORDER BY<列名 2>[ASC|DESC]];
```

1.目标列表达式的可选格式

•*

•<表名>.*

•COUNT([DISTINCT]ALL]*)

•[<表名>.]<属性列名表达式>[,[<表名>.]<属性列名表达式>]…

其中<属性列名表达式>可以是由属性列、作用于属性列的聚集函数和常量的任意算术运算(+,-,*,/)组成的运算公式。

2.聚集函数的一般格式

COUNT / SUM / AVG / MAX / MIN （[DISTINCT|ALL] <列名>）

3.WHERE子句的条件表达式的可选格式

（1）

$$<\text{属性列名}>\ \theta \left\{\begin{array}{l} <\text{属性列名}> \\ <\text{常量}> \\ [\text{ANY|ALL}](\text{SELECT语句}) \end{array}\right\}。$$

（2）

$$<\text{属性列名}>[\text{NOT}]\text{BETWEEN}\left\{\begin{array}{l} <\text{属性列名}> \\ <\text{常量}> \\ (\text{SELECT语句}) \end{array}\right\}\text{AND}\left\{\begin{array}{l} <\text{属性列名}> \\ <\text{常量}> \\ (\text{SELECT语句}) \end{array}\right\}。$$

（3）

$$<\text{属性列名}>[\text{NOT}]\text{IN}\left\{\begin{array}{l} (<\text{值1}>[,<\text{值2}>]\cdots) \\ \\ (\text{SELECT语句}) \end{array}\right\}。$$

（4）<属性列名> [NOT] LIKE <匹配串>。

（5）<属性列名> IS [NOT] NULL。

（6）[NOT] EXISTS (SELECT语句)。

（7）<条件表达式>AND /OR <条件表达式> [AND/ OR<条件表达>…]。

3.5　视　　图

视图是从一个或几个基本表(或视图)导出的表。它与基本表不同,是一个虚表。数据库中只存放视图的定义,而不存放视图对应的数据,这些数据仍存放在原来的基本表中。所以一旦基本表中的数据发生变化,从视图中查询出的数据也随之改变。从这个意义上讲,视图就像一个窗口,透过它可以看到数据库中自己感兴趣的数据及其变化。

视图一经定义,就可以和基本表一样被查询、被删除。也可以在一个视图之上再定义新的视图,但对视图的更新(增、删、改)操作则有一定的限制。

本节专门讨论视图的定义、操作及作用。

3.5.1　定义视图

1.建立视图

SQL用CREATEVIEW命令建立视图,其一般格式为

```
CREATE VIEW<视图名>[(<列名>[,<列名>]…)]
```

```
AS<子查询>
[WITH CHECK OPTION];
```

其中,子查询可以是任意的SELECT语句,是否可以含有ORDERBY子句和DISTINCT短语,则取决于具体系统的实现。

WITH CHECK OPTION表示对视图进行UPDATE、INSERT和DELETE操作时要保证更新、插入或删除的行满足视图定义中的谓词条件(即子查询中的条件表达式)。

组成视图的属性列名或者全部省略或者全部指定,没有第三种选择。如果省略了视图的各个属性列名,则隐含该视图由子查询中SELECT子句目标列中的诸字段组成。但在下列三种情况下必须明确指定组成视图的所有列名:

(1)某个目标列不是单纯的属性名,而是聚集函数或列表达式;

(2)多表连接时选出了几个同名列作为视图的字段;

(3)需要在视图中为某个列启用新的更合适的名字。

【例3.89】 建立信息系学生的视图。

```
CREATE VIEW IS_Student
AS
SELECT Sno,Sname,Sage
FROM Student
WHERE Sdept='IS';
```

本例中省略了视图IS_Student的列名,隐含了由子查询中SELECT子句中的三个列名组成。

关系数据库管理系统执行CREATE VIEW语句的结果只是把视图的定义存入数据字典,并不执行其中的SELECT语句。只是在对视图查询时,才按视图的定义从基本表中将数据查出。

【例3.90】 建立信息系学生的视图,并要求进行修改和插入操作时仍需保证该视图只有信息系的学生。

```
CREATE VIEW IS_Student
AS
SELECT Sno,Sname,Sage
FROM Student
WHERE Sdept='IS'
WITH CHECK OPTION;
```

由于在定义IS_Student视图时加上了WITH CHECK OPTION子句,以后对该视图进行插入、修改和删除操作时,关系数据库管理系统会自动加上Sdept='IS'的条件。

若一个视图是从单个基本表导出的,并且只是去掉了基本表的某些行和某些列,但保留了主码,则称这类视图为行列子集视图。IS_Student视图就是一个行列子集视图。

视图不仅可以建立在单个基本表上,也可以建立在多个基本表上。

【例3.91】 建立信息系选修了C01号课程的学生的视图(包括学号、姓名、成绩)。

```
CREATE VIEW IS_S1(Sno,Sname,Grade)
AS
SELECT Student.Sno,Sname,Grade
FROM Student,SC
WHERE Sdept='IS'AND
      Student.Sno=SC.Sno AND
      SC.Cno='C01';
```

由于视图IS_S1的属性列中包含了Student表与SC表的同名列Sno,所以必须在视图名后面明确说明视图的各个属性列名。

视图不仅可以建立在一个或多个基本表上,也可以建立在一个或多个已定义好的视图上,或建立在基本表与视图上。

【例3.92】 建立信息系选修了C01号课程且成绩在90分以上的学生的视图。

```
CREATE VIEW IS_S2
AS
SELECT Sno,Sname,Grade
FROM IS_S1
WHERE Grade>=90;
```

这里的视图IS_S2就是建立在视图IS_S1之上的。

定义基本表时,为了减少数据库中的冗余数据,表中只存放基本数据,由基本数据经过各种计算派生出的数据一般是不存储的。由于视图中的数据并不实际存储,所以定义视图时可以根据应用的需要设置一些派生属性列。这些派生属性由于在基本表中并不实际存在,也称它们为虚拟列。带虚拟列的视图也称为带表达式的视图。

【例3.93】 定义一个反映学生出生年份的视图。

```
CREATE VIEW BT_S(Sno,Sname,Sbirth)
AS
SELECT Sno,Sname,2020-Sage
FROM Student;
```

这里视图BT_S是一个带表达式的视图。视图中的出生年份值是通过计算得到的。还可以用带有聚集函数和GROUP BY子句的查询来定义视图,这种视图称为分组视图。

【例3.94】 将学生的学号及平均成绩定义为一个视图。

```
CREATE VIEW S_G(Sno,Gavg)
```

```
AS
SELECT Sno,AVG(Grade)
FROM SC
GROUP BY Sno;
```

由于AS子句中SELECT语句的目标列平均成绩是通过作用聚集函数得到的，所以CREATE VIEW中必须明确定义组成S_G视图的各个属性列名。S_G是一个分组视图。

【例3.95】 将Student表中所有女生记录定义为一个视图。

```
CREATE VIEW F_Student(F_sno,name,sex,age,dept)
AS
SELECT*
FROM Student
WHERE Ssex='女';
```

这里视图F_Student是由子查询“SELECT*”建立的。F_Student视图的属性列与Student表的属性列对应。如果以后修改了基本表Student的结构，则Student表与F_Student视图的映像关系就会被破坏，该视图就不能正常工作了。为避免出现这类问题，最好在修改基本表之后删除由该基本表导出的视图，然后重建这个视图。

2.删除视图

该语句的格式为

```
DROP VIEW<视图名>[CASCADE];
```

视图删除后视图的定义将从数据字典中删除。如果该视图上还导出了其他视图，则使用CASCADE级联删除语句把该视图和由它导出的所有视图一起删除。

基本表删除后，由该基本表导出的所有视图均无法使用了，但是视图的定义没有从字典中清除。删除这些视图定义需要显式地使用DROPVIEW语句。

【例3.96】 删除视图BT_S和视图IS_S1：

```
DROP VIEW BT_S;      /*成功执行*/
DROP VIEW IS_S1;     /*拒绝执行*/
```

执行此语句时由于IS_S1视图上还导出了IS_S2视图，所以该语句被拒绝执行。如果确定要删除，则使用级联删除语句：

```
DROP VIEW IS_S1 CASCADE;/*删除了视图IS_S1和由它导出的所有视图*/
```

3.5.2 查询视图

视图定义后，用户就可以像对基本表一样对视图进行查询了。

【例3.97】 在信息系学生的视图中找出年龄小于20岁的学生。

```
SELECT Sno,Sage
FROM IS_Student
WHERE Sage<20;
```

关系数据库管理系统执行对视图的查询时，首先进行有效性检查，检查查询中涉及的表、视图等是否存在。如果存在，则从数据字典中取出视图的定义，把定义中的子查询和用户的查询结合起来，转换成等价的对基本表的查询，然后再执行修正了的查询。这一转换过程称为视图消解（view resolution）。

本例转换后的查询语句为

```
SELECT Sno,Sage
FROM Student
WHERE Sdept='IS'AND Sage<20;
```

【例3.98】　查询选修了C01号课程的信息系学生。

```
SELECT IS_Student.Sno,Sname
FROM IS_Student,SC,
WHERE IS_Student.Sno=SC.Sno AND SC.Cno='C0l';
```

本查询涉及视图IS_Student（虚表）和基本表SC，通过这两个表的连接来完成用户请求。在一般情况下，视图查询的转换是直截了当的。但有些情况下，这种转换不能直接进行，查询时就会出现问题，如例3.99。

【例3.99】　在S_G视图中（例如3.94）查询平均成绩在90分以上的学生学号和平均成绩，语句为

```
SELECT *
FROM S_G
WHERE Gavg>=90;
```

例3.94中定义S_G视图的子查询为

```
SELECT Sno,AVG(Grade)
FROM SC
GROUP BY Sno;
```

将本例中的查询语句与定义S_G视图的子查询结合，形成下列查询语句：

```
SELECT Sno,AVG(Grade)
FROM SC
WHERE AVG(Grade)>=90
GROUP BY Sno;
```

因为WHERE子句中是不能用聚集函数作为条件表达式的，因此执行此修正后的查询将会出现语法错误。正确转换的查询语句应该是

```
SELECT Sno,AVG(Grade)
```

```
FROM SC
GROUP BY Sno
HAVING AVG(Grade)>=90;
```

目前多数关系数据库系统对行列子集视图的查询均能进行正确转换。但对非行列子集视图的查询(如例3.99)就不一定能做转换了,因此这类查询应该直接对基本表进行。

例3.99也可以用如下SQL语句完成:

```
SELECT*
FROM(SELECT Sno,AVG(Grade)                    /*子查询生成一个派生表S_G*/
     FROM SC
     GROUP BY Sno)ASS_G(Sno,Gavg)
WHERE Gavg>=90;
```

但定义视图并查询视图与基于派生表的查询是有区别的。视图一旦定义,其定义将永久保存在数据字典中,之后的所有查询都可以直接引用该视图。而派生表只是在语句执行时临时定义,语句执行后该定义即被删除。

3.5.3 更新视图

更新视图是指通过视图来插入(INSERT)、删除(DELETE)和修改(UPDATE)数据。由于视图是不实际存储数据的虚表,因此对视图的更新最终要转换为对基本表的更新。像查询视图那样,对视图的更新操作也是通过视图消解,转换为对基本表的更新操作。

为防止用户通过视图对数据进行增加、删除、修改时,有意无意地对不属于视图范围内的基本表数据进行操作,可在定义视图时加上WITHCHECKOPTION子句。这样在视图上增、删、改数据时,关系数据库管理系统会检查视图定义中的条件,若不满足条件则拒绝执行该操作。

【例3.100】 将信息系学生视图IS_Student中学号为“20200510101”的学生姓名改为“刘辰”。

```
UPDATE IS_Student
SET Sname='刘辰'
WHERE Sno='20200510101';
```

转换后的更新语句为

```
UPDATE Student
SET Sname='刘辰'
WHERE Sno='20200510101'AND Sdept='IS';
```

【例3.101】 向信息系学生视图IS_Student中插入一个新的学生记录，其中学号为“20200510129”，姓名为“赵新”，年龄为20岁。

```
INSERT INTO IS_Student
VALUES (20200510129,'赵新',20);
```

转换为对基本表的更新：

```
INSERT INTO Student(Sno,Sname,Sage,Sdept)
VALUES ('20200510129','赵新',20,'IS');
```

这里系统自动将系名'IS,放入VALUES子句中。

【例3.102】 删除信息系学生视图IS_Student中学号为“20200510129”的记录。

```
DELETE
FROM IS_Student
WHERE Sno='20200510129';
```

转换为对基本表的更新：

```
DELETE
FROM Student
WHERE Sno='20200510129'AND Sdept='IS';
```

在关系数据库中，并不是所有的视图都是可更新的，因为有些视图的更新不能唯一、有意义地转换成对相应基本表的更新。

例如，例3.94定义的视图S_G是由学号和平均成绩两个属性列组成的，其中平均成绩一项是由Student表中对元组分组后计算平均值得来的：

```
CREATE VIEW S_G1(Sno,Gavg)
AS
SELECT Sno,AVG(Grade)
FROM SC
GROUP BY Sno;
```

如果想把视图S_G中学号为“20200510101”的学生的平均成绩改成90分，SQL语句如下：

```
UPDATE S_G1
SET Gavg=90
WHERE Sno='20200510101';
```

但这个对视图的更新是无法转换成对基本表SC的更新的，因为系统无法修改各科成绩，以使平均成绩成为90。所以S_G视图是不可更新的。

一般地，行列子集视图是可更新的。除行列子集视图外，有些视图理论上是可更新的，但它们的确切特征还是尚待研究的课题。还有些视图从理论上就是不可更新的。

目前，各个关系数据库管理系统一般都只允许对行列子集视图进行更新，而且各个系统对视图的更新还有更进一步的规定。由于各系统实现方法上的差异，这些规定也不尽相同。

例如，DB2规定：

(1)若视图是由两个以上基本表导出的，则此视图不允许更新。

(2)若视图的字段来自字段表达式或常数，则不允许对此视图执行INSERT和UPDATE操作，但允许执行DELETE操作。

(3)若视图的字段来自聚集函数，则此视图不允许更新。

(4)若视图定义中含有GROUPBY子句，则此视图不允许更新。

(5)若视图定义中含有DISTINCT短语，则此视图不允许更新。

(6)若视图定义中有嵌套查询，并且内层查询的FROM子句中涉及的表也是导出该视图的基本表，则此视图不允许更新。例如，将SC表中成绩在平均成绩之上的元组定义成一个视图GOOD_SC：

```
CREATE VIEW GOOD_SC
AS
SELECT Sno,Cno,Grade
FROM SC
WHERE Grade>
        (SELECT AVG(Grade)
        FROM SC);
```

导出视图GOOD_SC的基本表是SC，内层查询中涉及的表也是SC，所以视图GOOD_SC是不允许更新的。

(7)一个不允许更新的视图上定义的视图也不允许更新。

应该指出的是，不可更新的视图与不允许更新的视图是两个不同的概念。前者指理论上已证明其是不可更新的视图。后者指实际系统中不支持其更新，但它本身有可能是可更新的视图。

3.5.4 视图的作用

视图最终是定义在基本表之上的，对视图的一切操作最终也要转换为对基本表的操作，而且对于非行列子集视图进行查询或更新时还有可能出现问题。既然如此，为什么还要定义视图呢？这是因为合理使用视图能够带来许多好处。

1.视图能够简化用户的操作

视图机制使用户可以将注意力集中在所关心的数据上。如果这些数据不是直接来自基本表，则可以通过定义视图使数据库看起来结构简单、清晰，并且可以简化用户的数据查询操作。例如,那些定义了若干张表连接的视图就将表与表之间的连接操作对用户隐蔽起来了。换句话说,用户所做的只是对一个虚表的简单查询,而这个虚表是怎样得来的,用户无须了解。

2.视图使用户能以多种角度看待同一数据

视图机制能使不同的用户以不同的方式看待同一数据,当许多不同种类的用户共享同一个数据库时,这种灵活性是非常重要的。

3.视图对重构数据库提供了一定程度的逻辑独立性

在关系数据库中,数据库的重构往往是不可避免的。重构数据库最常见的是将一个基本表“垂直”地分成多个基本表。例如:将学生关系

Student(Sno,Sname,Ssex,Sage,Sdept)

分为SX(Sno,Sname,Sage)和SY(Sno,Ssex,Sdept)两个关系。这时原表Student为SX表和SY表自然连接的结果。如果建立一个视图Student:

```
CREATE VIEW Student(Sno,Sname,Ssex,Sage,Sdept)
AS
SELECT SX.Sno,SX.Sname,SY.Ssex,SX.Sage,SY.Sdept
FROM SX,SY
WHERE SX.Sno=SY.Sno;
```

这样尽管数据库的逻辑结构改变了(变为SX和SY两个表),但应用程序不必修改,因为新建立的视图定义为用户原来的关系,使用户的外模式保持不变,用户的应用程序通过视图仍然能够查找数据。

当然,视图只能在一定程度上提供数据的逻辑独立性,比如由于对视图的更新是有条件的,因此应用程序中修改数据的语句可能仍会因基本表结构的改变而需要做相应修改。

4.视图能够对机密数据提供安全保护

有了视图机制,就可以在设计数据库应用系统时对不同的用户定义不同的视图,使机密数据不出现在不应看到这些数据的用户视图上。这样视图机制就自动提供了对机密数据的安全保护功能。例如,Student表涉及全校15个院系的学生数据,可以在其上定义15个视图,每个视图只包含一个院系的学生数据,并只允许每个院系的主任查询和修改本院系的学生视图。

5.适当利用视图可以更清晰地表达查询

例如,经常需要执行这样的查询“对每个同学找出他获得最高成绩的课程编号”。可以先定义一个视图,求出每个同学获得的最高成绩:

```
CREATE VIEW VMGRADE
AS
SELECT Sno,MAX(Grade) MGrade
```

```
FROM SC
GROUP BY Sno;
```

然后用如下的查询语句完成查询:

```
SELECT SC.Sno.Cno
FROM SC,VMGRADE
WHERE SC.Sno=VMGRADE.Sno AND SC.Grade=VMGRADE.Mgrade;
```

3.6 索　　引

索引是RDBMS的内部实现技术,属于内模式范畴。目前,在SQL的标准中没有涉及索引,但是在市场上一般的数据库管理系统都支持索引。

如果一个表中包含的数据量比较大时,查询会非常耗时,通过建立索引可以加快查询速度。

当查询某本书中的某个知识点时,如果通过一页一页翻,一行一行查找,查询速度会非常慢,但是如果首先查找目录(目录实际上就是书的索引),再找对应知识点所在的页,就可快速找到要查找的内容。同样,如果对表中的数据查询,一行一行查找扫描,效率也会非常低下,但是对表建立相应的目录(即索引),通过首先查找目录获取地址,再根据地址查找相应的数据,速度将会大大提高。

书的目录由章节名称及其对应的页码构成,类似地,索引可以看成是键-值对,其中的键为属性,值为地址,即在某个属性上建立索引,可以查找到该属性值对应的地址。例如,学生表中有10万条学生数据,如果要查找“数学系”的学生,就需要对学生表进行整表扫描。而如果在学生表的“所在系”上建立了索引,那么就可以直接根据“数学系”找到相应数据存放的地址,再根据地址获取“数学系”的学生,这样查询效率就会大大提高。

但是,索引是数据库中额外创建的对象,需要占用一定的存储空间。对数据的更新操作,必然引起对索引的维护,加重数据库的负担,加大系统开销,从而影响系统性能。因此,当系统中查询操作比较多时可以考虑建立索引,而当更新操作比较多时则需慎重考虑是否创建索引。

索引有很多分类,包括唯一索引、聚簇索引等。不同生产厂家的RDBMS支持的索引类型不同,实现技术也不相同。

1.创建索引

创建索引的关键字为CREATE INDEX,其语法格式为

```
CREATE [UNIQUE] [CLUSTER] INDEX<索引名>
ON<表名>(<列名>[次序] [,<列名> [<次序>]] … );
```

索引可以建立在一列上或多列上，列之间用逗号分隔，每个列后还可以用ASC（升序）或DESC（降序）指定升序或者降序，默认为ASC。

关键字UNIQUE表示建立唯一索引，表示每个索引值只对应唯一的数据记录。

关键字CLUSTER表示建立聚簇索引，表示记录的索引顺序与其物理顺序相同，因此，一个关系只能建立一个聚簇索引，聚簇索引也可称为聚集索引。

【例3.103】　在学生表的所在系上创建索引。

```
CREATE INDEX index_Sdept
ON Student.Sdept ASC;
```

2.删除索引

删除索引后，系统自动回收索引占用的空间。删除索引的格式为

```
DROP INDEX<索引名>;
```

【例3.104】　将创建的index_Sdept删除。

```
DROP INDEX index_Sdept;
```

3.7　小　　结

SQL可以分为数据定义、数据查询、数据更新、数据控制四大部分。人们有时把数据更新称为数据操纵，或把数据查询与数据更新合称为数据操纵。本章系统而详尽地讲解了前面三部分的内容。

本章首先，详细介绍了SQL标准中的DDL语句、DQL语句、DML语句，用DDL语句创建关系模式、视图、索引、完整性约束，修改关系模式、视图、完整性约束。DQL语句只包含SELECT关键字，详细阐述了单表查询、多表查询、嵌套查询、集合查询的写法及应用。其次，详细说明了对数据的INSERT，DELETE，UPDATE操作。最后，探讨了视图对象的用法，研究了索引的使用。每一部分内容都给出了学生数据库的综合运用举例。

习　　题

1.试述SQL的特点。

2.说明在DROP TABLE时，RESTRICT和CASCADE的区别。

3.有两个关系S(A，B，C，D)和T(C，D，E，F)，写出与下列查询等价的SQL表达式：

(1)$\sigma_{A=10}(S)$；

(2)$\Pi_{A,B}(S)$；

(3)$S \bowtie T$;

(4)$\Pi_{C,D}(S)'T$。

4.针对2.4节的示例数据库,试用SQL完成以下各项操作:

(1)查询学分为4的课程编号(Cno)和课程名(Cname);

(2)查询年龄大于19岁男学生的学号(Sno)和姓名(Sname);

(3)查询"王明"同学不学课程的课程编号(Cno);

(4)查询数据库的间接先修课(即先修课的先修课);

(5)查询数据库的间接先修课的课程名称;

(6)查询"张猛"同学未选修的课程编号(Cno)和课程名(Cname);

(7)查询全部学生共同选修的课程编号(Cno)和课程名(Cname);

(8)查询选修了课程编号为1和2学生的学号(Sno)和姓名(Sname);

(9)查询至少选修两门课程的学生学号(Sno)。

5.什么是基本表?什么是视图?两者的区别和联系是什么?

6.试述视图的优点。

第4章　关系查询处理和查询优化

本章目标

•关系数据库系统的查询处理；

•关系数据库系统的查询优化；

•代数优化；

•物理优化。

本章主要介绍关系数据库的查询处理(query processing)和查询优化(query optimization)技术。首先介绍关系数据库管理系统的查询处理步骤,然后介绍查询优化技术。查询优化一般可分为代数优化(也称为逻辑优化)和物理优化(也称为非代数优化)。代数优化是指关系代数表达式的优化,物理优化则是指通过存取路径和底层操作算法的选择进行的优化。

本章讲解实现查询操作的主要算法思想,目的是使读者初步了解关系数据库管理系统查询处理的基本步骤,以及查询优化的概念、基本方法和技术,为数据库应用中利用查询优化技术提高查询效率和系统性能打下基础。

4.1　关系数据库系统的查询处理

查询处理是关系数据库管理系统执行查询语句的过程,包括语法分析、正确性验证、查询优化以及查询执行等活动。其任务是把用户提交给关系数据库管理系统的查询语句转换为高效的查询执行计划。

4.1.1　查询处理步骤

关系数据库管理系统查询处理可以分为四个步骤:查询分析、查询检查、查询优化和查询执行,如图4.1所示。

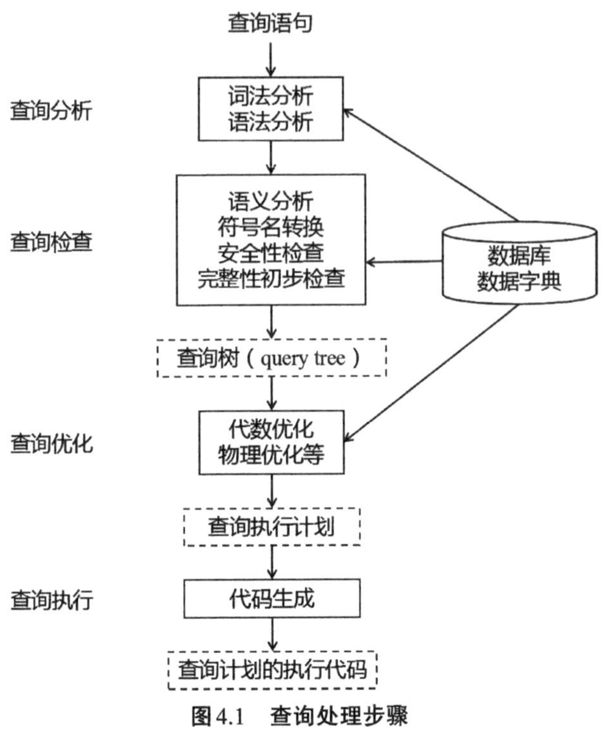

图4.1　查询处理步骤

1.查询分析

首先对查询语句进行扫描、词法分析和语法分析。从查询语句中识别出语言符号，如SQL关键字、属性名和关系名等，进行语法检查和语法分析，即判断查询语句是否符合SQL语法规则。如果没有语法错误就转入下步处理，否则便报告语句中出现的语法错误。

2.查询检查

对合法的查询语句进行语义检查，即根据数据字典中有关的模式定义检查语句中的数据库对象，如关系名、属性名是否存在和有效。如果是对视图的操作，则要用视图消解方法把对视图的操作转换成对基本表的操作。还要根据数据字典中的用户权限和完整性约束定义对用户的存取权限进行检查。如果该用户没有相应的访问权限或违反了完整性约束，就拒绝执行该查询。当然，这时的完整性检查是初步的、静态的检查。检查通过后便把SQL查询语句转换成内部表示，即等价的关系代数表达式。这个过程中要把数据库对象的外部名称转换为内部表示。关系数据库管理系统一般都用查询树(query tree)，也称为语法分析树(syntax tree)来表示扩展的关系代数表达式。

3.查询优化

每个查询都会有许多可供选择的执行策略和操作算法，查询优化就是选择一个高效执行的查询处理策略。查询优化有多种方法。按照优化的层次一般可将查询优化分为代数优化和物理优化。代数优化是指关系代数表达式的优化，即按照一定的规则，通过对关系代数表达式进行等价变换，改变代数表达式中操作的次序和组合，使查询执行更高效;物理优化则是指存取路径和底层操作算法的选择。选择的依据可以是基于规则(rule based)的,也可以是基于代价(cost based)的,还可以是基于语义(semantic based)的。

实际关系数据库管理系统中的查询优化器都综合运用了这些优化技术,以获得最好的查询优化效果。

4.查询执行

依据优化器得到的执行策略生成查询执行计划,由代码生成器(code generator)生成执行这个查询计划的代码,然后加以执行,回送查询结果。

4.1.2　实现查询操作的算法示例

本节简单介绍选择操作和连接操作的实现算法,确切地说是算法思想。每一种操作有多种执行的算法,这里仅仅介绍最主要的几个算法,对于其他重要操作的详细实现算法,有兴趣的读者请参考有关关系数据库管理系统实现技术的书。

1.选择操作的实现

第3章中已经介绍了SELECT语句的强大功能,SELECT语句有许多选项,因此实现的算法和优化策略也很复杂。不失一般性,下面以简单的选择操作为例介绍典型的实现方法。

【例4.1】　SELECT * FROM Student WHERE<条件表达式>;

考虑<条件表达式>的几种情况:

Cl: 无条件;

C2: Sno='20200510101';

C3: Sage>20;

C4: Sdept='CS' AND Sage>20;

选择操作只涉及一个关系,一般采用全表扫描或者基于索引的算法。

(1)简单的全表扫描算法(table scan)。

假设可以使用的内存为M块,全表扫描的算法思想如下:

①按照物理次序读Student的M块到内存。

②检查内存的每个元组t,“如果t满足选择条件,则输出t。

③如果Student还有其他块未被处理,重复①和②。

全表扫描算法只需要很少的内存(最少为1块)就可以运行,而且控制简单。对于规模小的表,这种算法简单有效。对于规模大的表进行顺序扫描,当选择率(即满足条件的元组数占全表的比例)较低时,这个算法效率很低。

(2)索引扫描算法(index scan)。

如果选择条件中的属性上有索引(例如B+树索引或hash索引),可以用索引扫描方法，通过索引先找到满足条件的元组指针，再通过元组指针在查询的基本表中找到元组。

【例4.1-C2】 以C2为例：Sno='20200510101'，并且Sno上有索引，则可以使用索引得到Sno为' 20200510101'元组的指针，然后通过元组指针在Student表中检索到该学生。

【例4.1-C3】 以C3为例：Sage>20，并且Sage上有*B*+树索引，则可以使用*B*+树索引找到Sage=20的索引项，以此为入口点在*B*+树的顺序集上得到Sage>20的所有元组指针，然后通过这些元组指针到Student表中检索到所有年龄大于20的学生。

【例4.1-C4】 以C4为例：Sdept='CS'AND Sage>20，如果Sdept和Sage上都有索引，一种算法是，分别用上面两种方法找到Sdept='CS'的一组元组指针和Sage>20的另一组元组指针，求这两组指针的交集，再到Student表中检索，就得到计算机系年龄大于20岁的学生。

另一种算法是，找到Sdept='CS'的一组元组指针，通过这些元组指针到Student表中检索，并对得到的元组检查另一些选择条件（如Sage>20）是否满足，把满足条件的元组作为结果输出。

一般情况下，当选择率较低时，基于索引的选择算法要优于全表扫描算法。但在某些情况下，例如选择率较高，或者要查找的元组均匀地分布在查找的表中，这时基于索引的选择算法的性能不如全表扫描算法。因为除了对表的扫描操作，还要加上对*B*+树索引的扫描操作，对每一个检索码，从*B*+树根结点到叶子结点路径上的每个结点都要执行一次I/O操作。

2. 连接操作的实现

连接操作是查询处理中最常用也是最耗时的操作之一。人们对它进行了深入的研究，提出了一系列的算法。不失一般性，这里通过例子简单介绍等值连接（或自然连接）最常用的四种算法思想。

【例4.2】 SELECT * FROM Student, SC WHERE Student.Sno=SC.Sno;

（1）嵌套循环（nested loop join）算法。

这是最简单可行的算法。对外层循环（Student表）的每一个元组，检索内层循环（SC表）中的每一个元组，并检查这两个元组在连接属性（Sno）上是否相等。如果满足连接条件，则串接后作为结果输出，直到外层循环表中的元组处理完为止。这里讲的是算法思想，在实际实现中数据存取是按照数据块读入内存，而不是按照元组进行I/O的。嵌套循环算法是最简单最通用的连接算法，可以处理包括非等值连接在内的各种连接操作。

（2）排序-合并（sort-merge join或merge join）算法。

这是等值连接常用的算法，尤其适合参与连接的诸表已经排好序的情况。

用排序-合并连接算法的步骤是：

①如果参与连接的表没有排好序，首先对 Student 表和 SC 表按连接属性 Sno 排序。

②取 Student 表中第一个 Sno，依次扫描 SC 表中具有相同 Sno 的元组，把它们连接起来。

③当扫描到 Sno 不相同的第一个 SC 元组时，返回 Student 表扫描它的下一个元组，再扫描 SC 表中具有相同 Sno 的元组，把它们连接起来。

重复上述步骤直到 Student 表扫描完。

这样 Student 表和 SC 表都只要扫描一遍即可。当然，如果两个表原来无序，执行时间要加上对两个表的排序时间。一般来说，对于大表，先排序后使用排序-合并连接算法执行连接，总的时间一般仍会减少。

(3)索引连接(index join)算法。

用索引连接算法的步骤是：

①在 SC 表上已经建立了属性 Sno 的索引。

②对 Student 中每一个元组，由 Sno 值通过 SC 的索引查找相应的 SC 元组。

③把这些 SC 元组和 Student 元组连接起来。

循环执行②③，直到 Student 表中的元组处理完为止。

(4)hash join 算法。

hash join 算法也是处理等值连接的算法。它把连接属性作为 hash 码，用同一个 hash 函数把 Student 表和 SC 表中的元组散列到 hash 表中。

第一步，划分阶段(building phase)，也称为创建阶段，即创建 hash 表。对包含较少元组的表(如 Student 表)进行一遍处理，把它的元组按 hash 函数(hash 码是连接属性)分散到 hash 表的桶中；

第二步，试探阶段(probing phase)，也称为连接阶段(join phase)，对另一个表(SC 表)进行一遍处理，把 SC 表的元组也按同一个 hash 函数(hash 码是连接属性)进行散列，找到适当的 hash 桶，并把 SC 元组与桶中来自 Student 表并与之相匹配的元组连接起来。

4.2　关系数据库系统的查询优化

查询优化在关系数据库系统中有着非常重要的地位。关系数据库系统和非过程化的 SQL 之所以能够取得巨大的成功，关键是得益于查询优化技术的发展。关系查询优化是影响关系数据库管理系统性能的关键因素。

优化对关系系统来说既是挑战又是机遇。所谓挑战是指关系系统为了达到用户可接受的性能必须进行查询优化。由于关系表达式的语义级别很高，使关系系统可以从关系表达式中分析查询语义，提供了执行查询优化的可能性。这就为关系系统在性能上接近甚至超过非关系系统提供了机遇。

4.2.1 查询优化概述

关系系统的查询优化既是关系数据库管理系统实现的关键技术,又是关系系统的优点所在。它减轻了用户选择存取路径的负担,用户只要提出“干什么”,而不必指出“怎么干”。对比一下非关系系统中的情况:用户使用过程化的语言表达查询要求,至于执行何种记录级的操作,以及操作的序列是由用户而不是由系统来决定的。因此用户必须了解存取路径,系统要提供用户选择存取路径的手段,查询效率由用户的存取策略决定。如果用户做了不当的选择,系统是无法对此加以改进的。这就要求用户有较高的数据库技术和程序设计水平。

查询优化的优点不仅在于用户不必考虑如何最好地表达查询以获得较高的效率,而且在于系统可以比用户程序的“优化”做得更好。这是因为:

(1)优化器可以从数据字典中获取许多统计信息,例如每个关系表中的元组数、关系中每个属性值的分布情况、哪些属性上已经建立了索引等。优化器可以根据这些信息做出正确的估算,选择高效的执行计划,而用户程序则难以获得这些信息。

(2)如果数据库的物理统计信息改变了,系统可以自动对查询进行重新优化以选择相适应的执行计划。在非关系系统中则必须重写程序,而重写程序在实际应用中往往是不太可能的。

(3)优化器可以考虑数百种不同的执行计划,而程序员一般只能考虑有限的几种可能性。

(4)优化器中包括了很多复杂的优化技术,这些优化技术往往只有最好的程序员才能掌握。系统的自动优化相当于使得所有人都拥有这些优化技术。

目前关系数据库管理系统通过某种代价模型计算出各种查询执行策略的执行代价,然后选取代价最小的执行方案。在集中式数据库中,查询执行开销主要包括磁盘存取块数(I/O代价)、处理机时间(CPU代价)以及查询的内存开销。在分布式数据库中还要加上通信代价,即

总代价=I/O代价+CPU代价+内存代价+通信代价

由于磁盘I/O操作涉及机械动作,需要的时间与内存操作相比要高几个数量级,因此,在计算查询代价时一般用查询处理读写的块数作为衡量单位。

查询优化的总目标是选择有效的策略,求得给定关系表达式的值,使得查询代价较小。因为查询优化的搜索空间有时非常大,实际系统选择的策略不一定是最优的,而是较优的。

4.2.2　一个实例

1.优化的必要性

首先通过一个简单的例子来说明为什么要进行查询优化。

【例4.3】　求选修了C02号课程的学生姓名。

用SQL语句表达：

```
SELECT Student.Sname
FROM Student,SC
WHERE Student.Sno=SC.Sno AND SC.Cno='C02';
```

假定学生-课程数据库中有1 000个学生记录，10 000个选课记录，其中选修C02号课程的选课记录为40个。

系统可以用多种等价的关系代数表达式来完成这一查询，但分析下面三种就足以说明问题了：

$Q_1=\Pi_{Sname}(\sigma_{Student.Sno=SC.Sno \wedge SC.Cno='C02'}(Student \times SC))$

$Q_2=\Pi_{Sname}(\sigma_{SC.Cno='C02'}(Student \bowtie SC))$

$Q_3=\Pi_{Sname}(Student \bowtie \sigma_{SC.Cno='C02'}(SC))$

后面将看到由于查询执行的策略不同，查询效率相差很大。

（1）第一种策略。

$Q_1=\Pi_{Sname}(\sigma_{Student.Sno=SC.Sno \wedge SC.Cno='C02'}(Student \times SC))$

①计算广义笛卡尔积。

把Student和SC的每个元组连接起来。一般连接的做法是：在内存中尽可能多地装入某个表（如Student表）的若干块，留出一块存放另一个表（如SC表）的元组；然后把SC中的每个元组和Student中每个元组连接，连接后的元组装满一块后就写到中间文件上，再从SC中读入一块和内存中的Student元组连接，直到SC表处理完；这时再一次读入若干块Student元组，读入一块SC元组，重复上述处理过程，直到把Student表处理完。

设一块能装10个学生记录或100个选课记录，每次在内存中存放5块Student的元组、1块SC的元组，则Student表和SC表的总块数各为100。外循环一次，内循环20次要读取的总块数为

$$100 + 100 \times 20 = 2\ 100块$$

连接后的元组数为$10^3 \times 10^4 = 10^7$，设每块能装10个元组，则Student×SC的总块数为1×10^6块。设每秒能读写20块，则读的时间：

$$2\ 100块 \div 20块/秒 = 105秒$$

写的时间：

$$1\,000\,000\text{块} \div 20\text{块/秒} = 50\,000\text{秒}$$

②依次读入 Student × SC 的元组，然后执行选择。读的时间：

$$1\,000\,000\text{块} \div 20\text{块/秒} = 50\,000\text{秒}$$

满足条件的元组40个，设全部放入内存(不再临时存储)。

③在上步基础上执行投影得最终结果(此步时间不计)。

第一种策略的总时间为：

$$105\text{秒} + 50\,000\text{秒} + 50\,000\text{秒} > 10\text{万秒(近28小时)}$$

(2)第二种策略。

$Q_2=\Pi_{Sname}(\sigma_{SC.Cno='C02'}(Student \bowtie SC))$

①计算自然连接。

读取Student表和SC表的策略不变，执行时间还是105秒。

因为SC表中的每一个学号都在Sstudent表中出现，而Student表中无重复学号，故连接后的表和SC表的行数一样，为10 000行，将它们临时存入盘中需时间：

$$(10\,000 \div 10)\text{块} \div 20\text{块/秒} = 50\text{秒}$$

计算自然连接需时间：

$$105\text{秒} + 50\text{秒} = 155\text{秒}$$

②执行选择运算。

主要为读取中间文件的时间为50秒。

③把上一步结果投影，时间忽略不计。

第二种策略的总时间为155秒 + 50秒 = 205秒。

(3)第三种策略。

$Q_3=\Pi_{Sname}(Student \bowtie \sigma_{SC.Cno='C02'}(SC))$

①先对SC表做选择。

只需读一遍SC表，需时100块÷20块/秒 = 5秒，中间结果只有50个记录，不需使用中间文件。

②做自然连接。

只需读一遍Student表，边读边和内存中的中间结果连接，结果仍为50个元组需时5秒。

③把上一步结果投影，时间忽略不计。

第三种策略的总时间为5秒 + 5秒 = 10秒。

结论：不同的查询策略其执行时间可能差别很大。

第三种策略的执行代价大约是第一种策略的万分之一，是第二种策略是二十分之一。

这个简单的例子充分说明了查询优化的必要性，同时也给出一些查询优化方法的初步概念。例如，读者可能已经发现，在第一种策略下，连接后的元组可以先不立即写出，而是和下面第(2)步的选择操作结合，这样可以省去写出和读入的开销。有选择和连接操作时，应当先做选择操作，例如，把上面的代数表达式Q_1、Q_2变换为Q_3，这样参加连接的元组就可以大大减少，这是代数优化。在Q_3中，SC表的选择操作算法可以采用全表扫描或索引扫描，经过初步估算，索引扫描方法较优。同样对于Student和SC表的连接，利用Student表上的索引，采用索引连接代价也较小，这就是物理优化。代数优化和物理优化的具体方法，下文将具体讲述。

2.优化的一般策略

(1)选择、投影运算应尽可能先做。

好处：减少下一步运算的数据量。

(2)把选择和投影运算同时进行。

好处：减少扫描关系的次数。

(3)在执行连接前对文件适当地预处理。

执行连接时，对表Student只需扫描一遍，但若表Student的元组不能整个放入内存，则表Student需多少次读入内存，对SC表就要扫描多少遍。

(4)把投影同其前或其后的双目运算结合起来。

每形成一个连接后的元组，就立即取出投影字段，而不是先连接形成一个临时关系，然后在此临时关系上投影。每取出表Student的一个元组，先取出投影字段，然后与SC进行连接。

(5)把某些选择和笛卡尔乘积结合起来成为连接运算。

(6)找出公共子表达式。

4.3　代数优化

SQL语句经过查询分析、查询检查后变换为查询树，它是关系代数表达式的内部表示。本节介绍基于关系代数等价变换规则的优化方法，即代数优化。

4.3.1　关系代数表达式等价变换规则

代数优化策略是通过对关系代数表达式的等价变换来提高查询效率。所谓关系代数表达式的等价是指用相同的关系代替两个表达式中相应的关系所得到的结果是相同的。两个关系表达式E_1和E_2是等价的，可记为$E_1 \equiv E_2$。

下面是常用的等价变换规则，证明从略。

1.连接、笛卡尔积的交换律

设E_1和E_2是关系代数表达式，F是连接运算的条件，则有

$$E_1 \times E_2 \equiv E_2 \times E_1$$

$$E_1 \bowtie E_2 \equiv E_2 \bowtie E_1$$

$$E_1 \underset{F}{\bowtie} E_2 \equiv E_2 \underset{F}{\bowtie} E_1$$

2.连接、笛卡尔积的结合律

设E_1、E_2、E_3是关系代数表达式，F_1和F_2是连接运算的条件，则有

$$(E_1 \times E_2) \times E_3 \equiv E_1 \times (E_2 \times E_3)$$

$$(E_1 \bowtie E_2) \bowtie E_3 \equiv E_1 \bowtie (E_2 \bowtie E_3)$$

$$(E_1 \underset{F_1}{\bowtie} E_2) \underset{F_2}{\bowtie} E_3 \equiv E_1 \underset{F_1}{\bowtie} (E_2 \underset{F_2}{\bowtie} E_3)$$

3.投影的串接定律

$$\Pi_{A_1,A_2,\cdots,A_n}(\Pi_{B_1,B_2,\cdots,B_m}(E)) \equiv \Pi_{A_1,A_2,\cdots,A_n}(E)$$

这里，E是关系代数表达式，$A_i(i=1,2,\cdots,n)$，$B_j(j=1,2,\cdots,m)$是属性名，且$\{A_1, A_2,\cdots,A_n\}$构成$\{B_1,B_2,\cdots,B_m\}$的子集，即其中$\{A_1,A_2,\cdots,A_n\} \subseteq \{B_1,B_2,\cdots,B_m\}$，具体操作如图4.2所示。

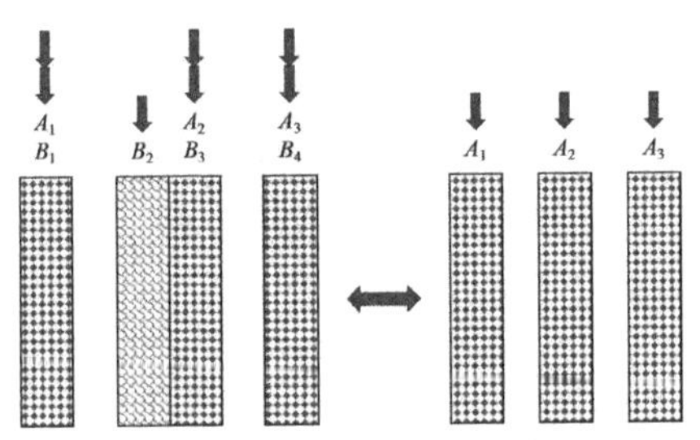

图4.2　投影的串接定律

4.选择的串接定律

$$\sigma_{F_1}(\sigma_{F_2}(E)) \equiv \sigma_{F_1 \wedge F_2}(E)$$

这里，E是关系代数表达式，F_1、F_2是选择条件。

5.选择与投影操作的交换律

$$\sigma_F(\Pi_{A_1,A_2,\cdots,A_n}(E)) \equiv (\Pi_{A_1,A_2,\cdots,mA_n}(\sigma_F))$$

这里，选择条件F只涉及属性$A_1,\cdots,A_n$。

若F中有不属于$A_1,\cdots,A_n$的属性$B_1,\cdots,B_m$，则有更一般的规则：

$$\Pi_{A_1,A_2,\cdots,mA_n}(\sigma_F(E)) = \Pi_{A_1,A_2,\cdots,A_n}(\sigma_F(\Pi_{A_1,A_2,\cdots,A_n,B_1,B_2,\cdots,B_m}(E)))$$

从图4.3可以看出先投影后选择和先选择后投影结果是相同的。

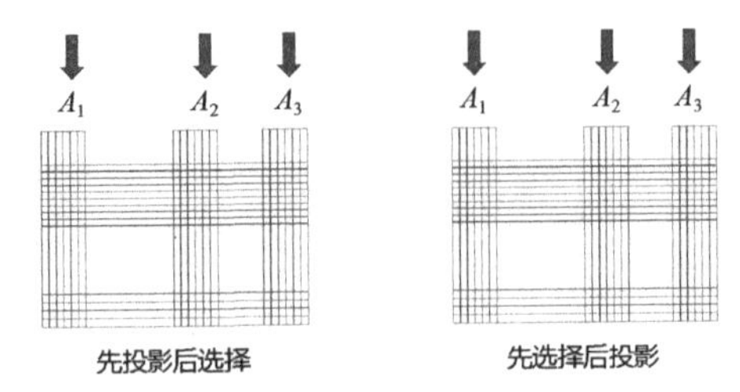

图4.3　选择和投影操作的交换律

6. 选择与笛卡尔积的交换律

如果F中涉及的属性都是E_1中的属性，则

$$\sigma_F(E_1 \times E_2) \equiv \sigma_F(E_1) \times E_2$$

如果$F=F_1 \wedge F_2$，并且F_1只涉及E_1中的属性，F_2只涉及E_2中的属性，则由上面的等价变换规则1，4，6可推出

$$\sigma_F(E_1 \times E_2) \equiv \sigma_F(E_1) \times \sigma_F(E_2)$$

若F_1只涉及E_1中的属性，F_2涉及E_1和E_2两者的属性，则仍有

$$\sigma_F(E_1 \times E_2) \equiv \sigma_{F_2}(\sigma_{F_1}(E_1) \times E_2)$$

它使部分选择在笛卡尔积前先做。

7. 选择与并的分配律

设$E=E_1 \cup E_2$，E_1、E_2有相同的属性名，则

$$\sigma_F(E_1 \cup E_2) \equiv \sigma_F(E_1) \cup \sigma_F(E_2)$$

8. 选择与差运算的分配律

若E_1与E_2有相同的属性名，则

$$\sigma_F(E_1 - E_2) \equiv \sigma_F(E_1) - \sigma_F(E_2)$$

9. 选择对自然连接的分配律

$$\sigma_F(E_1 \bowtie E_2) \equiv \sigma_F(\mathrm{E}_1) \bowtie \sigma_F(E_2)$$

F只涉及E_1与E_2的公共属性。

10. 投影与笛卡尔积的分配律

设E_1和E_2是两个关系表达式，$A_1, \cdots, A_n$是E_1的属性，$B_1, \cdots, B_m$是E_2的属性，则

$$\Pi_{A_1, A_2, \cdots, A_n, B_1, B_2, \cdots, B_m}(E_1 \times E_2) \equiv \Pi_{A_1, A_2, \cdots, A_n} E_1) \times \Pi_{B_1, B_2, \cdots, B_m}(E_2)$$

11. 投影与并的分配律

设E_1和E_2有相同的属性名，则

$$\Pi_{A_1, A_2, \cdots, A_n}(E_1 \cup E_2) \equiv \Pi_{A_1, A_2, \cdots, A_n}(E_1) \cup \Pi_{A_1, A_2, \cdots, A_n}(E_2)$$

4.3.2　查询树的启发式优化

本节讨论应用启发式规则(heuristic rules)的代数优化。这是对关系代数表达式的查询树进行优化的方法。典型的启发式规则有：

(1)选择运算应尽可能先做。在优化策略中这是最重要、最基本的一条。它常常可使执行代价节约多个数量级，因为选择运算一般使计算的中间结果大大变小。

(2)把投影运算和选择运算同时进行。如有若干投影和选择运算，并且它们都对同一个关系操作，则可以在扫描此关系的同时完成所有这些运算以避免重复扫描关系。

(3)把投影同其前或后的双目运算结合起来,没有必要为了去掉某些字段而扫描一遍关系。

(4)把某些选择同在它前面要执行的笛卡尔积结合起来成为一个连接运算,连接(特别是等值连接)运算要比同样关系上的笛卡尔积省很多时间。

(5)找出公共子表达式。如果这种重复出现的子表达式的结果不是很大的关系,并且从外存中读入这个关系比计算该子表达式的时间少得多,则先计算一次公共子表达式并把结果写入中间文件是合算的。当查询的是视图时,定义视图的表达式就是公共子表达式的情况。

下面给出遵循这些启发式规则,应用4.3.1的等价变换公式来优化关系表达式的算法。

算法:关系表达式的优化。

输入:一个关系表达式的查询树。

输出:优化的查询树。

方法:

(1)利用等价变换规则4把形如$\sigma_{F_1 \wedge F_2 \cdots \wedge F_n}(E)$变换为$\sigma_{F_1}(\sigma_{F_2}(\cdots(\sigma_{F_n}(E))\cdots))$。

(2)对每一个选择,利用等价变换规则4~9尽可能把它移到树的叶端。

(3) 对每一个投影利用等价变换规则3,5,10,11中的一般形式尽可能把它移向树的叶端。

注意:等价变换规则3使一些投影消失;规则4把一个投影分裂为两个,其中一个有可能被移向树的叶端。

(4)利用等价变换规则3 ~ 5把选择和投影的串接合并成单个选择、单个投影或一个选择后跟一个投影。使多个选择或投影能同时执行,或在一次扫描中全部完成。

(5)把上述得到的语法树的内节点分组。每一双目运算(×,⋈,∪,-)和它所有的直接祖先为一组(这些直接祖先是σ,Π运算)。

如果其后代直到叶子全是单目运算,则也将它们并入该组。但当双目运算是笛卡尔积(×),而且后面不是与它组成等值连接的选择时,则不能把选择与这个双目运算组成同一组,把这些单目运算单独分为一组。

语法树也称查询树,是用来表示关系代数表达式的一棵树,其内结点表示一种运算,叶结点表示一个关系。

【例4.4】 下面给出例4.3中SQL语句的代数优化示例。

```
SELECT Student.Sname FROM Student, SC WHERE Student.Sno=SC.Sno AND
SC.Cno='C02';
```

(1)把SQL语句转换成查询树,如图4.4(a)所示。

为了使用关系代数表达式的优化法,不妨假设内部表示是关系代数语法树,则上面的查询树如图4.4(b)所示。

(2)对查询树进行优化。

利用规则4、6把选择$\sigma_{SC.Cno='C02'}$移到叶端,查询树便转换成下图所示的优化后的查询树,如图4.4(c)所示。这就是前文的Q_3的查询树表示。

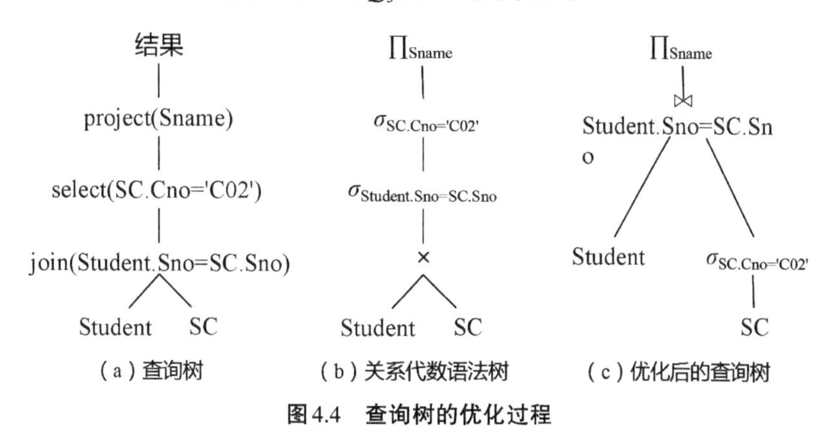

(a)查询树　(b)关系代数语法树　(c)优化后的查询树

图4.4　查询树的优化过程

4.4　物理优化

代数优化改变查询语句中操作的次序和组合,但不涉及底层的存取路径。前文中已经讲解了对每一种操作有多种执行这个操作的算法,有多条存取路径,因此对于一个查询语句有许多存取方案,它们的执行效率不同,有的会相差很大。因此,仅仅进行代数优化是不够的。物理优化就是要选择高效合理的操作算法或存取路径,求得优化的查询计划,达到查询优化的目标。

选择的方法可以是:

(1)基于规则的启发式优化。启发式规则是指那些在大多数情况下都适用,但不是在每种情况下都是最好的规则。

(2)基于代价估算的优化。使用优化器估算不同执行策略的代价,并选出具有最小代价的执行计划。

(3)两者结合的优化方法。查询优化器通常会把这两种技术结合在一起使用。因为可能的执行策略很多,要穷尽所有的策略进行代价估算往往是不可行的,会造成查询优化本身付出的代价大于获得的益处。为此,常常先使用启发式规则,选取若干较优的候选方案,减少代价估算的工作量;然后分别计算这些候选方案的执行代价,较快地选出最终的优化方案。

1.选择操作的启发式规则

对于小关系,使用全表顺序扫描,即使选择列上有索引。

对于大关系,启发式规则有:

(1)对于选择条件是“主码=值”的查询,查询结果最多是一个元组,可以选择主码索引。一般的关系数据库管理系统会自动建立主码索引。

(2)对于选择条件是“非主属性=值”的查询,并且选择列上有索引,则要估算查询结果的元组数目,如果比例较小(<10%)可以使用索引扫描方法,否则还是使用全表顺序扫描。

(3)对于选择条件是属性上的非等值查询或者范围查询,并且选择列上有索引,同样要估算查询结果的元组数目,如果选择率小于10%可以使用索引扫描方法,否则还是使用全表顺序扫描。

(4)对于用AND连接的合取选择条件,如果有涉及这些属性的组合索引,则优先采用组合索引扫描方法;如果某些属性上有一般索引,则可以用[例4.1-C4]中介绍的索引扫描方法,否则使用全表顺序扫描。

(5)对于用OR连接的析取选择条件,一般使用全表顺序扫描。

2.连接操作的启发式规则

(1)如果两个表都已经按照连接属性排序,则选用排序—合并算法。

(2)如果一个表在连接属性上有索引,则可以选用索引连接算法。

(3)如果上面两个规则都不适用,其中一个表较小,则可以选用hash join算法。

(4)最后可以选用嵌套循环算法,并选择其中较小的表,确切地讲是占用的块数(B)较少的表作为外表(外循环的表)。理由如下:

设连接表R与S分别占用的块数为B_R与B_S,连接操作使用的内存缓冲区块数为K,分配K-1块给外表。如果表R为外表,则嵌套循环法存取的块数为$B_R+B_RB_S/(K-1)$,显然应该选块数小的表作为外表。

上面列出了一些主要的启发式规则,在实际的关系数据库管理系统中启发式规则要多得多。

4.5 小　结

查询处理是关系数据库管理系统的核心,而查询优化技术又是查询处理的关键技术。本章仅关注查询(Query)语句,它是关系数据库管理系统语言处理中最重要、最复杂的部分。更一般的数据库语言(包括数据定义语言、数据操纵语言、数据控制语言)处理技术可参阅关系数据库管理系统实现的有关文献。

本章讲解了启发式代数优化、基于规则的存取路径优化和基于代价估算的优化等方法,实际系统的优化方法是综合的,优化器是十分复杂的。

本章不是要求读者掌握关系数据库管理系统查询处理和查询优化的内部实现技术,因此没有详细讲解技术细节。本章的目的是希望读者掌握查询优化方法的概念和技术。通过本章,进一步了解具体的查询计划表示,能够利用它分析查询的实际执行方案和查询代价，进而通过建立索引或者修改SQL语句来降低查询代价，达到优化系统性能的目标。

对于比较复杂的查询，尤其是涉及连接和嵌套的查询，不要把优化的任务全部放在关系数据库管理系统上，应该找出关系数据库管理系统的优化规律，以写出适合关系数据库管理系统自动优化的SQL语句。对于关系数据库管理系统不能优化的查询需要重写查询语句，进行手工调整以优化性能。

习　　题

1. 试述查询优化在关系数据库系统中的重要性和可能性。

2. 对学生-课程数据库，查询信息系学生选修的课程名。

```
SELECT Cname
FROM Student, Course, SC
WHERE Student.Sno=SC.Sno AND SC.Cno=Course.Cno AND Student.Sdept='IS';
```

试画出用关系代数表示的语法树，并用关系代数表达式优化算法，对原始的语法树进行优化处理，画出优化后的标准语法树。

第5章　实体-联系建模

本章目标

•数据库的概念结构设计中的数据模型的抽象，实体-联系（E-R）建模技术；

•实体-联系模型的基本概念，实体之间的联系；

•使用统一建模语言（UML）以图表化技术表示一个ER模型，E-R图的画法；

•实体-联系（E-R）模型基本概念的局限性，以及使用其他数据建模的概念来表达更加复杂的应用的需求；

•视图的集成；

•扩展实体-联系（EER）模型中最有用的数据建模概念，即特殊化/泛化、聚合和组合；

•使用统一建模语言（UML）的图形化技术表示EER图中的特殊化/泛化、聚合和组合。

前面已经讨论了数据库系统的一般概念，介绍了关系数据库的基本概念、关系模型的三个部分以及关系数据库的标准语言SQL。但是还有一个基本的问题尚未涉及，针对一个具体问题，应该如何构造一个适合它的数据模式，即应该构造几个关系模式，每个关系由哪些属性组成等，这是数据库设计的问题，确切地讲是关系数据库的逻辑设计问题。

利用模型对事物进行描述是人们在认识、改造世界过程中广泛采用的一种方法，如汽车、飞机模型等。模型可更形象、直观地揭示事物的本质特征，使人们对事物有一个更全面、深入的认识，从而帮助人们更好地解决问题。

在进行数据库系统设计时是否也可以利用模型来帮助我们完成工作呢？如果可以，那么利用何种模型呢？实际上，在数据库系统设计时也可以利用模型来帮助我们完成工作。针对业务系统的信息需求建立模型，可以帮助人们更好地理解业务系统对数据的需求以及对数据的处理。

注意：本章中EER模型、弱实体和分类的内容，在实际教学过程中，读者可以根据自己的实际情况进行选择。

5.1　数据模型

如同在建筑设计和施工的不同阶段需要不同的图纸一样，在开发实施数据库应用系统的不同阶段也要用到不同的数据模型。

数据库中有三类数据模型，这三类数据模型分别在开发实施数据库应用系统的三个阶段使用。第一类是概念模型，在开发的第一阶段使用；第二类为逻辑模型，在开发的第二阶段使用；第三类是物理模型，在开发的第三阶段使用。

前面章节介绍的关系数据模型属于逻辑模型。常见的逻辑模型包括层次数据模型、网状数据模型、面向对象数据模型、对象关系数据模型、半结构化数据模型等。逻辑模型是按照计算机系统的观点对数据建模。也就是说，数据库管理系统是基于逻辑模型实现的。这类数据模型一般包含三个方面：数据结构、数据操作和数据的完整性约束条件。前面的关系数据模型的数据结构是关系（表），操作有增、删、改、查，完整性约束有实体完整性、参照完整性和用户自定义完整性。

概念模型是从用户的角度对现实世界进行建模，用于数据库设计的第一阶段。

物理模型则是对数据的最底层抽象，它描述数据在系统内部的表示方式和存取方法，即数据在磁盘或磁带上的存储方式和存取方法。物理模型的具体实现是DBMS的任务，数据库设计人员要了解和选择物理模型。

5.2　概念模型

为了能把现实世界的具体事物抽象组织为某个DBMS支持的数据模型，首先需要对这一管理活动涉及的各种资料数据及其关系有一个全面且清晰的认识，这就需要收集资料、了解用户需求，进行详细的需求分析，然后采用概念模型来描述。对现实世界建立模型，既要能准确地反映现实世界，又能容易被人们看懂，方便交流，这个过程为建立概念模型。概念模型一般用于人员之间的交流。

数据库的设计过程是首先将现实世界抽象为信息世界，然后将信息世界转换为机器世界 。也就是说，数据模型的建立过程是：从现实世界抽象出信息世界的概念模型，再由概念模型转化成可以由计算机支持的数据模型（关系模型、层次模型、网状模型、面向对象模型，这里指的是关系模型）。

因此，设计数据库以及开发数据库应用系统，首先需要建立的是概念模型。

设计数据库系统时，一般先用图或表的形式抽象地反映数据彼此之间的关系，这一过程称为建立数据模型。

本章主要介绍如何建立概念模型。概念模型的方法有很多种，主要有实体-联系模型(Entity Relationship Model,E-R模型)法、扩展的实体-联系模型(Extended Entity Relationship Model,EER模型)法、UML类图法、对象定义语言(Object Definition Language,ODL)法等。其中,使用最广泛的是1976年P.P.S.Chen提出用实体-联系模型(E-R模型)法来表示概念模型。

5.3 实体-联系模型

在实体-联系模型中,认为现实世界是由实体、属性及实体间的联系构成的。一般地,实体-联系模型用E-R图来表示。

5.3.1 基本概念

(1)实体:指现实世界中实实在在存在的事物,彼此之间相互区别。例如,学生、教师、教室、汽车、工作、课程等。实体也有可能是抽象的概念,如学生的选课、比赛,部门的订货等。

(2)实体集:同种类型实体的集合。例如,全体教职工就是一个实体集,又如全部课程、全体学生、全体职工等。

(3)实体型:代表现实世界中具有相同属性的一组对象——类型实体。例如,学生类型实体属于学生实体型,表示为:学生(学号,姓名,年龄,性别,专业)。在E-R图中用矩形表示,名字通常是名词。

(4)属性:实体类型具有的特性称为属性。例如,学生实体的属性有学号、姓名等,教师实体的属性有教职工编号、姓名、职称、专业等,如果还需要描述教师的工资信息,可以增加一个属性"薪水"。每个属性都与一个取值集合相关联,这个集合称为域,域定义了一个属性可能的取值范围。每个属性都有一个具体的值,取自一个值域,如整型、实数、字符串等。例如,张爽同学的性别为"男"。在E-R图中,用椭圆表示属性。

属性又分为如下四类。

①简单属性:是属性中最简单的一类,这类属性不能再被划分为更小的部分。如年龄、性别、工资等。

②组合属性(也称复合属性):由多个部分组成的属性,每个部分都可独立存在。例如,学生实体的家庭住址是复合属性,由省、市、区、街道地址构成,而街道地址又由街道名、小区、门牌号组成。如图5.1所示。

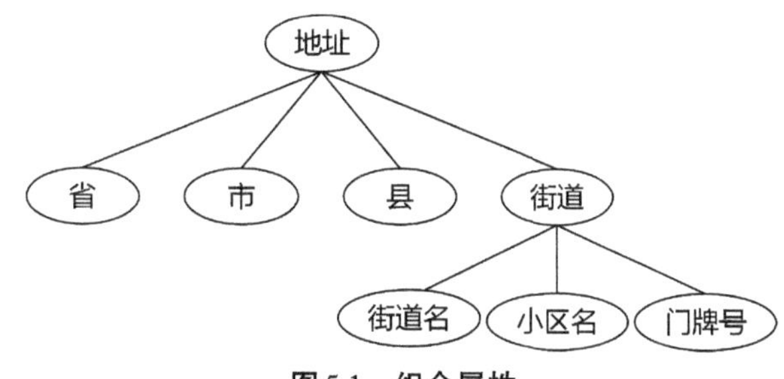

图5.1 组合属性

③多值属性：对应于一个具体实体，它的属性值有多个。例如，学生的学位可能是双学位，车的颜色可能有多种，人的电话号码可能有多个。多值属性用双椭圆表示，如图5.2(a)所示。

④导出属性(衍生属性)：属性的值是从相关的一个或一组属性(不一定来自同一个实体类型)的值导出来的属性。例如，学生的年龄可以由学生的出生年月推导出来。衍生属性用虚线椭圆表示，如图5.2(b)所示。

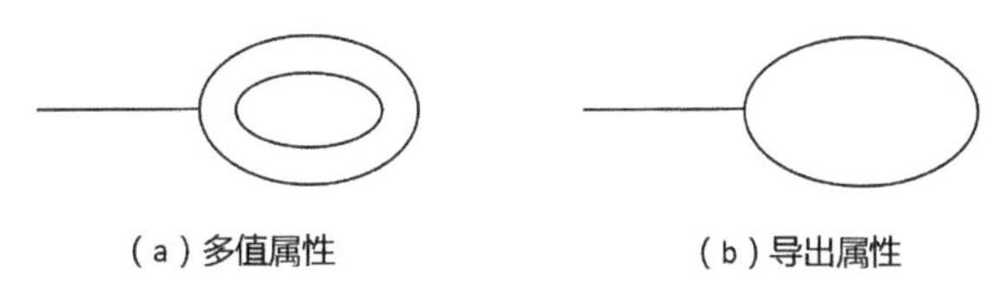

(a)多值属性　　(b)导出属性

图5.2 多值属性和导出属性

注意：多个属性可以共享一个域。属性名字的域更难定义，因为它包含了所有可能的名字：可以是一个字符串，不仅包括字母，还可能包括连字号或其他一些特殊的符号。一个完整的数据模型应该包括E-R模型中每一个属性的域。

(5)联系：实体类型间的一组有意义的关联。一个联系类型是一个或多个实体类型间的一组关联。每个联系类型都被赋予一个能够描述其功能的名字。联系分为实体型内部的联系和实体型之间的联系。例如，学生和教师两类实体型之间存在学与教的联系，学生和课程实体型之间存在选修的联系，学生与学生同类型实体之间也存在联系等。实际上，当一个实体引用另一个实体进行描述时，那么这两个实体之间就存在联系。例如，每个部门都有多个职工，表示部门实体和职工实体之间有联系。联系在E-R图中用菱形表示。

两类实体型之间存在着多种联系类型，叫作基数比，分为一对一(1∶1)、一对多(1∶n)、多对多(n∶m)等多种类型。

①一对一联系：对于实体集A中的每个实体，最多只能和实体集B中的一个实体有联系；反之，对于实体集B中的每个实体，最多只能和实体集A中的一个实体有联系。

例如，一个班级对应一个班长，一个班长只能管理一个班级，如图5.3所示。

图5.3 班长与班级之间的管理联系

又如，一个部门对应一位经理，一位经理只能管理一个部门，如图5.4所示。

图5.4 经理与部门之间的管理联系

②一对多联系：对于实体集A中的每个实体，最多能和实体集B中的多个实体有联系；反之，对于实体集B中的每个实体，最多只能和实体集A中的一个实体相联系。

例如，一个班级对应多个学生，一个学生只能属于一个班级，如图5.5所示。

图5.5 班级与学生之间的所属联系

③多对多联系：对于实体集A中的每个实体，最多能和实体集B中的多个实体有联系；反之，对于实体集B中的每个实体，最多能和实体集A中的多个实体有联系。

例如，学生和课程之间的联系，学生可以选修多门课程，一门课程也可以由多个学生选修，如图5.6所示。

图5.6 学生与课程之间的选修联系

又如，一位教师可以教授多门课程，一门课程可以由多个教师讲授。

注意：联系的基数比的判断是根据现实世界的规定确定。例如，教师和课程之间的基数比可以有多种类型，表示不同的环境应用需求。

①教师与课程之间是1：1的联系，表示一个教师最多可以教授一门课程，一门课程最多由一位教师教授，如图5.7所示。

图5.7 教师与课程之间1：1的联系

②教师与课程之间是1：n的联系，表示一个教师可以教授多门课程，一门课程最多只能由一个教师教授，如图5.8所示。

图5.8 教师与课程之间1：n的联系

③教师和课程之间是n：1的联系，表示一位教师最多可以教授一门课程，一门课程可以由多位教师教授，如图5.9所示。

图5.9 教师与课程之间n：1的联系

④教师和课程之间是n：m的联系，表示一位教师可以教授多门课程，一门课程可

由多位教师教授，如图5.10所示

图5.10　教师与课程之间$n:m$的联系

实际上，与实体型、实体集、实体等概念对应，联系也有联系型、联系集、联系，表示联系的型、集、值，这里统称联系，不再展开叙述。

(6)联系的度：参与联系的实体型的个数。参与联系的实体型只有一类，叫作一元联系，一元联系也叫递归联系，指同一个实体类型以不同的角色多次(大于1次)参与了同一个联系类型。例如，学生和班长之间的联系，学生属于学生实体型，班长同样也属于学生实体型，因此它是一元联系，第一次参与的角色是一位管理者，第二次参与的角色是一名学生(被管理者)，如图5.11所示。参与联系的实体型有两类，叫作二元联系。前文介绍的都是二元联系。参与联系的实体型有三类，叫作三元联系，图5.12所示是教师、课程及学生三类实体之间的三元联系，表示一个教师可以为多位学生教授多门课程；一门课程可以由多位老师教授给多位学生；一个学生可以学习多位教师教授的多门课程。参与联系的实体型有多类，叫作多元联系。

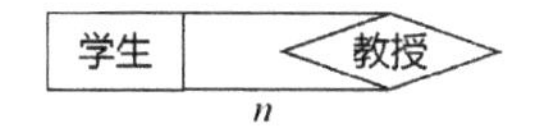

图5.11　学生实体内的一元联系

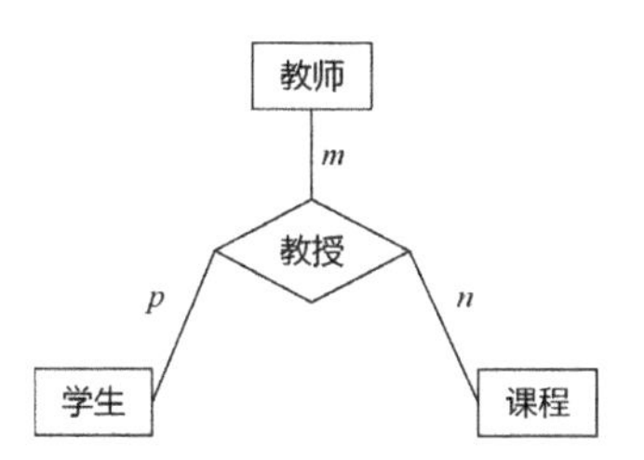

图5.12　学生、教师、课程之间的三元联系

(7)联系上的属性：联系上也可以有属性。如图5.13所示，学生实体和课程实体之间的选修联系，其成绩属性的位置应该放在联系上。因为单独的学生实体无法决定成绩，单独的课程实体也无法决定成绩，只能由学生和课程共同决定某位学生某门课程成绩的取值。

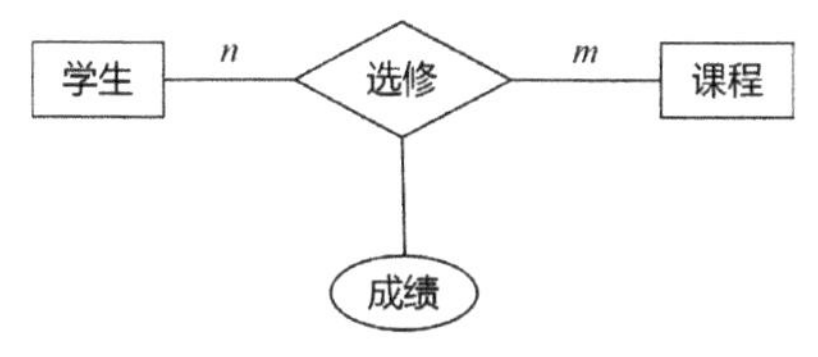

图5.13　选修联系

(8)联系的参与约束：分为完全参与和部分参与两种。没有特别指明，也可不模拟完全参与和部分参与。

①完全参与:实体集中的每一个实体都参与了联系。用双线表示。

每个职工都必须属于一个部门,每个部门必须至少有一个职工,部门和职工都是完全参与,如图5.14所示。

图5.14　完全参与

②部分参与:实体集中只有部分实体参与联系,用单线表示。

例如,职工中只有一个人(主要指部门经理)可以管理部门,每个部门必须被管理,职工为部分参与,部门为完全参与,如图5.15所示。

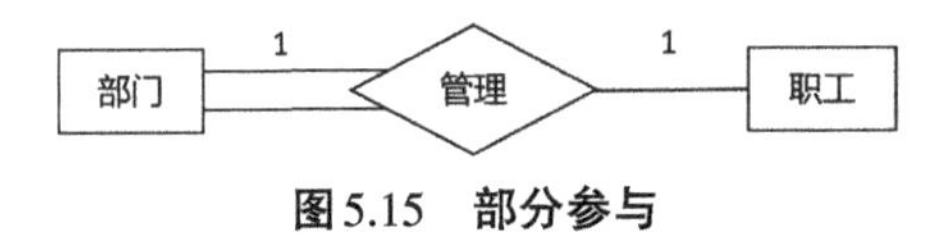

图5.15　部分参与

当两个实体之间存在多于一种联系时也可以使用角色名称。以图5.16为例,职工和分公司两个实体类型之间存在“管理”和“有”两种联系,此时添加角色名就能够标明每种联系的意义。具体来说,在“经理管理分公司”的联系中,职工实体中具有角色名称“管理”和“成员”。经理管理分公司职工,同时经理属于公司的一员。类似地,对于“分公司拥有职工”联系,分公司拥有职工,同时分公司拥有的职工是分公司的一员。

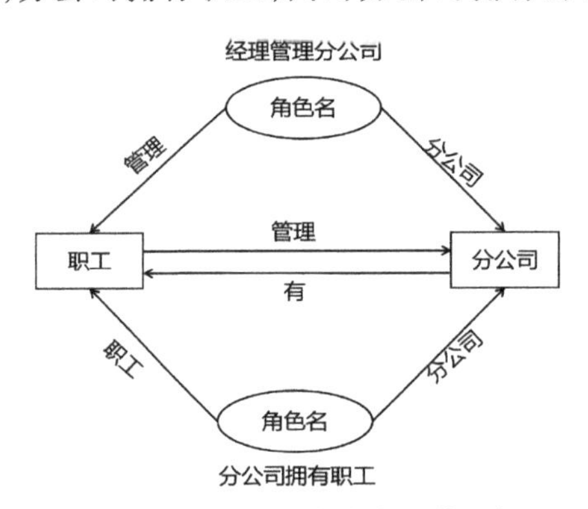

图5.16　两种不同的角色实体示例

图5.16是两种不同的具有角色名称的联系“管理”和“有”关联起来的实体示例,当参与联系的实体在联系中的功能无二义时,通常不需要定义角色名称。

(9)弱实体:不能单独存在的实体。弱实体必须依附于其他实体之上存在,被依附的实体称为强实体。例如,在一个人事管理系统中,家属这样的实体不能单独存在,必须依附于职工实体,因为一旦职工离开公司,家属也跟着离开。弱实体一般都是完全参与,用双矩形表示,其对应的联系用双菱形表示。弱实体的键由本身的部分键及所依附的强实体的主键共同组成。家属弱实体如图5.17所示。

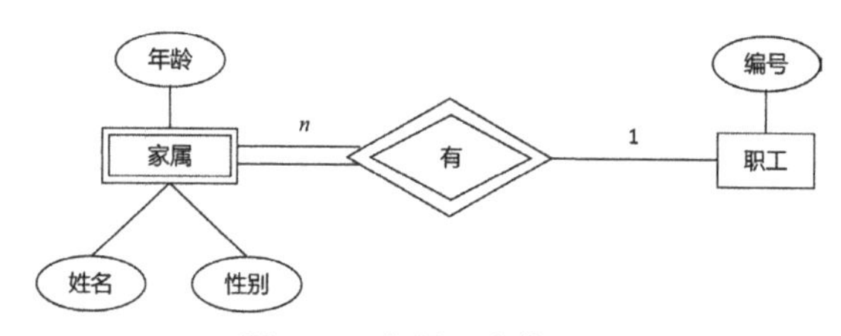

图5.17　家属弱实体示例

(10)主码。

候选码:能够唯一标识每个实体的实例出现的最小属性组。一个候选码是一个最小属性组,它的值能够唯一地标识每个实体的实例出现。例如,属性学号是实体类型学生的候选码,对于每个学生实体的实例学号都是不同的。实体类型的每一个实例出现的候选码都是唯一的,这意味着候选关键字不能为空。

主码:被指定用来唯一标识实体类型的每个实例出现的候选码,一个实体类型可能有多个候选码,必须取其一作为主码。实体主码的选择要考虑属性的长度(长度最小者优先),以及该属性在以后是否仍具有唯一性。例如:在一个班级学生关系中学号和姓名都可以作为主码,但由于学生姓名可能会重复,不具有唯一性,所有选择学号作为主码。

组合主码:包括两个或两个以上属性的候选关键字,有些情况下,一个实体类型的候选关键字是由几个属性组成的,这些属性的值组合起来可以唯一标识每个实体的实例出现,但分开来却不可以。考虑实体房屋出租广告,它有房产编号、广告媒介名、刊登日期和费用四个属性。多家报纸可能在同一天刊登了多处房屋出租的广告。为了唯一标识每个房屋出租广告实体类型的实例出现,需要同时确定房产编号、广告媒介名和刊登日期三个属性的值。所以,实体类型广告有一个合成主码,该合成关键字包括房产编号、广告媒介名和刊登日期三个属性。

5.3.2　一个完整的示例

下面举一个具体的例子:先给出某公司的数据库需求分析,再给出相应的E-R图,公司的数据库里记录了公司的职工信息、部门信息以及项目信息。该公司的需求分析说明如下。

公司由多个部门组成,每个部门有唯一的名称、编号,以及一个职工负责管理这个部门;数据库中记录了他管理这个部门的开始时间;一个部门可能有多个地址。每个部门管理一些项目,每个项目都有唯一的名称、编号及地址。

数据库中保存了每个职工的名字、社会保险号、地址、工资、性别及出生日期。每个职工都属于一个部门,可能参与了多个项目,这些项目不一定由职工所在的部门管理。公司记录了每个职工参与每个项目的小时数,还记录了每个职工的直接管理者。

数据库中保存了每个职工的家属信息,记录了每个家属的名字、性别、出生日期以及和职工的关系。

这个公司数据库的E-R图如图5.18所示。

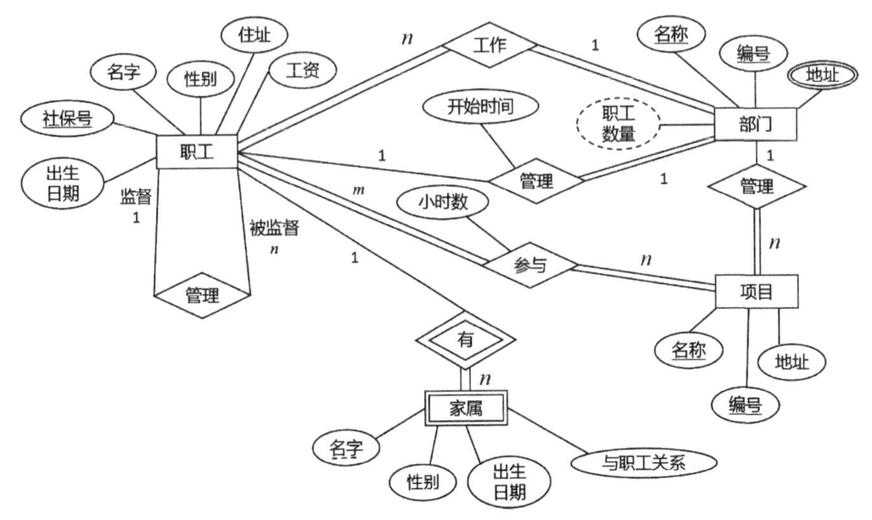

图5.18　某公司数据库的E-R图

对该E-R图做如下说明：

1.实体及属性信息

该公司数据库中主要记录了职工、部门、项目三个实体信息。

职工实体的属性包括社会保险号、名字、性别、地址、工资、出生日期。职工实体的名字属性是一个组合属性，由姓和名构成，这里认为是简单属性。

部门实体的属性包括部门名称、编号、地址。由于部门的地址有多个，所以部门地址为多值属性。每个部门的职工数量是衍生属性，可以由职工信息推导出来部门名称和编号是唯一的。

项目实体的属性包括名称、编号、地址。这里的地址为简单属性。项目的名称和编号是唯一的。

2.二元联系及其属性

部门和职工之间有两种不同的联系，一种是1∶1的管理联系，在此联系上有属性“开始时间”，表示一个领导何时开始管理部门，在管理联系中，部门实体是完全参与，而职工是部分参与。

部门和职工之间还存在另一种1∶n的联系，表示每个职工属于某个部门，而某个部门有多个职工。

部门与项目之间存在1∶n的管理联系，项目实体为完全参与。

每个职工有一个直接管理者，因此职工实体内部之间存在1∶n的管理联系。

职工参与项目，表示职工与项目之间存在m的联系，职工参与每个项目花费的时间不一样，因此“小时数”属性应该放在参与联系上。

3.弱实体

在本例中,“家属”为弱实体,即当职工离开公司时,其家属的信息一并删除。因此,职工是家属的强实体。家属实体的属性包括名字、性别、出生日期和职工的关系。

5.3.3 E-R图表示法小结

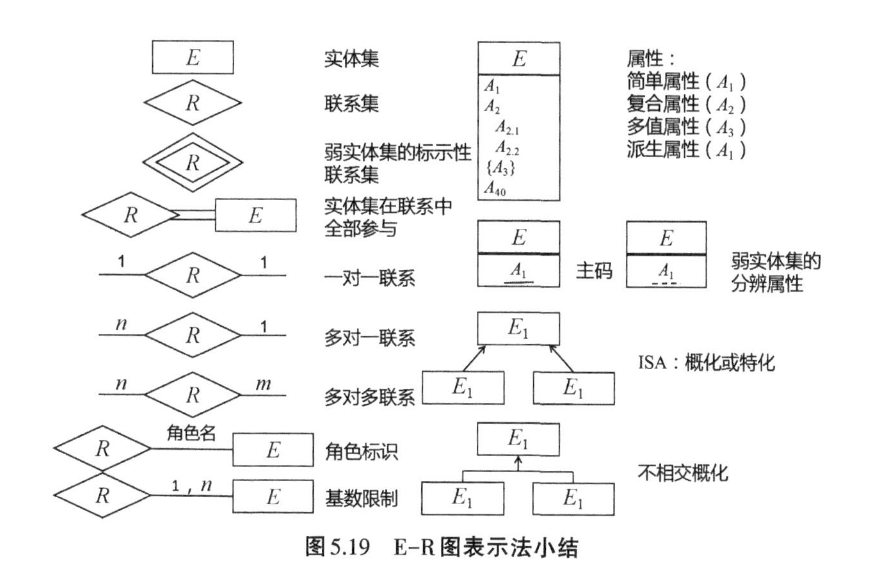

图5.19 E-R图表示法小结

5.3.4 联系的不同表示法

联系的另一种表示方法是最小最大(min:max)表示法,min和max都为整数(0< min≤max,max≥1),它表示在联系R中,实体型E中的每个实体最少与对方min个实体发生联系,最多与对方max个实体发生联系。

例如,图5.20表示一个部门最多由一个职工管理,最少也由一个职工管理,一个职工最少管理0个部门,最多只能管理一个部门。

图5.20 职工部门管理联系的最小最大表示法

又如,图5.21表示一个职工最少为一个部门工作,最多为一个部门工作;一个部门最少有一个职工,最多由多个职工组成。

图5.21 职工部门工作联系的最小最大表示法

在最小最大表示法中,当min=0时表示部分参与,当min>0时表示完全参与。最小最大表示法蕴涵了联系的基数比,又蕴涵了联系的参与约束,而且表达得更精确。

公司数据库E-R图的最小最大表示法如图5.22所示。

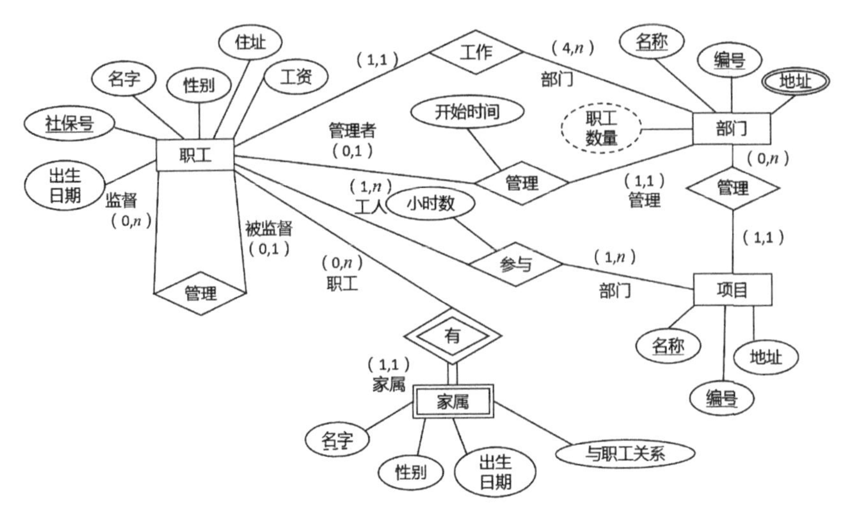

图5.22　公司数据库的最小最大表示法

在该E-R图中,职工和部门之间的管理联系表示为:一个部门最少由一个职工管理,最多也由一个职工管理;一个职工最多可以管理一个部门。而职工和部门之间的"工作"联系,表示一个部门最少由四个职工组成,最多可以由多个职工组成;一个职工最少工作于一个部门,最多只工作于一个部门。部门和项目之间的联系表示为:一个部门可以管理多个项目,也可以没有项目,而一个项目至少由一个部门管理,最多也只能由一个部门管理。

5.4　E-R图应用举例

学校有若干个系,每个系有若干个班级和教研室,每个教研室有若干个教师,其中有的教授和副教授各带若干个研究生。每个班级有若干个学生,每个学生选修若干门课程,每门课程可由若干个学生选修。用E-R图画出该校的概念模型,如图5.23所示。

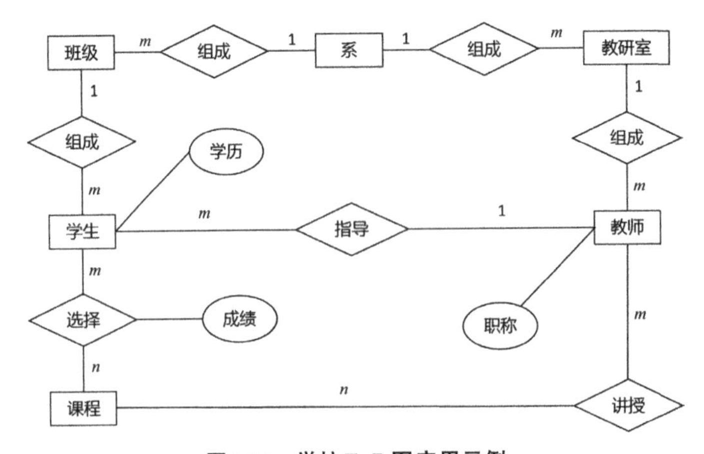

图5.23　学校E-R图应用示例

在该需求分析中主要提到的实体有班级、教研室、教师、学生、课程、系；其中只有教授和副教授才可以带若干个研究生，可以对实体“教师”设置属性“职称”来表示是否有资格指导研究生。同样，研究生是学生中的一部分，还有本科生，因此可以设置属性“学历”来表示学生的类型。如果一句话中涉及多个实体，那就表示这几个实体有联系。例如，每个教研室有若干教师，表示实体教研室与实体教师存在联系，如果需求说明书中没有明确指出联系的类型，我们就根据现实生活中的一般情况来标注联系的类型。例如，每个教研室有若干个教师，根据一般情况，教研室和教师之间为1 : n的联系；类似地，每个系有若干班级也表示系与班级之间为1 : n的联系。

E-R图没有唯一答案，根据需求分析说明书，不同的设计人员模拟出的E-R图经常不同，能够准确地说明需求的E-R图均是合理的。

下面用E-R图来表示某个工厂物资管理的概念模型。

物资管理涉及以下几个实体。

·仓库：属性有仓库号、面积、电话号码；

·零件：属性有零件号、名称、规格、单价、描述；

·供应商：属性有供应商号、姓名、地址、电话号码、账号；

·项目：属性有项目号、预算、开工日期；

·职工：属性有职工号、姓名、年龄、职称。

这些实体之间的联系如下：

(1)一个仓库可以存放多种零件，一种零件可以存放在多个仓库中，因此仓库和零件具有多对多的联系。用库存量来表示某种零件在某个仓库中的数量。

(2)一个仓库有多个职工当仓库保管员，一个职工只能在一个仓库工作，因此仓库和职工之间是一对多的联系。

(3)职工之间具有领导与被领导关系，即仓库主任领导若干保管员，因此职工实体型中具有一对多的联系。

(4)供应商、项目和零件三者之间具有多对多的联系，即一个供应商可以供给若干项目多种零件，每个项目可以使用不同供应商供应的零件，每种零件可由不同供应商供给。下面给出此工厂的物资管理E-R图，如图5.24所示。其中，图5.24(a)为实体属性图，图5.24(b)为实体联系图，图5.24(c)为完整的E-R图。这里把实体的属性单独画出仅仅是为了更清晰地表示实体及实体之间的联系。

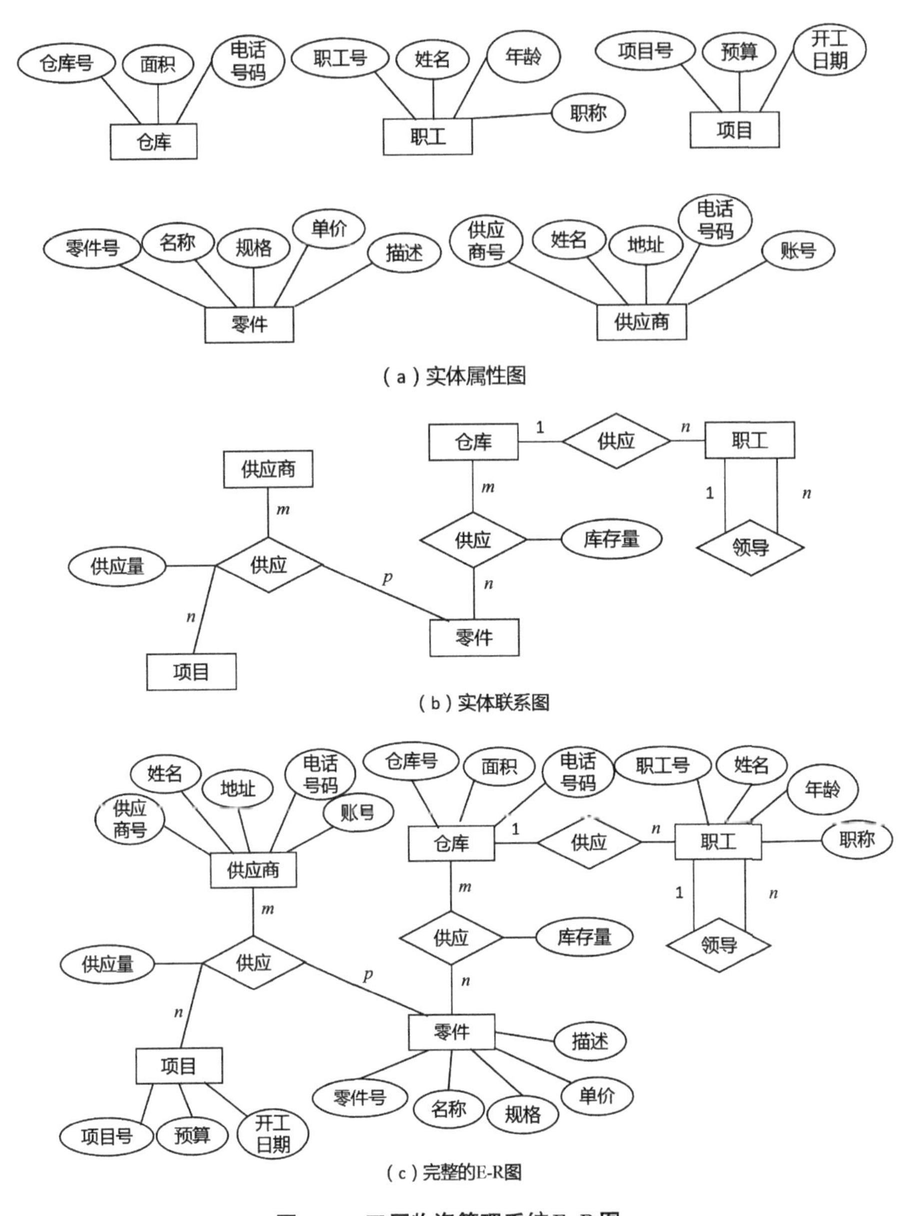

图5.24　工厂物资管理系统E-R图

5.5　扩展的实体-联系模型

扩展的实体-联系模型(Enhanced Entity Relationship Model,EER模型)也称增强的实体-联系模型。除了包含基本的E-R模型概念,EER模型增加了子类、超类(父类)、特化、概化,用来模拟更加复杂或者更加精确的应用,同时还增加了面向对象的概念,如继承,并用聚集表示各联系之间的联系。

5.5.1　扩展的E-R模型的基本概念

1.父类(超类)/子类

我们经常会碰到某些实体型是某类实体型的子类型,即某实体型有一些不同意义的分组,例如,职工实体型可以分为秘书、工程师、技术员。每个分组都是职工实体型的子集,每个分组叫作职工的子类。而职工实体型则称为父类或者超类,用一个三角形来表示这种父类/子类关系,如图5.25所示,其中,字母“d”表示子类实体不相交,即一个职工如果是秘书,就不能同时从事技术员的工作。又如,学生实体里有本科生实体和研究生实体,学生实体为父类,本科生和研究生为子类,如图5.26所示。父类实体划分成多个子类的过程叫作特殊化,简称特化。实体的特化可能是根据某个属性进行划分的,例如,根据职工的属性“工作类型”划分,职工分为三类;根据学生实体的属性“学生类别”划分,学生分为研究生实体和本科生实体。

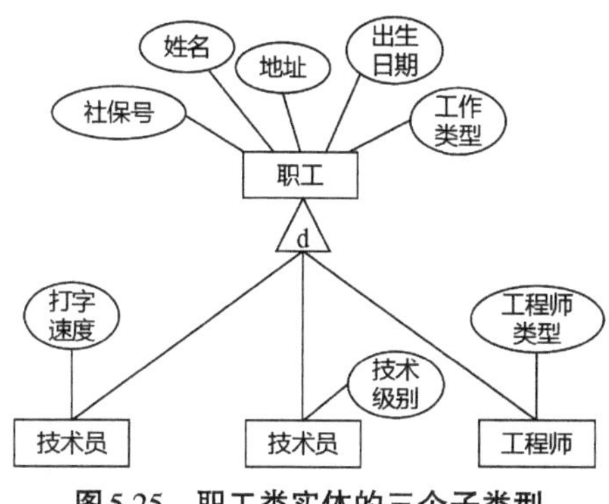

图5.25　职工类实体的三个子类型

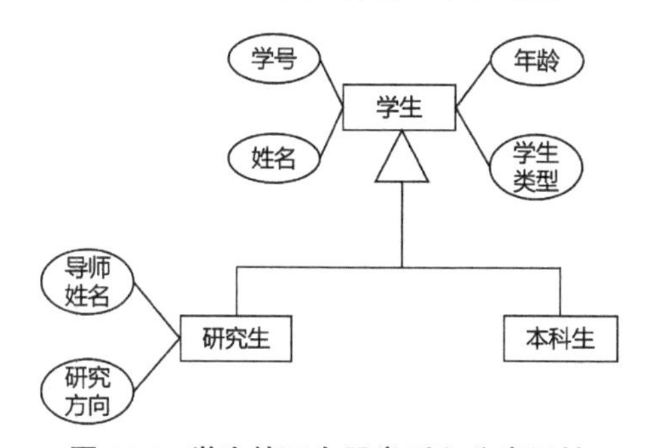

图5.26　学生的两个子类型和分类属性

同样的实体型其特化的方式可能存在多种。例如,职工实体又可以根据工资付款方式特化为小时工、受雇职工,如图5.27所示。

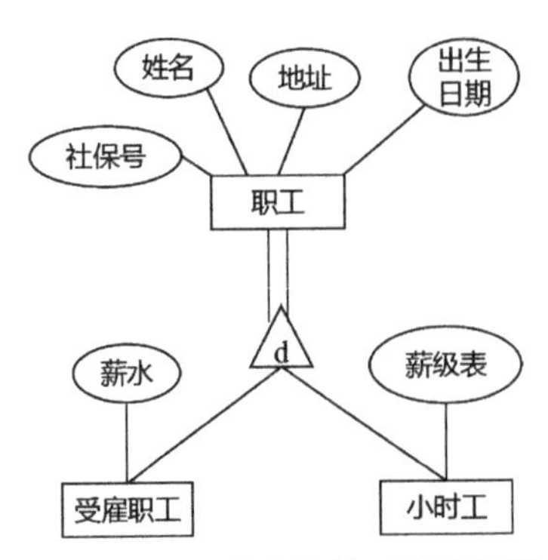

图5.27　职工类实体的两个子类型

为什么需要子类与父类呢？其主要原因有以下两个方面：

(1)有些属性不是所有的子类都具备。

(2)不是所有实体都和其他实体具备相同的联系。

2.继承

子类继承父类的所有属性,并有自己特殊的属性。

例如,职工实体的每个子类继承了职工实体的所有属性,还有本身特殊的属性。秘书子类继承了职工实体的所有属性,包括姓名、社保号、出生日期、地址、工作类型,还有其特殊属性“行政级别”。

3.不相交约束

不相交约束是指子类实体不相交,即父类中的一个实体最多只能属于一个子类,使用字母“d”表示不相交。而如果父类的一个实体可以属于多种子类,那么子类实体就是相交的、重叠的,用字母“o”表示。职工中的一个实体只能属于子类中的某一类实体,如图5.25和图5.27所示;类似地,学生中的每个实体只能属于子类中的某一类实体,如图5.26所示,应该在三角形中添加字母“d”表示子类不相交。如图5.28所示,父类实体“人”既有可能是职工,又有可能是校友。

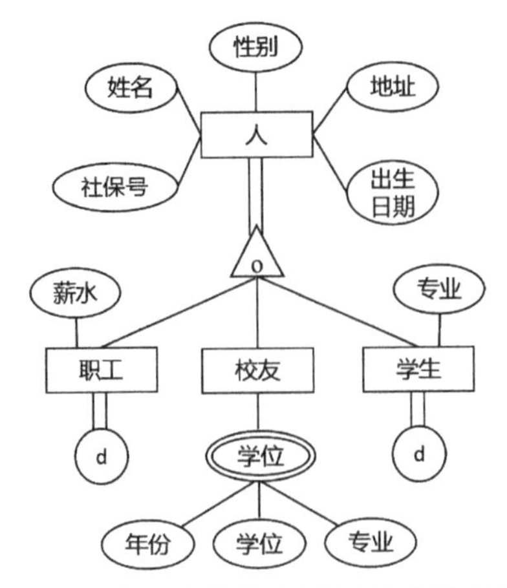

图5.28　实体人的几个子类、不相交约束及完备性约束

4.完备性约束

完备性约束是指完全约束和部分约束。

(1)完备性约束是指父类中的实体必须属于子类中的一类,用双竖线表示,如图5.28所示,实体人要么属于职工实体,要么属于学生实体,要么属于校友实体。如图5.25中,职工实体中的职工要么是秘书,要么是工程师,要么是技术员。又如图5.27所示,职工实体要么是小时工,要么是受雇职工。

(2)部分约束是指可以允许父类中的实体不属于任何子类,用单竖线表示。如图5.26所示,学生类实体中有的学生既不属于本科生,也不属于研究生,有可能属于专科生。

没有特别要求,也可不画出完备性约束。

5.二元联系与三元联系的区别

如图5.29所示,供应商、项目、零件的三元联系表示供应商供应项目零件。

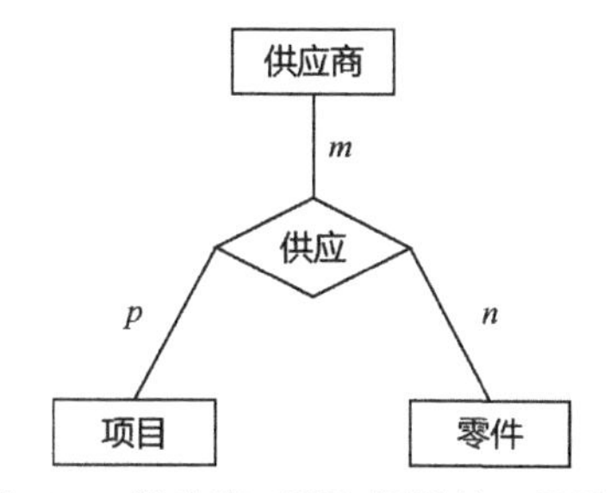

图5.29　供应商、项目、零件的三元联系

供应商、项目、零件3个实体之间的二元联系如图5.30所示,与之前的三元联系具有不同的语义,表示供应商与项目、供应商与零件、项目与零件两两实体之间的联系。

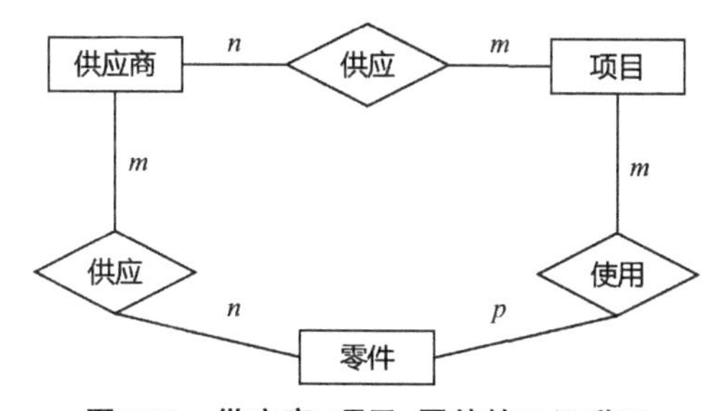

图5.30　供应商、项目、零件的二元联系

类似地,多元联系与实体之间相互的两两之间的联系表达了不同的意思,根据具体的应用环境选择符合应用要求的联系类型。

6.聚集

聚集是一种特殊的联系,它指的是联系之间的联系。如图5.31所示,在很多情况下,部门经理对本部门职工的工作情况进行管理,“管理”这个联系发生在经理及一个聚合体上,这个聚合体表示职工在部门工作的情况。一个职工在一个具体的部门做一个具体的工作,职工、部门、工作岗位组合可能有一个相关的经理。

"工作"联系与"管理"联系信息重叠，每个"管理"联系对应一个"工作"联系。然而，一些"工作"联系可能不对应任何一个"管理"联系。因此，我们不能丢弃"工作"联系。通过聚集消除冗余，把联系当作一个抽象的新实体，允许联系之间存在联系。但是，像图5.31中的E-R图，有些模型里是不允许出现的，而应采用如图5.32所示的方式表示聚集。

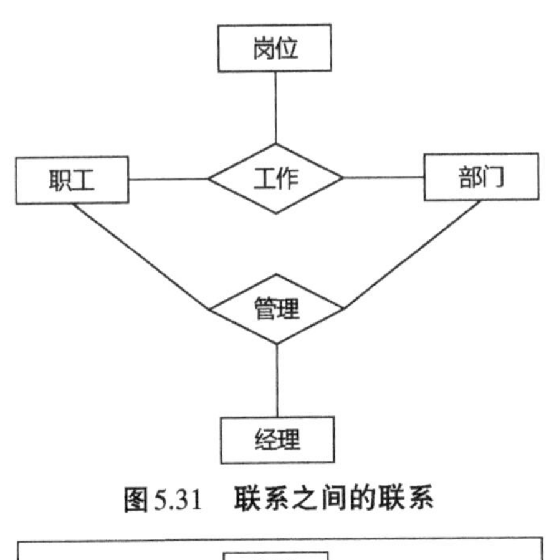

图5.31 联系之间的联系

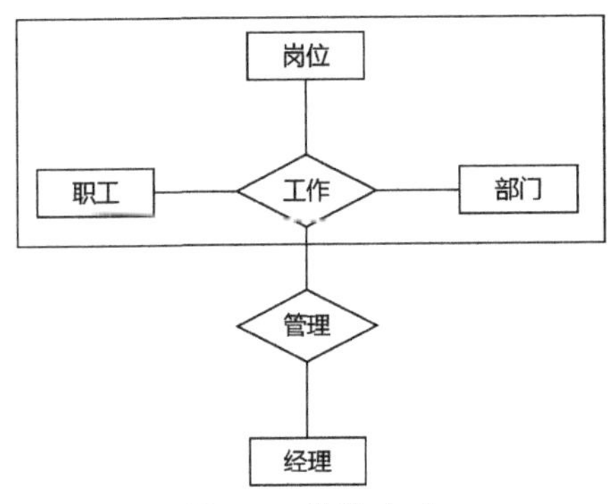

图5.32 聚集方式

5.5.2 一个完整的示例

下面给出一个具体的例子：一个简化的银行数据库，其需求分析如下。

某个银行由多个分行组成。每个分行有唯一的名字，位于一个特定的城市。银行监管所有分行的资产。

银行的每个客户都有一个唯一的客户编号，用社会保险号表示。银行保存了每个客户的名字、客户居住的城市及街道名称。银行的客户都有自己的账户，可以向银行借贷。每个客户在银行里都有一个专门的银行工作人员为他服务，他有可能是负责借贷的信贷员，也有可能是个人理财顾问。

银行的每个职工都有一个唯一的职工编号。银行保存了每个职工的名字、电话号码、职工家属的名字以及职工的经理的编号，还保存了职工开始工作的日期，从而掌握职工的在职时间。

银行提供两类账户：储蓄账户和支票账户。一个账户可以由多个客户共有，一个客户也可以有多个账户。每个账户都有一个唯一的账户编号。银行里记录了每个账户的余额，还记录了这个账户持有者最近存取款的日期。另外，每个储蓄账户都有一个利率，每个支票账户都有透支额度。

一次贷款发生在特定的分行，该次贷款可能由一个或多个客户共同申请。每次贷款都有一个唯一的贷款编号。对于每一笔贷款，银行都保存了贷款的额度及每次还款日期。虽然还款编号不能唯一标识每次还款，但是相对于一个具体的贷款来说，还款编号是唯一的，而且每次的还款日期及还款额都被记录下来。

其E-R图如图5.33所示。

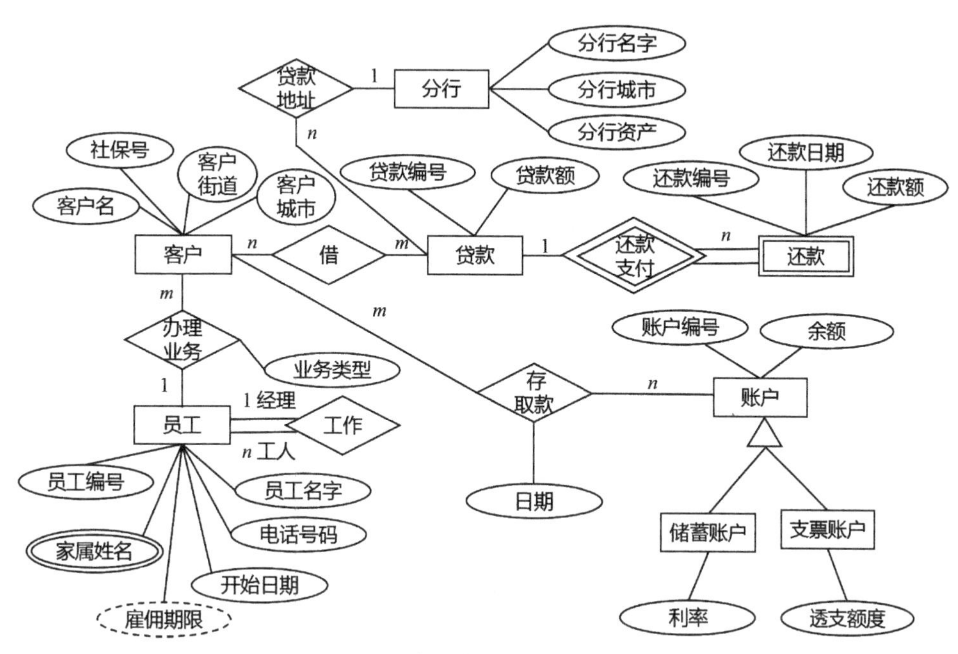

图5.33　银行数据库E-R图示例

上述E-R图具体说明如下。

1.实体及属性信息

该银行数据库里主要记录了分行、职工、客户、账户、贷款、还款实体信息。分行实体的属性包括分行城市、分行资产及分行名字，分行名字具有唯一性。

职工实体的属性包括职工编号、职工名字、电话号码、开始日期、家属名字(可能有多个家属)。

客户实体的属性包括社会保险号、客户名、客户城市名、客户街道名。

账户实体的属性包括账户编号、余额。

贷款实体的属性包括贷款编号、贷款额。

还款实体的属性包含还款编号、还款日期、还款额。

2.二元联系及其属性

每个客户都有一个职工专门为他服务，职工和客户之间存在1∶1的联系，服务的类型由职工办理的业务决定。

每个职工都有负责管理他的经理，一个经理管理多个职工，因此在职工内部存在1∶n的联系。

一个客户可以借多次贷款，一次贷款可以由多个客户共同借贷，因此他们之间存在n∶m的联系。

每个贷款发生在一个特定的分行，因此，分行和贷款之间存在1∶n的联系。

一个客户可以有多个账户，一个账户可以有多个客户共同享有，因此，客户和账户之间存在m的联系，并且记录了账户持有者最近存取款的日期，“日期”属于联系上的属性。

3.弱实体

一个贷款有多个还款，一旦贷款还完，则还款也不再存在，因此，还款是依附于贷款的弱实体。

4.父类/子类

根据账户类型的不同，账户实体有储蓄账户和支票账户两个子类，分别包含特殊属性“利率”和“透支额度。”

5.6　E-R及EER模型的设计步骤

E-R及EER模型的设计虽然是一个主观的过程，但是我们遵照一定的步骤去执行，可以使得概念模型的设计更加清晰、简单。经过反复的经验积累，总结出概念模型设计的步骤如下。

(1)找出所有实体。

(2)找出每个实体的属性。

(3)找出所有的二元联系及联系上的属性。

(4)找出多元联系及联系上的属性。

(5)找出弱实体。

(6)找出父类与子类。

(7)找出聚集。

以上步骤可以根据具体情况改变顺序。

在设计E-R，EER图的过程中，主要考虑以下问题。

(1)是实体，还是属性？

(2)是实体，还是联系？

(3)是二元联系，还是多元联系？

(4)是否使用弱实体?

(5)是否使用父类和子类?

(6)是否使用聚集?

下面以电影制片公司数据库为例,根据前面的问题,总结了E-R及EER模型设计的几个要点。

一个电影制片公司数据库记录了电影的信息以及制片公司的信息,保存了电影名字和发行年份,还记录了制片公司的名字和地址。其E-R图如图5.34所示。

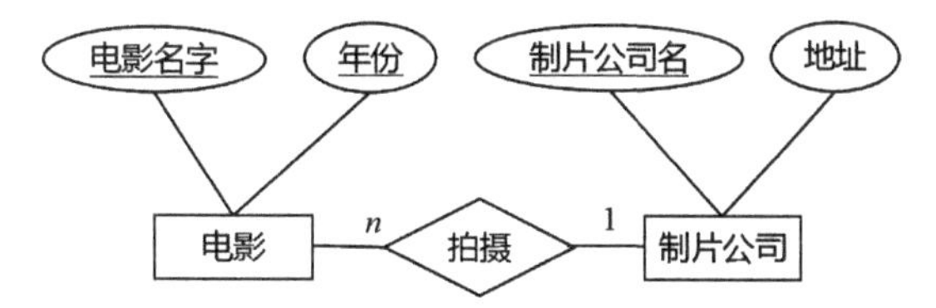

图5.34 电影和制片公司之间的联系表示法一

要点1:避免冗余。同样的数据重复存放,容易导致不一致性。

如图5.35所示,如果在制片公司实体上出现了属性"制片公司名字",就不需要在电影实体上出现了。因此,图5.35属性冗余,不宜采用。

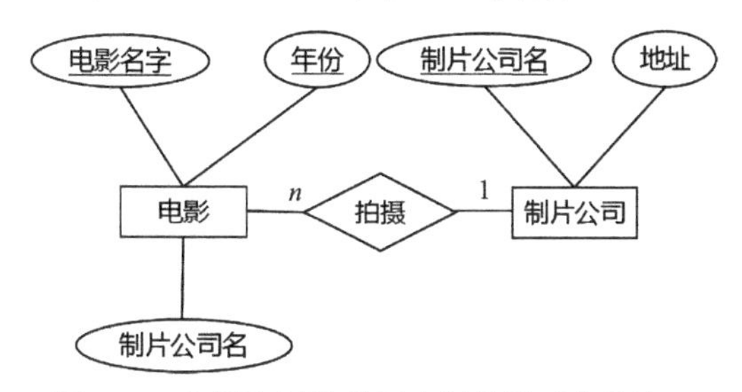

图5.35 电影和制片公司之间的联系表示法二

要点2:当可以用属性表达清楚时,就不需要用实体描述,这样利于简化E-R图,否则需要用实体。

如图5.36所示,制片公司名字和地址作为属性不能表达清楚意思,因为如果有些制片公司还没有拍摄电影就导致丢失了这部分制片公司的信息,因此,制片公司需要以单独的实体表示出来。

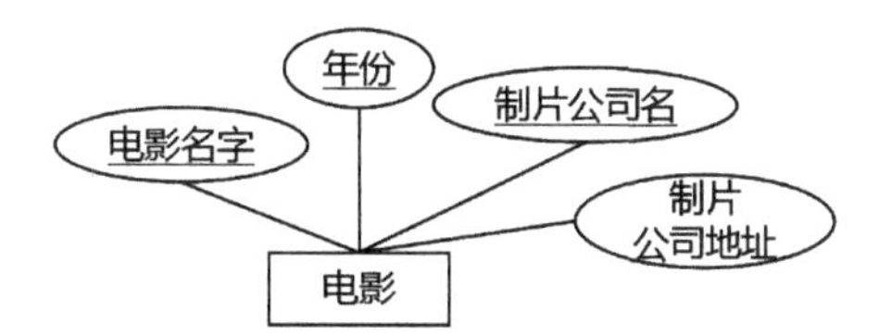

图5.36 电影和制片公司之间的联系表示法三

要点3:到底采用实体,还是属性呢?

实体一般至少应该满足以下两点中的一点。

①它包含的属性除了名字之外,应该还有其他的非码属性。

②它是多对多联系中的多端或者一对多联系中的多端。

如图5.37所示，电影和制片公司分别作为实体，电影实体为1∶n联系的多端，尽管它只有一个属性“名字”，作为实体；而制片公司包含多个属性，因此也作为实体。

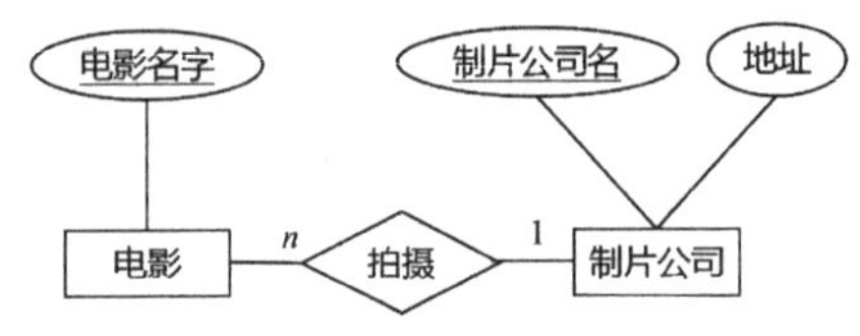

图5.37　电影与制片公司的联系表示法四

如图5.38所示，没必要单独建立一个制片公司实体。因为该实体只记录了制片公司的名字信息，并不包含其他信息，因此不采用图5.39的电影和制片公司之间的1∶n联系表示法。

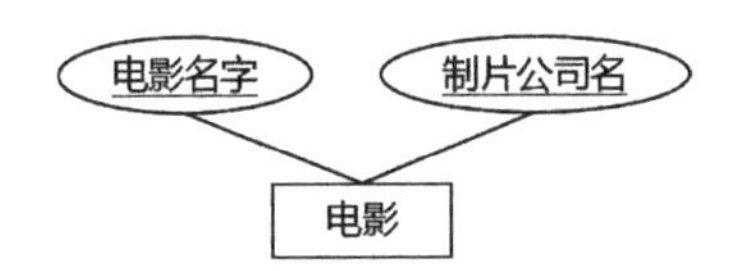

图5.38　电影和制片公司之间的联系表示法五

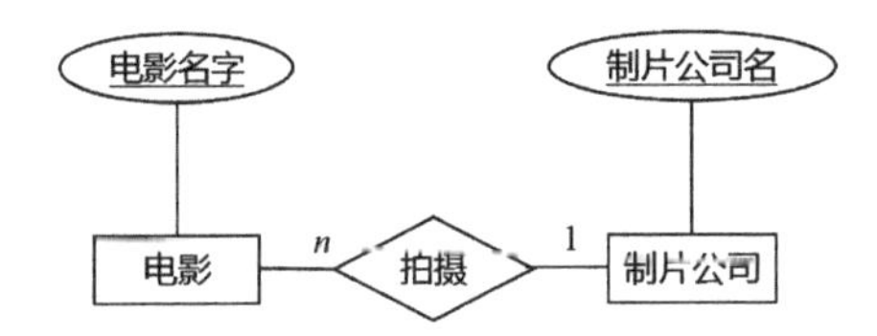

图5.39　电影和制片公司之间的1∶n联系六

要点4：同名实体只能出现一次，还需去掉不必要的联系。

一个数据库系统是采用二元联系，还是采用多元联系，是否有子类、聚集等问题，设计人员需要根据实际的应用环境需求认真而仔细地考虑。

一个系统的E-R图不是唯一的，强调系统需求的不同侧面设计出的E-R图可能有很大不同。

5.7　EER图应用举例

在“5.4　E-R图应用举例”中讲述的示例：学校有若干系，每个系有若干班级和教研室，每个教研室有若干个教师，其中有的教授和副教授各带若干研究生。每个班级有若干学生，每个学生选修若干课程，每门课程可由若干学生选修。用E-R图表示出该校的概念模型。

经过5.5和5.6节的学习，请重新设计该校的E-R模型。由于研究生是学生中的一部分，因此可以设置学生为研究生的父类；类似地，教师可以划分为教授和副教授两个子类，因此该校EER图可改为图5.40所示。

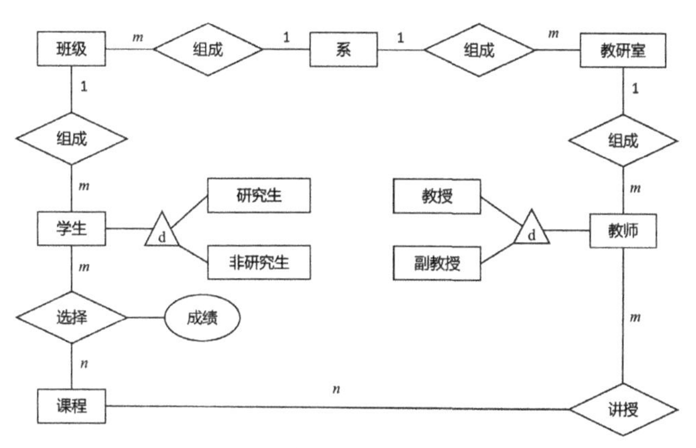

图5.40 学校EER图应用示例

5.8 小 结

本章介绍了数据模型的分类：概念模型、逻辑模型、物理模型，并介绍了概念模型在数据库设计中的作用。概念模型最常见的表示法为E-R图表示法。概念模型把现实世界的所有对象抽象为实体、属性、联系。本章详细地对E-R图中的基本概念进行了描述，并给出了一个具体的数据库例子。EER模型在E-R图的基础上扩展了一些内容，包括父类、子类、继承、不相交约束、完备性约束、聚集等，并给出一个具体的银行数据库例子，然后给出了E-R图及EER模型的设计步骤及要点，针对前面所讲的例子重新设计了对应的概念模型。

习 题

1.简述三类数据模型。

2.简述以下概念：实体、实体型、实体集、属性、多值属性、联系、弱实体。

3.简述联系的基数比（1∶1、1∶n、n∶m）、联系的角色、一元联系、多元联系。

4.在物资管理中，一个供应商为多个项目供应多种零件，一种零件只能保存在一个仓库中，一个仓库中可保存多种零件，一个仓库有多名职工值班，由一个职工负责管理。画出该物资管理系统的E-R图。

5.E-R或EER模型的设计步骤是什么？

6.E-R或EER模型的设计原则是什么？

7.什么是子类？什么是不相交约束？什么是完备性约束？

8.一个公司销售摩托车、公交车、货车、小轿车，请用父类/子类、不相交约束、完备性约束模拟，并给出各类的属性。

第6章　关系数据理论

本章目标

•关系数据库逻辑设计可能出现的问题;

•数据依赖的基本概念(包括:函数依赖、平凡函数依赖、非平凡的函数依赖、部分函数依赖、完全函数依赖、传递函数依赖的概念;码、候选码、外码的概念和定义);

•范式的概念1NF、2NF、3NF、BCNF、4NF的概念和特征;

•函数依赖的Armstrong公理系统;

•模式分解的无损连接性和保持函数依赖性以及分解算法。

为企业设计数据库时,主要目标是正确地表示数据、数据之间的联系以及与企业业务相关的数据约束。为了实现这个目标,我们可以使用一种或多种数据库设计技术。数据库设计技术第一种方法是实体-联系(E-R)建模,本章我们将讲述另一种数据库设计技术——规范化。

规范化是从分析属性之间的联系(即函数依赖)入手,刻画了企业重要数据的特性或者这些数据之间联系的特性。规范化使用一系列测试(描述为范式)帮助我们确定这些属性的最佳组合,最终生成可支持企业数据需求的一组适当关系。

设计任何一种数据库应用系统,不论是层次的、网状的还是关系的,都会遇到如何构造合适的数据模式(即逻辑结构)的问题,由于关系模型有严格的数学理论基础,并且可以向其他的数据模型转换,因此人们就以关系模型为背景来讨论这个问题,形成了数据库逻辑设计的一个有力工具——关系数据库的规范化理论。

6.1　问题的提出

前面已经讨论了数据库系统的一般概念，介绍了关系数据库的基本概念、关系模型的三个构成部分以及关系数据库的标准语言SQL。但是还有一个基本的问题尚未涉及：针对一个具体问题，应该如何构造一个适合于它的数据库模式，即应该构造几个关系模式，每个关系由哪些属性组成等。这是数据库设计的问题，确切地讲是关系数据库逻辑设计问题。

下面先回顾一下关系模型的形式化定义。

在第2章关系数据库中已经讲过，一个关系模式应当是一个五元组。

$R(U,D,\mathrm{DOM},F)$

这里：

•关系名R是符号化的元组语义；

•U为一组属性；

•D为属性组U中的属性所来自的域；

•DOM为属性到域的映射；

•F为属性组U上的一组数据依赖。

由于D、DOM与模式设计关系不大，因此在本章中把关系模式看作一个三元组：

$R<U,F>$

当且仅当U上的一个关系r满足F时，r称为关系模式的一个关系。

作为一个二维表，关系要符合一个最基本的条件：每一个分量必须是不可分的数据项。满足了这个条件的关系模式就属于第一范式（1NF）。

在模式设计中，假设已知一个模式Sϕ，它仅由单个关系模式组成，问题是要设计一个模式SD，它与Sϕ等价，但在某些指定的方面更好一些。这里通过一个例子来说明一个不好的模式会有些什么问题，分析它们产生的原因，并从中找出设计一个好的关系模式的办法。

在举例之前，先非形式地讨论一下数据依赖的概念。

数据依赖是一个关系内部属性与属性之间的一种约束关系。这种约束关系是通过属性间值的相等与否体现出来的数据间相关联系。它是现实世界属性间相互联系的抽象，是数据内在的性质，是语义的体现。

人们已经提出了许多种类型的数据依赖，其中最重要的是函数依赖（Functional Dependency，FD）和多值依赖（Multi-Valued Dependency，MVD）。

函数依赖极为普遍地存在于现实生活中。比如描述一个学生的关系，可以有学号（Sno）、姓名（Sname）、系名（Sdept）等几个属性。由于一个学号只对应一个学生，一个学生只在一个系学习，因而当“学号”值确定之后，学生的姓名及所在系的值也就被唯一地确定。属性间的这种依赖关系类似于数学中的函数$y=f(x)$，自变量x确定之后，相应的函数值y也就唯一地确定。

类似的有Sname=f(Sno)，Sdept=f(Sno)，即Sno函数决定Sname，Sno函数决定Sdept，或者说Sname和Sdept函数依赖于Sno，记作Sno→Sname，Sno→Sdept。

【例6.1】 建立一个描述学校教务的数据库，该数据库涉及的对象包括学生的学号(Sno)、所在系(Sdept)、系主任姓名(Mname)、课程编号(Cno)和成绩(Grade)。假设用一个单一的关系模式Student来表示，则该关系模式的属性集合为

U={Sno，Sdept，Mname，Cno，Grade}

现实世界的已知事实(语义)告诉我们：

①一个系有若干学生，但一个学生只属于一个系。

②一个系只有一名(正职)负责人。

③一个学生可以选修多门课程，每门课程有若干学生选修。

④每个学生学习每一门课程有一个成绩。

于是得到属性组U上的一组函数依赖F(如图6.1所示)。

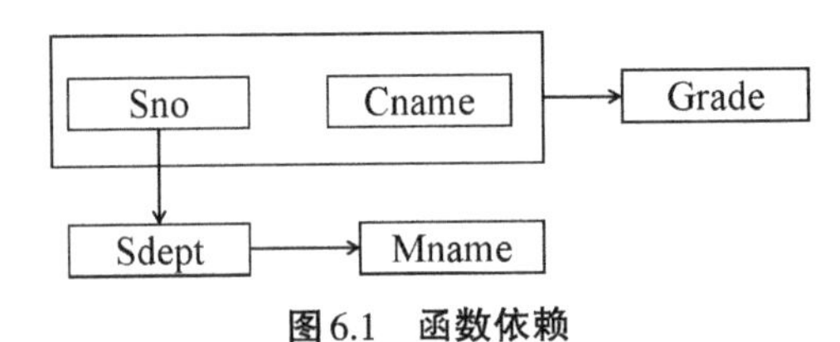

图6.1 函数依赖

F={Sno→Sdept，Sdept→Mname，(Sno，Cno)→Grade}

如果只考虑函数依赖这一种数据依赖，可以得到一个描述学生的关系模式Student <U,F>。表6.1是某一时刻关系模式Student的一个实例，即数据表。

表6.1 学校教务数据表

Sno	Sdept	Mname	Cno	Grade
S1	计算机系	张明	Cl	95
S2	计算机系	张明	Cl	90
S3	计算机系	张明	Cl	88
S4	计算机系	张明	Cl	70
S5	计算机系	张明	Cl	78

但是，这个关系模式存在以下问题：

•数据冗余

比如，每一个系的系主任姓名重复出现，重复次数与该系所有学生的所有课程成绩出现次数相同，如表6.1所示。这将浪费大量的存储空间。

•更新异常(update anomalies)

由于数据冗余，当更新数据库中的数据时，系统要付出很大的代价来维护数据库的完整性，否则会面临数据不一致的危险。比如，某系更换系主任后，必须修改与该系学生有关的每一个元组。

•插入异常(insertion anomalies)

如果一个系刚成立，尚无学生，则无法把这个系及其系主任的信息存入数据库。

•删除异常(deletion anomalies)

如果某个系的学生全部毕业了，则在删除该系学生信息的同时，这个系及其系主任的信息也丢掉了。

鉴于存在以上种种问题，可以得出这样的结论：Student关系模式不是一个好的模式。一个好的模式应当不会发生插入异常、删除异常和更新异常，数据冗余应尽可能少。

为什么会发生这些问题呢？

这是因为这个模式中的函数依赖存在某些不好的性质。这正是本章要讨论的问题。假如把这个单一的模式改造一下，分成三个关系模式：

Student(Sno, Sdept, Sno→Sdept)；

SC(Sno, Cno, Grade, (Sno, Cno)→Grade)；

DEPT(Sdept, Mname, Sdept→Mname)。

这三个模式都不会发生插入异常、删除异常的问题，数据的冗余也得到了控制。

一个模式的数据依赖会有哪些不好的性质，如何改造一个不好的模式，这就是规范化要讨论的内容。

6.2　规　范　化

6.2.1　规范化的目的

规范化(normalization)：生成一组既具有所期望的特性又能满足企业数据需求关系的技术。

进行规范化的目的是确定一组合适的关系以支持企业的数据需求。所谓合适的关系，应具有如下性质：

•属性的个数最少，且这些属性是支持企业的数据需求所必需的。

•具有紧密逻辑联系(描述为函数依赖)的诸属性均在同一个关系中。

•最少的冗余，即每个属性仅出现一次，作为外部关键字的属性除外。连接相关关系必须用到外部关键字。

数据库拥有一组合适关系的好处是：数据库易于用户访问，数据易于维护，在计算机上占有较小的存储空间。

6.2.2 规范化对数据库设计的支持

规范化是一种能够应用于数据库设计任何阶段的形式化技术。本节着重强调规范化的两种使用方法(参见图6.2)。方法1将规范化视为一种自下而上的独立的数据库设计技术。方法2则将规范化作为一种确认技术使用。用规范化技术检验关系的结构,而这些关系的建立可能采用自上而下的方法,比如E-R建模。不管使用哪一种方法,目标都是一致的,即建立一组设计良好(well-designed)的关系以满足企业的数据需求。

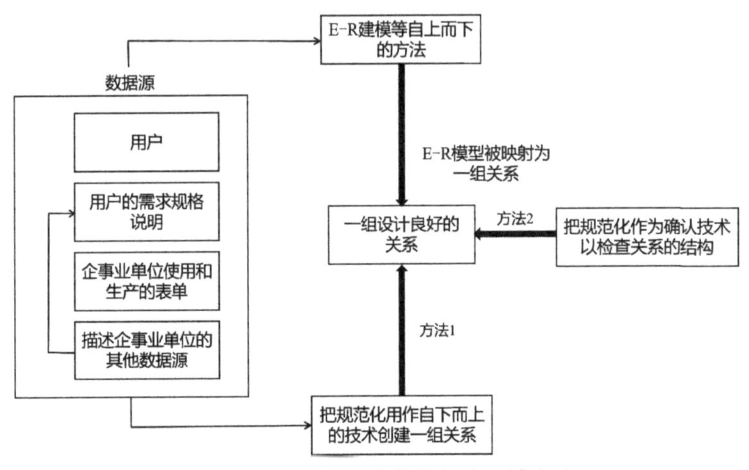

图6.2 规范化技术支持数据库设计方法

6.2.3 函数依赖

1. 函数依赖

定义6.1 设$R(U)$是一个属性集U上的关系模式,X、Y是U的子集。若对于$R(U)$的任意一个可能的关系r,r中不可能存在两个元组在X上的属性值相等,而在Y上的属性值不等,则称X函数确定Y或Y函数依赖于X,记作$X \to Y$。

函数依赖是属性在关系中的一种语义特性。该语义特性表明了属性和属性是如何关联起来的,确定了属性之间的函数依赖。当存在某一函数依赖时,这个依赖就被视为属性之间的一种约束。

考虑某一关系,它拥有属性A、B,其中属性B函数依赖于属性A。假设知道A的值,我们来验证该关系是否支持这种依赖,结果我们发现无论任何时候,对于所有元组,若属性A的值等于给定值,则该元组的属性B的值都是唯一的。因此,当两个元组的属性A的值相同时,其属性B的值也是相同的。反之则不然,对于一个给定的B的值,可能对应着几个不同的A的值。

另外一种描述属性A、B之间的这种联系的术语为“A函数决定B”。一些读者更喜欢使用后者,因为它与属性之间函数依赖的箭头的方向相同,这种方式显得更自然一些。

注意：

(1)所有关系实例均要满足。

(2)语义范畴的概念。

(3)数据库设计者可以对现实世界作强制的规定。

例如，对于学生关系Student(Sno，Sname，Ssex，Sage，Sdept)；Sno为码，则有Sno→Sname，Sno→Ssex，Sno→Sage，Sno→Sdept，即Sno函数决定Sname，Sno函数决定Ssex，或者Sage函数依赖于Sno。

2.平凡函数依赖与非平凡函数依赖

定义6.2　关系模式$R(U)$中，U是R的属性集合，X、Y是U的子集。如果$X \to Y$，但Y不包含于X，则称$X \to Y$是非平凡函数依赖；若Y包含于X，则称$X \to Y$是平凡函数依赖。

注意：

(1)对任一关系模式，平凡函数依赖必然成立。

(2)本节只讨论非平凡函数依赖。

(3)非平凡函数依赖易产生前面提到的数据冗余及异常问题。

例如，对于关系模式Student(Sno，Sname，Ssex，Sage，Sdept)，SC(Sno，Cno，Grade)，存在非平凡的函数依赖，如Sno→Sname，(Sno，Cno)→Grade；存在平凡的函数依赖，如(Sno，Sname)→Sno；(Sno，Sname)→Sname；(Sno，Sage)→Sage。

3.完全函数依赖和部分函数依赖

定义6.3　在$R(U)$中，如果$X \to Y$，并且对于X的任何一个真子集X'，都有$X' \nrightarrow Y$，则称Y对X完全函数依赖，记作$X \xrightarrow{F} Y$。

若$X \to Y$，但Y不完全函数依赖于X，则称Y对X部分函数依赖，记作$X \xrightarrow{P} Y$。

注意：

(1)部分函数依赖易产生前面提到的数据冗余及异常问题。

(2)完全函数依赖中，X为决定属性集，Y为被决定属性集。

例如，对于关系模式Student(Sno，Sname，Ssex，Sage，Sdept，Cno，Grade)，(Sno，Cno)$\xrightarrow{F}$Grade是完全函数依赖，(Sno，Cno)$\xrightarrow{P}$Sdept是部分函数依赖，因为Sno→Sdept成立，且Sno是(Sno，Cno)的真子集。

4.传递函数依赖

定义6.4　在$R(U)$中，如果$X \to Y(Y \not\subseteq X)$，$Y \nrightarrow X$，$Y \to Z(Z \not\subseteq Y)$，则称$Z$对$X$传递函数依赖，记作$X \xrightarrow{传递} Z$。

注意：

如果$Y \to X$，即$X \longleftrightarrow Y$，则Z直接依赖于X。

例如，在关系Std(Sno，Sdept，Mname)中，有Sno→Sdept，Sdept→Mname成立，所以Mname传递函数依赖于Sno。

6.2.4 码

定义 6.5 设 K 为 $R<U,F>$ 中的属性或属性组合。若 $K\xrightarrow{F}U$，则 K 称为 R 的侯选码（candidate key）。若 K 部分函数决定 U，则称 K 为超码；若关系模式 R 有多个侯选码，则须选定其中一个为主码（primary key）。

1. 主属性与非主属性

包含在任何一个侯选码中的属性，称为主属性（prime attribute）。

不包含在任何码中的属性称为非主属性（nonprime attribute）或非码属性（non-key attribute）。

2. 全码

整个属性组是码，称为全码（all-key）。

【例 6.2】 关系模式 S（Sno，Sdept，Sage），单个属性 Sno 是码，

SC（Sno，Cno，Grade）中，（Sno，Cno）是码。

【例 6.3】 关系模式 $R(P,W,A)$ 中，P：演奏者，W：作品，A：听众。假设一个演奏者可以演奏多个作品，某一作品可被多个演奏者演奏，听众可以欣赏不同演奏者的不同作品，则码为 (P,W,A)，即 all-key。

定义 6.6 关系模式 R 中属性或属性组 X 并非 R 的码，但 X 是另一个关系模式的码，则称 X 是 R 的外部码（foreign key），也称外码。

如在 SC（Sno，Cno，Grade）中，Sno 不是码，但 Sno 是关系模式 Student（Sno，Sdept，Sage）的码，则 Sno 是关系模式 SC 的外部码。主码与外部码一起提供了表示关系间联系的手段。

6.3 范　　式

关系数据库中的关系是要满足一定要求的，满足不同要求的为不同规范化程度的范式。满足最低要求的为第一范式，简称 1NF；在第一范式中满足进一步要求的为第二范式，简称 2NF；其余的依次类推。

范式：指符合某一规范化级别的关系模式的集合。

所谓“第几范式”原本是表示关系的某一种级别，所以常称某一关系模式 R 为第几范式。现在则把范式这个概念理解成符合某一种级别的关系模式的集合，即 R 为第几范式就可以写成 $R\in x$NF。

对于各种范式之间的关系有

$$5NF\subset 4NF\subset BCNF\subset 3NF\subset 2NF\subset 1NF$$

成立，如图 6.3 所示。

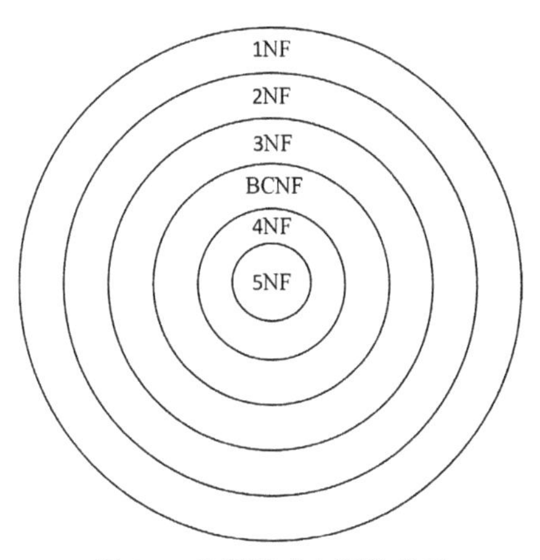

图6.3　各种范式之间的关系

六种范式的规范化程度依次增强，满足后一种范式的关系模式必然满足前一种范式。关系模式的创始人E.F.Codd于1971—1972年提出了1NF、2NF、3NF。1974年，E.F. Codd与Boyce合作提出了BCNF。随后，规范化理论进一步发展，又有其他研究人员相继提出4NF、5NF。

把一个满足低一级范式的关系模式通过模式分解转化为若干个满足高一级范式的关系模式的集合，这种过程叫作规范化。规范化程度越高，冗余越少，异常也越少。

6.3.1　第一范式（1NF）

定义6.7　如果一个关系模式R的所有属性是不可再分的基本数据项，则$R \in 1NF$。

表6.2表中包含于表，不满足1NF，是非规范化的关系。要变成规范化的关系只要将复合属性变成简单属性即可，如表6.3所示。

表6.2　教师工资表

职工号	姓名	工资/元		
		基本工资	岗位工资	绩效工资
20200106222	李明	1 600	980	1 200

表6.3　教师工资规范化关系表

职工号	姓名	基本工资/元	岗位工资/元	绩效工资/元
20200106222	李明	1 600	980	1 200

第一范式是对关系模式的最起码的要求，即不满足第一范式的数据库模式不能称为关系数据库，满足1NF的关系模式并不一定是一个好的关系模式。

6.3.2　第二范式（2NF）

定义6.8　若关系模式$R \in 1NF$，并且每个非主属性都完全函数依赖于R的码，则称

$R \in$ 2NF，即不存在非主属性对码的部分函数依赖。

【例 6.3】 关系模式 SLC(Sno, Sdept, Sloc, Cno, Grade)，Sloc 为学生住处，假设每个系的学生住在同一个地方，函数依赖包括

(Sno, Cno) $\xrightarrow{F}$ Grade,

Sno→Sdept, (Sno, Cno) $\xrightarrow{P}$ Sdept,

Sno→Sloc, (Sno, Cno) $\xrightarrow{P}$ Sloc,

Sdept→Sloc。

SLC 的码为(Sno, Cno)。

SLC 满足第一范式。但该关系存在以下问题：插入异常、删除异常、数据冗余度大、修改复杂。

分析原因：该关系模式非主属性 Sdept 和 Sloc 部分函数依赖于码(Sno, Cno)，

SLC(Sno, Sdept, Sloc, Cno, Grade) ∈ 1NF,

SLC(Sno, Sdept, Sloc, Cno, Grade) ∈ 2NF。

采用投影分解法将一个 1NF 的关系分解为多个 2NF 的关系，可以在一定程度上减轻原 1NF 关系中存在的插入异常、删除异常、数据冗余度大、修改复杂等问题。

解决方法：将 SLC 分解为两个关系模式，以消除这些部分函数依赖。

SC(Sno, Cno, Grade)

SL(Sno, Sdept, Sloc)

关系模式 SC 与 SL 中属性间的函数依赖可以用图 6.4、图 6.5 表示如下。

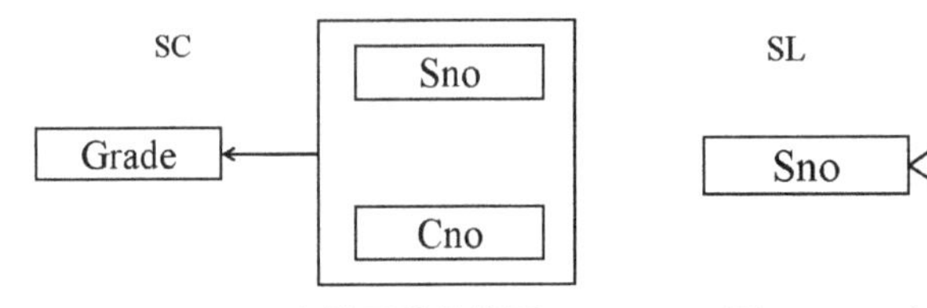

图 6.4 SC 中的函数依赖图　　**图 6.5 SL 中的函数依赖图**

关系模式 SC 的码为(Sno, Cno)，关系模式 SL 的码为 Sno。

SC(Sno, Cno, Grade) ∈ 2NF

SL(Sno, Sdept, Sloc) ∈ 2NF

这样非主属性对码都是完全函数依赖。分解后冗余减少，异常情况减少，从以上分解及分析过程看出，消除非主属性对码的部分依赖，可以减少冗余和异常，并可以总结出由 1NF 分解为 2NF 的非形式化的方法。

说明：

设关系模式 $R(U)$，主码是 K，R 上还存在函数依赖 $X \rightarrow Y$，其中 Y 是非主属性，并且 $X \in K$，那么就说明存在 Y 部分依赖于主码 K。可以把 R 分解为两个模式：

$R_1(X, Y)$，关系模式 R_1 的主键为 X；

R_2(Z)，其中 $Z=U-Y$(即 U 中除去 Y 后剩下的属性)，主键仍然是 K。外键是 X，它在

R中是主码。

利用主码和外码可以使R_1和R_2连接得到R。

因此，通过将依赖于主属性的部分函数依赖单独构成新的关系，可将1NF分解为2NF。

推论：如果关系R所有的码中只包含一个属性且属于1NF，则R必属于2NF。

虽然如此，但关系模式SL(Sno，Sdept，Sloc)仍存在操作异常(如冗余大、更新异常、插入异常、删除异常)的情况。住所的名字仍然要重复多次，其重复的次数和系里的学生人数一样多。导致这个问题的原因是还存在着其他的函数依赖，因此2NF不是最优范式。

6.3.3　第三范式(3NF)

定义6.9　关系模式$R\langle U,F\rangle$中若不存在这样的码X、属性组Y及非主属性Z($Y \not\subseteq Z$)，使得$X \to Y$，$Y \to Z$成立，$Y \nrightarrow X$，则称$R\langle U,F\rangle \in$ 3NF。

$R \in$3NF，则每一个非主属性既不部分依赖于码也不传递依赖于码。即如果R属于3NF，则有R属于2NF。

在图6.4中关系模式SC没有传递依赖，而图6.5中关系模式SL存在非主属性对码的传递依赖。

【例6.4】　在图6.5中关系模式SL(Sno，Sdept，Sloc)中有函数依赖Sno→Sdept，Sdept↛Sno，Sdept→Sloc，可得Sno→Sloc，即SL中存在非主属性对码的传递函数依赖，SL∈3NF函数依赖图，如图6.6所示。

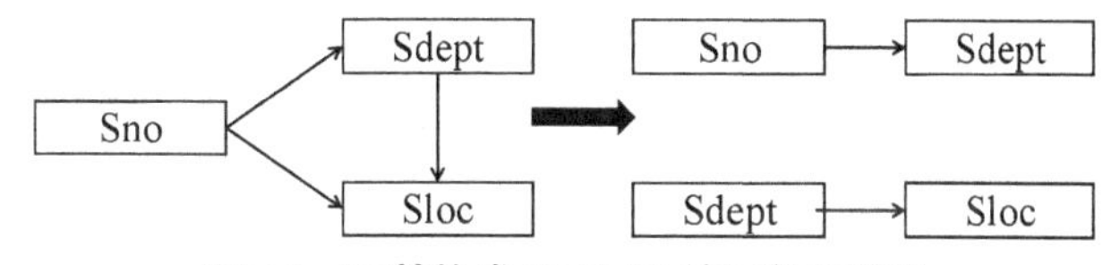

图6.6　SL转换成SD和DL的函数依赖图

解决方法：采用投影分解法，把SL分解为两个关系模式，以消除传递函数依赖：

SD(Sno，Sdept)

DL(Sdept，Sloc)

SD的码为Sno，DL的码为Sdept。分解后的关系模式SD与DL中不再存在传递依赖。SD(Sno，Sdept) ∈ 3NF，DL(Sdept，Sloc) ∈ 3NF。

采用投影分解法将一个2NF的关系分解为多个3NF的关系，可以在一定程度上解决原2NF关系中存在的插入异常、删除异常、数据冗余度大、修改复杂等问题。

将一个2NF关系分解为多个3NF的关系后，仍然不能完全消除关系模式中的各种异常情况和数据冗余。

说明：

从以上分析过程可以得出2NF分解为3NF的非形式化的方法。

设关系模式$R(U)$，主键K，R上还存在着函数依赖$X→Y$，Y是非主属性，Y不是X的子集（即$Y \not\subseteq X$），X不是候选键，因此Y传递依赖于主键K。把关系R分解为两个模式：

$R_1(X,Y)$，主键是X；$R_2(Z)$，其中$Z=U-Y$，主键仍然是K，外键是X，而X在R中是主键，利用主键和外键可以使得R_1和R_2连接得到R。

推论：不存在非主属性的关系模式一定属于3NF。

3NF并不一定就是一个好的关系模式，因为它并不能完全消除异常情况和数据冗余，还有可能存在"主属性"部分函数依赖或传递函数依赖于码的情况。

6.3.4 BC范式（BCNF）

定义6.10 关系模式$R<U,F>\in 1NF$，若$X→Y$且$Y \not\subseteq X$时X必含有码，则$R<U,F>\in BCNF$。

等价于：每一个决定属性因素都包含码。

即在关系模式$R<U,F>$中，如果每个决定属性都包含候选码，则$R\in BCNF$。

即在3NF的基础上，消除了主属性对码的部分依赖和传递依赖，所有属性都不部分依赖或传递依赖于码。

【例6.5】 关系模式STJ(S,T,J)中，S表示学生，T表示教师，J表示课程。假若每名教师只教一门课，每门课有若干教师教，某一学生选定某门课就确定了一个固定的教师。

STJ中存在两个候选码(S,J)和(S,T)，它存在以下数据依赖：$(S,J)→T$，$(S,T)→J$，$T→J$。该关系不存在非主属性，因此STJ属于3NF。但是，STJ中存在主属性J部分依赖于码(S,T)，因此它不属于BCNF。如表6.4所示，该模式仍存在以下情况：数据冗余太大、更新异常、插入异常、删除异常。

表6.4 学生教师课程关系表

学生	教师	课程
张伟	何宇	数据库
李飞	何宇	数据库
王冰	何宇	数据库
张伟	郑林	数据结构
李飞	郑林	数据结构
王冰	郑林	数据结构

对关系模式STJ分解，将违反BCNF的函数依赖单独组成一个关系，转化为ST(S,T)和TJ(T,J)，其数据分别如表6.5和表6.6所示。分解后，消除了上述几种异常情况。

表6.5　教师学生关系表

学生	教师
张伟	何宇
李飞	何宇
王冰	何宇
张伟	郑林
李飞	郑林
王冰	郑林

表6.6　教师课程关系表

教师	课程
何宇	数据库
郑林	数据结构

BCNF具有以下三个性质：

(1)所有非主属性都完全函数依赖于每个候选码。

(2)有主属性都完全函数依赖于每个不包含它的候选码。

(3)没有任何属性完全函数依赖于非码的任何一组属性。

推论：如果R中只有一个候选码，且$R \in 3NF$，则必有$R \in BCNF$。

3NF和BCNF是以函数依赖为基础的关系模式规范化程度的测度。如果一个关系数据库中的所有关系模式都属于BCNF，那么在函数依赖范畴内，它已实现了模式的彻底分解，达到了最高的规范化程度。

【例6.6】　对学生数据库表进行规范化。

Student3(<u>Sno(学号)</u>，Sname(姓名)，Sage(年龄)，Sdept(所在系)，Mname(系主任)，<u>Cno(课程编号)</u>，Cname(课程名)，Grade(成绩))，姓名有可能重名，假设课程名不存在重名，在该关系中存在两个码(Sno，Cno)和(Sno，Cname)，还存在以下函数依赖：

Sno→(Sdept，Sname，Sage)；

Sdept→Mname；

Cno→Cname；

Cname→Cno；

(Sno，Cno)→grade；

(Sno，Cname)→grade。

根据前面所学的非形式化的方法对它进行分解。

第一步规范化为1NF，由于该关系模式已经为1NF，所以不需要再分解。

第二步规范化为2NF，去除非主属性对码的部分依赖，分解为2NF。存在非主属性“Sdept，Sname，Sage，Mname”对码的部分依赖，因此它们单独组成一个关系student31。剩下的属性构成一个关系，为student32。

Student31(<u>Sno(学号)</u>,Sname(姓名),Sage(年龄),Sdept(所在系),Mname(系主任))

Student32(<u>Sno(学号),Cno(课程编号)</u>,Cname(课程名),Grade(成绩))

第三步规范化为3NF，去除非主属性对码的传递依赖，分解为3NF。在Student32中不存在传递依赖，因此它已经是3NF。在Student31中存在非主属性Mname对码Sno的传递依赖，单独组成一个关系。因此Student31转化为Student311和Student312，转化后的结果如下：

Student32(<u>Sno(学号),Cno(课程编号)</u>,Cname(课程名),Grade(成绩))

Student311(<u>Sno(学号)</u>,Sname(姓名),Sage(年龄),Sdept(所在系))

Student312(Sdept(所在系),Mname(系主任))

最后，判断分解后的三个关系模式是否属于BCNF。在Student32关系中存在Cno→Cname，即主属性对码的部分依赖，因此分解为如下形式：

Student321(<u>Sno(学号),Cno(课程编号)</u>,Grade(成绩))

Student322(<u>Cno(课程编号)</u>,Cname(课程名))

Student311(<u>Sno(学号)</u>,Sname(姓名),Sage(年龄),Sdept(所在系))

Student312(Sdept(所在系),Mname(系主任))

对以上每个关系进行判断，发现都属于BCNF，在函数依赖范围内已经达到最高级别。

6.3.5 多值依赖和第四范式

关系模式TEACH(C,T,B)，其中C表示课程，T表示教师，B表示参考书，如表6.7所示。

表6.7 课程教师参考书关系表

C(课程)	*T*(教师)	*B*(参考书)
数学	邓海	高等数学
数学	邓海	数学分析
数学	邓海	微分方程
数学	陈红	高等数学
数学	陈红	数学分析
数学	陈红	微分方程
物理	李东	普通物理学
物理	李东	光学

假设某门课由多个教师讲授，一门课使用相同的一套参考书，则存在以下依赖：

数学→{邓海,陈红}→{高数,数学分析,微分方程}

物理→{李东,张强,刘明}→{普通物理学,光学}

该关系模式的码为全码(C,T,B),满足BCNF,但仍存在数据冗余和插入异常、删除异常和修改异常。因为该关系的属性间存在一种不同于函数依赖的依赖。这种函数依赖有以下两个特点。

(1)设$R(U)$中X与Y有这样的依赖关系,当X的值一经确定后,就可以有一组Y值与之对应。如确定课程,则有一组教师与之对应;同样,课程和参考书之间也有类似的依赖关系。

(2)当X的值一经确定,就有一组对应的Y值,但与$U-X-Y$无关,即对应的一门课程有一组教师与之对应,而与参考书无关;这表示课程与教师有这样的依赖,教师的值确定与U-课程-教师=参考书无关。

我们称以上这种依赖为多值依赖。

1.多值依赖

定义6.11 设$R(U)$是一个属性集U上的一个关系模式,X、Y和Z是U的子集,并且$Z=U-X-Y$。关系模式$R(U)$中多值依赖$X\to\to Y$成立,当且仅当对$R(U)$的任一关系r,给定的一对(x,z)值,有一组Y的值,这组值仅仅决定于x值而与z值无关。

多值依赖的另一个等价的形式化的定义:在$R(U)$的任一关系r中,如果存在元组t、s使得$t[X]=s[X]$,那么就必然存在元组$w,v\in r$,(w、v可以与s,t相同),使得$w[X]=v[X]=t[X]$,而$w[Y]=t[Y]$,$w[Z]=s[Z]$,$v[Y]=s[Y]$,$v[Z]=t[Z]$(即交换s,t元组的Y值所得的两个新元组必在r中),则Y多值依赖于X,记为$X\to\to Y$。这里,X、Y是U的子集,$Z=U-X-Y$。

平凡多值依赖和非平凡的多值依赖:若$X\to\to Y$,而$Z=\varnothing$,则称$X\to\to Y$为平凡的多值依赖,否则称$X\to\to Y$为非平凡的多值依赖。

多值依赖具有以下性质:

(1)多值依赖具有对称性,即若$X\to\to Y$,则$X\to\to Z$,其中$Z=U-X-Y$。

(2)多值依赖具有传递性,即若$X\to\to Y$,$Y\to\to Z$,则$X\to\to Z-Y$。

(3)函数依赖是多值依赖的特殊情况,即若$X\to Y$,则$X\to\to Y$。

(4)若$X\to\to Y$,$X\to\to Z$,则$X\to\to YZ$。

(5)若$X\to\to Y$,$X\to\to Z$,则$X\to\to Y\cap Z$。

(6)若$X\to\to Y$,$X\to\to Z$,则$X\to\to Y-Z$,$X\to\to Z-Y$。

(7)多值依赖的有效性与属性集的范围有关。

(8)若函数依赖$X\to Y$在$R(U)$上成立,则对于任何$Y'\subset Y$均有$X\to Y'$成立多值依赖$X\to\to Y$若在$R(U)$上成立,不能断言对于任何$Y'\subset Y$有$X\to\to Y'$成立。

2.第四范式(4NF)

定义6.12 关系模式$R<U,F>\in 1NF$,如果对于R的每个非平凡多值依赖$X\to\to Y$($Y\not\subseteq X$),X都含有码,则$R\in 4NF$。

4NF就是限制关系模式的属性之间不允许有非平凡且非函数依赖的多值依赖。因为根据定义，对于每一个非平凡的多值依赖$X\rightarrow\rightarrow Y$，$X$都含有候选码，于是就有$X\rightarrow Y$，所以4NF所允许的非平凡的多值依赖实际上是函数依赖。

显然，如果一个关系模式是4NF，则必为BCNF。

【例6.7】 关系模式WSC(W,S,C)中，W表示仓库，S表示保管员，C表示商品，假设每个仓库有若干个保管员，有若干种商品，每个保管员保管所在的仓库的所有商品，每种商品被所有保管员保管。

在例6.7中，$W\rightarrow\rightarrow S$，$W\rightarrow\rightarrow C$，它们都是非平凡的多值依赖。而$W$不是码，关系模式WSC的码是($W,S,C$)，即all-key。因此WSC$\notin$4NF。

一个关系模式如果已达到了BCNF但不是4NF，这样的关系模式仍然具有不好的性质。以WSC为例，WSC$\notin$4NF，但是WSC$\in$BCNF，对于WSC的某个关系，若某一仓库仍W_i有n个保管员，存放m件物品，则关系中分量为W_i的元组数目一定有$m\times n$个。每个保管员重复存储m次，每种物品重复存储n次，数据的冗余度太大，因此还应该继续规范化使关系模式WSC达到4NF。

可以用投影分解的方法消除非平凡且非函数依赖的多值依赖。例如可以把WSC分解为WS(W,S)，WC(W,C)。在WS中虽然有$W\rightarrow\rightarrow S$，但这是平凡的多值依赖。WS中已不存在非平凡的非函数依赖的多值依赖，所以WS$\in$4NF，同理WC$\in$4NF。

函数依赖和多值依赖是两种最重要的数据依赖。如果只考虑函数依赖，则属于BCNF的关系模式规范化程度已经是最高的了；如果考虑多值依赖，则属于4NF的关系模式规范化程度是最高的。事实上，数据依赖中除函数依赖和多值依赖之外，还有其他数据依赖。例如有一种连接依赖。函数依赖是多值依赖的一种特殊情况，而多值依赖实际上又是连接依赖的一种特殊情况。但连接依赖不像函数依赖和多值依赖可由语义直接导出，而是在关系的连接运算时才反映出来。存在连接依赖的关系模式仍可能遇到数据冗余及插入、修改、删除异常等问题。如果消除了属于4NF的关系模式中存在的连接依赖，则可以进一步达到5NF的关系模式。

6.3.6 第五范式(5NF)

连接依赖是有关分解和自然连接的理论，5NF是有关如何消除子关系的插入异常和删除异常的理论。

1. 连接依赖

定义6.13 设$R(U)$是属性集U上的关系模式，$X_1,X_2,\cdots,X_n$是U的子集，且$U=X_1\cup X_2\cup\cdots\cup X_n$如$R$等于$R(X_1),R(X_2),\cdots,R(X_n)$的自然连接，则称$R$在$X_1,X_2,\cdots,X_n$上具有$n$目连接依赖，记作$\bowtie(R(X_1),R(X_2),\cdots,R(X_n))$，其中，$R(X_1)=\Pi x_1(R)$，$R(X_2)=\Pi x_2(R)$，$\cdots$，$R(X_n)=\Pi x_n(R)$。

2.第五范式(5NF)

定义6.14　如果关系模式R中的每个连接依赖均由R的候选码所隐含,则称$R \in$5NF。

说明:

(1)连接时所连接的属性均为候选码。

(2)多表间的连接应满足5NF。

6.3.7　规范化小结

在关系数据库中,对关系模式的基本要求是满足第一范式,这样的关系模式就是合法的、允许的。但是,人们发现有些关系模式存在插入、删除异常,以及修改复杂、数据冗余等问题,需要寻求解决这些问题的方法,这就是规范化的目的。

规范化的基本思想是逐步消除数据依赖中不合适的部分,使模式中的各关系模式达到某种程度的"分离",即"一事一地"的模式设计原则。让一个关系描述一个概念、一个实体或者实体间的一种联系,若多于一个概念就把它"分离"出去,因此所谓规范化实质上是概念的单一化。分解关系模式的目的是使模式更加规范化,从而减少数据冗余及尽可能地消除异常。规范化的结果实际上就是使得每个关系里的数据单一概念化,也就是说,一个关系里要么保存一个实体的相关数据,要么保存一个联系的相关数据,而不是把实体和联系的数据混合在一起,造成数据冗余。

关系模式的分解过程如图6.7所示。从1NF到5NF是一个从低一级关系模式到规范化程度更高一级关系模式的过程,也是减少数据冗余和消除异常的过程。

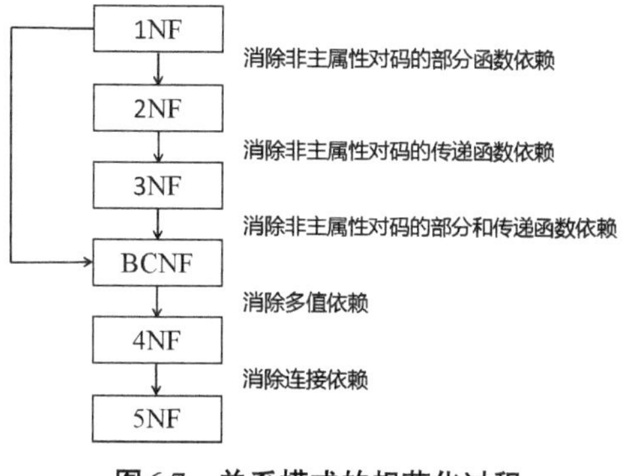

图6.7　关系模式的规范化过程

6.4　数据依赖的公理系统

Armstrong公理系统是模式分解算法的理论基础,它是由W.W.Armstrong于1974年总结的一套有效而且完备的公理系统。

6.4.1 函数依赖集的逻辑蕴涵

问题：对于给定的一组函数依赖，如何判断其他函数依赖是否成立？例如，关系模式R有函数依赖$A \to C$是否成立？这是函数依赖集的逻辑蕴涵要研究的内容。

定义6.15 对于满足一组函数依赖F的关系模式$R<U, F>$，其任何一个关系r，若函数依赖$X \to Y$都成立（即r中任意两元组t, s，若$t[X]=s[X]$，则$t[Y]=s[Y]$），则称F逻辑蕴涵$X \to Y$。

为了求得给定关系模式的码，为了从一组函数依赖求得蕴涵的函数依赖，例如已知函数依赖集F，要问$X \to Y$是否为F所蕴涵，就需要一套推理规则，这组推理规则是1974年首先由Armstrong提出来的。

6.4.2 Armstrong公理系统

对关系模式$R<U, F>$来说有以下的推理规则：

A1. **自反律**（reflexivity rule）：若$Y \subseteq X \subseteq U$，则$X \to Y$为$F$所蕴涵。

A2. **增广律**（augmentation rule）：若$X \to Y$为F所蕴涵，且$Z \subseteq U$，则$XZ \to YZ$为F所蕴涵。

A3. **传递律**（transitivity rule）：若$X \to Y$及$Y \to Z$为F所蕴涵，则$X \to Z$为F所蕴涵。

下面从定义出发证明Armstrong推理规则的正确性。

(1)自反律：若$Y \subseteq X \subseteq U$，则$X \to Y$为$F$所蕴涵。

证：设$Y \subseteq X \subseteq U$。

对$R<U, F>$的任一关系r中的任意两个元组t、s：

若$t[X]=s[X]$，由于$Y \subseteq X$，有$t[Y]=s[Y]$，

所以$X \to Y$成立，自反律得证。

(2)增广律：若$X \to Y$为F所蕴涵，且$Z \subseteq U$，则$XZ \to YZ$为F所蕴涵。

证：设$X \to Y$为F所蕴涵，且$Z \subseteq U$。

设$R<U, F>$的任一关系r中任意的两个元组t、s：

若$t[XZ]=s[XZ]$，则有$t[X]=s[X]$和$t[Z]=s[Z]$；

由$X \to Y$，于是有$t[Y]=s[Y]$，所以$t[YZ]=s[YZ]$，$XZ \to YZ$为F所蕴涵，增广律得证。

(3)传递律：若$X \to Y$及$Y \to Z$为F所蕴涵，则$X \to Z$为F所蕴涵。

证：设$X \to Y$及$Y \to Z$为F所蕴涵。

对$R<U, F>$的任一关系r中的任意两个元组t、s：

若$t[X]=s[X]$，由于$X \to Y$，有$t[Y]=s[Y]$；

再由$Y \to Z$，有$t[Z]=s[Z]$，所以$X \to Z$为F所蕴涵，传递律得证。

6.4.3 Armstrong公理的推论

(1)根据A1,A2,A3这三条推理规则可以得到下面三条推理规则。

合并规则:由$X \to Y$,$X \to Z$,有$X \to YZ$。

伪传递规则:由$X \to Y$,$WY \to Z$,有$XW \to Z$。

分解规则:由$X \to Y$及$Z \subseteq Y$,有$X \to Z$。

(2)根据合并规则和分解规则,可得引理6.1。

引理6.1 $X \to A_1 A_2 \cdots A_k$成立的充分必要条件是$X \to A_i$成立($i=1,2,\cdots,k$)。

Armstrong公理系统是有效的、完备的。

有效性:由F出发根据Armstrong公理推导出来的每一个函数依赖一定在F^+中;

完备性:F^+中的每一个函数依赖,必定可以由F出发根据Armstrong公理推导出来。

6.4.4 函数依赖集的闭包

定义6.16 在关系模式$R<U,F>$中为F所逻辑蕴涵的函数依赖的全体叫作F的闭包,记为F^+。

【例6.8】 设关系模式$R<U,F>$,其中$U=\{X,Y,Z\}$,$F=\{X \to Y, Y \to Z\}$,则F的闭包F^+是什么?

由自反律可以知道$X \to f$, $Y \to f$, $Z \to f$, $X \to X$, $Y \to Y$, $Z \to Z$;由增广律可以推出$XZ \to YZ$,$XY \to Y$,$X \to XY$;由传递性推出$X \to Z$。所有的函数依赖如表6.8所示。

表6.8 函数依赖表

$X \to \phi$	$XY \to \phi$	$XZ \to \phi$	$XYZ \to \phi$	$Y \to \phi$	$YZ \to \phi$	$Z \to \phi$
$X \to X$	$XY \to X$	$XZ \to X$	$XYZ \to X$	$Y \to Y$	$YZ \to Y$	$Z \to Z$
$X \to Y$	$XY \to Y$	$XZ \to Y$	$XYZ \to Y$	$Y \to Z$	$YZ \to Z$	$\phi \to \phi$
$X \to Z$	$XY \to Z$	$XZ \to Z$	$XYZ \to Z$	$Y \to YZ$	$YZ \to YZ$	$X \to Z$
$X \to XY$	$XY \to XY$	$XZ \to XY$	$XYZ \to XY$			$X \to XY$
$X \to XZ$	$XY \to XZ$	$XZ \to XZ$	$XYZ \to XZ$			$X \to XZ$
$X \to YZ$	$XY \to YZ$	$XZ \to Z$	$XYZ \to YZ$			$X \to YZ$
$X \to XYZ$	$XY \to XYZ$	$XZ \to XYZ$	$XY \to XYZ$			$X \to XYZ$

6.4.5 属性集的闭包

定义6.17 设F为属性集U上的一组函数依赖,$X \subseteq U$,$X_F^+=\{A|X \to A$能由F根据Armstrong公理导出$\}$,X_F^+称为属性集X关于函数依赖集F的闭包。

算法6.1 求属性集$X(X\subseteq U)$关于U上的函数依赖集F的闭包X_F^+。

对于关系模式$R<U,F>$,$X\subseteq U$,X_F^+的算法如下。

(1)初始值为X。

(2)对于F中的每个函数依赖$A\to Z$,如果$A\subseteq X_F^+$,则把Z加入到X_F^+中。

(3)重复步骤(2),直到没有其他属性可以再添加进来。(一般来说,直到X的值不再改变时或者X已经包含全部属性)

输入:X、F,

输出:X_F^+。

步骤:

(1)令$X^{(0)}=X$,$i=0$;

(2)求B,这里$B=\{A\mid(\exists V)(\exists W)(V\to W\in F\land V\subseteq X^{(i)}\land A\in W)\}$;

(3)$X^{(i+1)}=B\cup X^{(i)}$;

(4)判断$X^{(i+1)}=X^{(i)}$是否成立;

(5)若相等或$X^{(i)}=U$,则$X^{(i)}$就是X_F^+,算法终止;

(6)若不相等,则$i=i+1$,返回第(2)步。

【例6.9】 已知关系模式$R<U,F>$,其中

$U=\{A,B,C,D,E\}$;$F=\{AB\to C,B\to D,C\to E,EC\to B,AC\to B\}$。

求$(AB)_F^+$。

解 设$X^{(0)}=AB$;

(1) $X^{(1)}=AB\cup CD=ABCD$。

(2) $X^{(0)}\neq X^{(1)}$,

$X^{(2)}=X^{(1)}\cup BE=ABCDE$。

(3) $X^{(2)}=U$,算法终止,

$(AB)_F^+=ABCDE$。

【例6.10】 已知关系模式$R(U,F)$,其中U={学号,姓名,性别,所在系,系主任,课程编号,课程名,成绩},设F={学号→姓名,学号→性别,学号→所在系,所在系→系主任,课程编号→课程名,{学号,课程编号}→成绩},计算{学号,课程编号}$^+$。

初始值为X_F^+ = {学号,课程编号}。

第一步迭代:在F中找出左边是{学号,课程编号}子集的函数依赖,有学号→姓名,学号→性别,学号→所在系,{学号,课程编号}→成绩。

X_F^+ = {学号,课程编号}∪{姓名,性别,所在系,成绩} = {学号,课程编号,姓名,性别,所在系,成绩}。由于初始值和第一次迭代结果不相同,因此进入第二次迭代。

第二步迭代:在F中找出左边是{学号,课程编号,姓名,性别,所在系,成绩}子集的函数依赖,只有所在系→系主任。

X_F^+ = {学号,课程编号,姓名,性别,所在系,成绩}∪(系主任} = {学号,课程编号,

姓名,性别,所在系,成绩,系主任}。

由于已经包含全部属性,所以迭代结束。

结果为{学号,课程编号}$^+$={学号,课程编号,姓名,性别,所在系,成绩,系主任}。

定理6.1　Armstrong公理系统是有效的、完备的。

6.4.6　最小覆盖

定义6.18　如果函数依赖集F满足下列条件,则称F为一个极小函数依赖集,亦称为最小依赖集或最小覆盖。

(1)F中任一函数依赖的右部仅含有一个属性。

(2)F中不存在这样的函数依赖$X \to A$,使得F与$F-\{X \to A\}$等价。

(3)F中不存在这样的函数依赖$X \to A$,X有真子集Z使得$F-\{X \to A\} \cup \{Z \to A\}$与$F$等价。

求函数依赖的最小覆盖算法如下。

(1)对于F中每个函数依赖,如果其右边属性不是单一属性,则需全部分解为单一属性。

(2)去掉所有冗余的函数依赖,即对于F中的某一个函数依赖$X \to Y$,如果可以由F中剩下的函数依赖推导出来,则可以去掉$X \to Y$。

(3)去掉每个函数依赖中左边决定属性中多余的属性。对于F中的函数依赖$X \to Y$,如果X由两个或者多个属性构成,则需要考虑这些属性是否多余;假定A是X的真子集,即判断是否存在函数依赖$A \to Y$。如果存在,则用$A \to Y$代替$X \to Y$。

【例6.11】　求下列函数依赖集F的极小依赖集。

$F=\{AB \to C, D \to EG, C \to A, BE \to C, BC \to D, CG \to BD, ACD \to B, CE \to AG\}$

第一步,将F中的函数依赖的右部分解为单属性,得到

$G=\{AB \to C, D \to E, C \to A, BE \to C, BC \to D, CG \to B, CG \to D, ACD \to B, CE \to A, CE \to G\}$。

第二步,去掉G中多余的函数依赖。

(1)判断$AB \to C$是否为多余的函数依赖。

先去掉G中的$AB \to C$,得到$G1=D \to E, C \to A, BE \to C, BC \to D, CG \to B, CG \to D, ACD \to B, CE \to A, CE \to G$。

因为$\{AB\}^+_{G1}=\{A,B\}$,C不属于$\{AB\}^+_{G1}$,所以不多余。

(2)判断$D \to E$是否为多余的函数依赖。

先去掉G中的$D \to E$,得到$G2=\{AB \to C, D \to G, C \to A, BE \to C, BC \to D, CG \to B, CG \to D, ACD \to B, CE \to A, CE \to G\}$。

因为$\{D\}^+_{G2}==\{D,G\}$,E不属于$\{D\}^+_{G2}$,所以不多余。

(3)判断 $CE\text{-}A$ 是否为多余的函数依赖。

先去掉 G 中的 $CE \to A$，得到 $G4=\{AB \to C, D \to E, C \to A, BE \to C, BC \to D, CG \to B, CG \to D, ACD \to B, CE \to G\}$。

因为 $\{CE\}^+_{G4}=\{A,C,E,G,D,B\}$，$A$ 属于 $\{CE\}^+_{G4}$，所以多余。

发现 G 中多余的函数依赖 $CE \to A$，$CE \to B$。去掉这些多余的函数依赖，得到 $H=\{AB \to C, D \to E, C \to A, BE \to C, BC \to D, CG \to B, CG \to D, CD \to B, CE \to G\}$。

第三步，找出函数依赖的左边有多余属性的函数依赖。

函数依赖 $ACD \to B$，因为 $\{CD\}^+_H=\{C,D,E,G,A,B\}$，所以 $CD \to B$，因此 A 是多余的。同理，可以验证其他函数依赖的左边都不存在多余属性。把 H 中的 $ACD \to B$ 换成 $CD \to B$，得到 $F_W=\{AB \to C, D \to E, C \to A, BE \to C, BC \to D, CG \to B, CG \to D, CD \to B, CE \to G\}$。

6.4.7 函数依赖集的等价与覆盖

定义 6.19 如果 $G^+=F^+$，就说函数依赖集 F 覆盖 G（F 是 G 的覆盖，或 G 是 F 的覆盖），或 F 与 G 等价。

引理 6.2 $F^+=G^+$ 的充分必要条件是 $F \subseteq G^+$，和 $G \subseteq F^+$。

证：必要性显然，只证充分性。

(1)若 $F \subseteq G^+$，则 $XF^+ \subseteq X^+_{G^+}$，

(2)任取 $X \to Y \subseteq F^+$ 则有 $Y \subseteq XF^+ \subseteq X^+_{G^+}$，

所以 $X \to Y \subseteq (G^+)+ = G^+$，即 $F^+ \subseteq G^+$。

(3)同理可证 $G^+ \subseteq F^+$，所以 $F^+=G^+$。

定理 6.2 每一个函数依赖集 F 均等价于一个极小函数依赖集 F_m。此 F_m 称为 F 的最小依赖集。

证明：构造性证明，找出 F 的一个最小依赖集。

(1)逐一检查 F 中各函数依赖 $FD_i: X \to Y$，若 $Y=A_1A_2 \cdots A_k$，$k > 2$，

则用 $\{X \to A_j | j=1,2,\cdots,k\}$ 来取代 $X \to Y$。

(2)逐一检查 F 中各函数依赖 $FD_i: X \to A$，令 $G=F-\{X \to A\}$，

若 $A \in X_G^+$，则从 F 中去掉此函数依赖。

(3)逐一取出 F 中各函数依赖 $FD_i: X \to A$，设 $X=B_1B_2 \cdots B_m$，$m \geq 2$，

逐一考查 $B_i (i=1,2,\cdots,m)$，若 $A_i (X-B_i)^+_F$，则以 $X-B_i$ 取代 X。

注意：两个关系模式 $R_1<U,F>$、$R_2<U,G>$，如果 F 与 G 等价，那么 R_1 的关系一定是 R_2 的关系；反过来，R_2 一定是 R_1 的关系。

*6.5　关系模式分解

把一个低一级的关系模式分解为若干个高一级的关系模式的方法不唯一。

定义6.20　关系模式分解的定义，设有关系模式$R<U,F>$的一个分解是指

$$p=\{R_1<U_1,F_1>,R_2<U_2,F_2>,\cdots R_n<U_n,F_n>\}$$

其中$U=\bigcup_{i=1}^{n}U_i$，并且没有$U_i\subseteq U_j$，$1\leqslant i,j\geqslant n$，$F_i$是$F$在$U_i$上的投影。函数依赖集合$\{X\to Y|X\to Y\in F^+\wedge XY\subseteq U_i\}$的一个覆盖$F_i$叫作$F$在属性$U_i$上的投影。

例如，对于关系模式SL(Sno,Sdept,Sloc)，可以有多种分解方法，具体如下。

方法一：SN(Sno)，SD(Sdept)，SL(Sloc)；

方法二：NL(Sno,Sloc)，DL(Sdept,Sloc)；

方法三：ND(Sno,Sdept)，NL(Sno,Sloc)；

方法四：ND(Sno,Sdept)，DL(Sdept,Sloc)。

下面通过了解不同的分解方法的特点具体分析以上四种分解方法哪种方法最合理。

1.模式分解的等价性

模式分解是将模式分解为一组等价的子模式的过程。等价是指不破坏原有关系模式的数据信息，既可以通过自然连接恢复为原有关系模式，又可以保持原有函数依赖集。

要保证分解后的关系模式与原关系模式等价，有以下三种标准。

(1)分解具有无损连接性。

(2)分解要保持函数依赖。

(3)分解既要保持函数依赖，又要保持无损连接性。

定义6.21　分解具有无损连接性的定义，设关系模式$R(U,F)$被分解为若干个关系模式$R_1(U_1,F_1)$，$R_2(U_2,F_2)$，…，$R_n(U_n,F_n)$，其中$U=U_1\vee U_2\vee\cdots\vee U_n$，且不存在$U_i$包含于$U_j$中，$R_i$为$F$在$U_i$上的投影)，若$R$与$R_1$，$R_2$，…，$R_n$自然连接的结果相等，则称关系模式$R$的分解具有无损连接性。只有具有无损连接性的分解，才能保证不丢失信息。

定义6.22　保持函数依赖的定义，设关系模式$R(U,F)$被分解为若干个关系模式$R_1(U_1,F_1)$，$R_2(U_2,F_2)$，…，$R_n(U_n,F_n)$，(其中$U=U_1\vee U_2\vee\cdots\vee U_n$，且不存在$U_i$包含于$U_j$中，$R_i$为$F$在$U_j$上的投影)，若$F$逻辑蕴涵的函数依赖一定由分解的某个关系模式的函数依赖F_i所逻辑蕴涵，则称关系模式R的分解保持函数依赖。

2.无损分解的测试算法

算法6.2　无损连接性判定算法。

输入：$R<U,F>$的一个分解$r=\{R_1(U_1,F_1),R_2(U_2,F_2),\cdots,R_k(U_k,F_k)$

$U=\{A_1, \cdots, A_n\}$，

$F=\{FD_1, FD_2, \cdots FD_n\}$，可设$F$为最小覆盖，$FD_i: X \to A_j$。

输出：r是否为无损连接的判定结果。

第一步：构造一个k行n列的表，第i行对应关系模式R_i，第j列对应属性A_j若$A \in U_i$，则在第i行第j列处写入a_j；否则写入a_{ij}。

第二步：逐个检查F中的每个函数依赖，并修改表中的元素。

对每个FD_i：$X_i \to A_i$，在X_i对应的列中寻找值相同的行，并将这些行中A_j(j为列号）对应的列值全改为相同的值。修改规则为：若其中有a_j，则全改为a_j；否则不改。

第三步：判别。若某一行变成$a_1, a_2, \cdots a_n$，则算法终止（此时r为无损分解）；否则，比较本次扫描前后的表有无变化，若有，则重复第二步；若无，则算法终止（此时r不是无损分解）。

【例6.12】 设模式为$R<U, F>$，$U=\{A, B, C, D, E\}$，$F=\{AB \to C, C \to D, D \to E\}$，分解为$R_1(A, B, C)$、$R_2(C, D)$、$R_3(D, E)$。求此分解是否为无损连接分解？

第一步：

	A	B	C	D	E
R_1	a_1	a_2	a_3	a_{14}	a_{15}
R_2	a_{21}	a_{22}	a_3	a_4	a_{25}
R_3	a_{31}	a_{32}	a_{33}	a_4	a_5

第二步：存在函数依赖$C \to D$，根据规则修改D列的值，修改后的结果如下表。

	A	B	C	D	E
R_1	a_1	a_2	a_3	a_4	a_{15}
R_2	a_{21}	a_{22}	a_3	a_4	a_{25}
R_3	a_{31}	a_{32}	a_{33}	a_4	a_5

第三步：存在函数依赖$D \to E$，根据规则修改E列的值，修改后的结果如下表。

	A	B	C	D	E
R_1	a_1	a_2	a_3	a_4	a_5
R_2	a_{21}	a_{22}	a_3	a_4	a_5
R_3	a_{31}	a_{32}	a_{33}	a_4	a_5

第四步：存在函数依赖$AB \to C$，根据规则修改C列的值，不需要做任何修改。在上表中，第一行的值变为a_1, a_2, a_3, a_4, a_5，因此该分解为保持无损连接分解。

3.函数依赖分解的算法

定义6.21 若$F^+=(\bigcup_{i=1}^{k} F_i)^+$，则$R<U, F>$的一个分解$r=\{R_1<U_1, F_1>, \cdots, R_k<U_k, F_k>\}$保持函数依赖。

算法6.3 函数依赖的分解算法。

输入：关系R和关系$R_1=P_L(R)$，L是关系R的属性组。

输出：关系R_1上最小的函数依赖集。

算法如下：

第一步：设丁是关系 R_1 上的函数依赖集，T 的初始值为空。

第二步：计算 X^+，其中 X 是 R_1 的子集。

第三步：建立 $X \to A$ 加入到函数依赖集 T 中，其中 A 既是在 X^+ 中的属性，且又是关系 R_1 中的属性。

第四步：计算函数依赖集 T 的最小函数依赖集。

【例6.13】 关系 $R(A,B,C,D)$，函数依赖集 F 为 D，求关系 $R(A,C,D)$ 上的函数依赖集 T。

第一步：设 T 为空。

第二步：

$\{A\}^+ = \{A,B,C,D\}$，去掉其中的 B，因为不在关系 R 中，因此 T：$A \to C, A \to D$。

$\{C\}^+ = \{C,D\}$，因此对函数依赖集 T 增加 C。

$\{D\}^+ = \{D\}$。

$\{C,D\}^+ = \{C,D\}$。

因此函数依赖集 T：$A \to C, A \to D, C \to D$。其最小函数依赖集为 $A \to C, C \to D$。

这里由于属性 $\{A\}^+ = \{A,B,C,D\}$，因此任何 A 的超集的闭包都不需要再计算。只需计算 $\{C,D\}^+$，再对函数依赖进行最小化处理。

例如，对关系模式 SL(Sno，Sdept，Sloc)进行分解。

方法一：SN(Sno)，SD(Sdept)，SL(Sloc)。

丢失了很多有用的信息，分解不能保持函数依赖，不具有无损连接性。

方法二：NL(Sno，Sloc)，DL(Sdept，Sloc)。

分解能保持函数依赖，但不具有无损连接性。

方法三：ND(Sno，Sdept)，NL(Sno，Sloc)。

分解具有无损连接性，但不能保持函数依赖。

方法四：ND(Sno，Sdept)，DL(Sdept，Sloc)。

分解既能保持函数依赖，又具有无损连接性。

6.6 规范化应用

假设某建筑公司设计了一个数据库，其中包含如下业务规则。

公司承担多个工程项目，每一项工程有工程号、工程名称、施工人员等；公司有多名职工，每名职工有职工号、姓名、职务(工程师、技术员)等；公司按照职工参与项目的工时和小时工资率支付工资，小时工资率由职工的职务决定(例如，技术员的小时工资率与工程师的小时工资率不同)。

根据以上要求,公司定期制定一个工资报表,如表6.9所示。该工资报表包含很多冗余,并可能导致各种异常。现在要求将该工资报表规范化到3NF。

表6.9　工资报表

工程号	工程名称	职工号	姓名	职务	小时工资率/(元•小时$^{-1}$)	工时/小时	实发工资/元
A1	花园大厦	1001	齐光明	工程师	65	13	845
		1002	李思奇	技术员	60	16	960
		1004	葛宇红	律师	60	19	1 140
A2	立交桥	1001	齐光明	工程师	65	15	975
		1003	鞠明亮	工人	55	17	935
A3	临江饭店	1002	李思奇	技术员	60	18	1 080
		1004	葛宇红	律师	60	14	840

第一步:通过分析,存在以下函数依赖。

工程号→工程名称,

职工号→姓名,职务,小时工资率,实发工资,

工程号,职工号→工时,

职务→小时工资率。

因此,工资报表的码为“职工号+工程号”,主属性为职工号和工程号。

第二步:判断该工资表是否为2NF。

由于存在非主属性对码的部分依赖,因此不为2NF。把违反2NF的函数依赖单独组合成一个关系,分解为

S1(工程号,职工号,工时),

S2(工程号,工程名称),

S3(职工号,姓名,职务,小时工资率,实发工资)。

经过分析,S1、S2、S3均为2NF。

第三步:判断S1,S2,S3是否为3NF。

其中S1和S2为3NF,不存在非主属性对码的传递依赖。在S3中存在职工号→职务,职务→小时工资率,因此S3不为3NF。

第四步:分解S3,把违反3NF的传递依赖单独组合成一个关系,因此S3分解为

S31(职工号,姓名,职务,实发工资),

S32(职务,小时工资率)。

工资报表最终分解为:

S1(工程号,职工号,工时),

S2(工程号,工程名称),

S31(职工号,姓名,职务,实发工资),

S32(职务,小时工资率)。

最终结果为表6.10所示。

表6.10　规范化工资报表

工程号	工程名称	职工号	姓名	职务	小时工资率/（元•小时$^{-1}$）	工时/小时	实发工资/元
A1	花园大厦	1001	齐光明	工程师	65	13	845
A1	花园大厦	1002	李思奇	技术员	60	16	960
A1	花园大厦	1004	葛宇红	律师	60	19	1 140
A2	立交桥	1001	齐光明	工程师	65	15	975
A2	立交桥	1003	鞠明亮	工人	55	17	935
A3	临江饭店	1002	李思奇	技术员	60	18	1 080
A3	临江饭店	1004	葛宇红	律师	60	14	840

另一种方法:采用算法6.4的方法分解。

第一步:找出工资报表的码。

工资报表的码为“职工号+工程号”。

第二步:求该工资表的最小函数依赖集。

工程号→工程名称,

职工号→姓名,

职工号→职务,

职工号→小时工资率,

职工号→实发工资,

工程号,职工号→工时,

职务→小时工资率。

第三步:决定属性相同的为一组形成一个新的关系,因此有:

“工程号→工程名称”构成S1(工程号,工程名称)。

“职工号→姓名,职务,小时工资率,实发工资”构成S2(职工号,姓名,职务,小时工资率,实发工资)。

“工程号,职工号→工时”构成S3(工程号,职工号,工时)。

“职务→小时工资率”构成S4(职务,小时工资率)。

6.7 小　　结

本章首先通过关系模式存在的异常问题引出数据依赖的概念。数据依赖包括函数依赖、多值依赖、连接依赖。其次,介绍了1NF、2NF、3NF、BCNF、4NF、5NF及其相关概念,引入数据依赖的公理系统。关系模式的规范化理论是解决异常问题的途径。关系模式规范化级别越高,其存在的异常问题越少,同时指出并不是规范化程度越高,模式越好。再次，讨论了关系模式分解理论，主要是通过投影运算将一个低一级规范化程度的关系模式分解为一组高一级规范化程度的关系模式，分解后的关系模式通过自然连接与分解之前的关系模式等价。最后，介绍了模式分解的具体算法。

习　题

一、理解并给出下列术语的定义。

函数依赖、部分函数依赖、完全函数依赖、传递依赖、候选码、超码、主码、外码、全码(all-key)、1NF、2NF、3NF、BCNF、多值依赖、4NF。

二、选择题。

1. 关系规范化中的删除操作异常是指____，插入操作异常是指____。

A. 不该删除的数据被删除　　B. 不该插入的数据被插入

C. 应该删除的数据未被删除　　D. 应该插入的数据未被插入

2. 设计性能较优的关系模式称为规范化，规范化主要的理论依据是____。

A. 关系规范化理论　　B. 关系运算理论

C. 关系代数理论　　D. 数理逻辑

3. 规范化理论是关系数据库进行逻辑设计的理论依据。根据这个理论，关系数据库中的关系必须满足：其每一属性都是____。

A. 互不相关的　　B. 不可分解的

C. 长度可变的　　D. 互相关联的

4. 关系数据库规范化是为解决关系数据库中____问题而引入的。

A. 插入、删除和数据冗余　　B. 提高查询速度

C. 减少数据操作的复杂性　　D. 保证数据的安全性和完整性

5. 规范化过程主要为克服数据库逻辑结构中的插入异常，删除异常以及____的缺陷。

A. 数据的不一致性　　B. 结构不合理

C. 冗余度大　　D. 数据丢失

6. 当关系模式 $R(A,B)$ 已属于3NF，下列说法中____是正确的。

A. 它一定消除了插入和删除异常　　B. 仍存在一定的插入和删除异常

C. 一定属于BCNF　　D. A和C选项都正确

7. 关系模型中的关系模式至少是____。

A. 1NF　　B. 2NF　　C. 3NF　　D. BCNF

8. 在关系模式DB中，任何工元关系模式的最高范式必定是____。

A. 1NF　　B. 2NF　　C. 3NF　　D. BCNF

9. 在关系模式R中，若其函数依赖集中所有候选关键字都是决定因素，则R最高范式是____。

A.2NF　　B.3NF　　C.4 NF　　D.BCNF

10. 当B属性函数依赖于A属性时，属性A与B的联系是____。

A.1对多　　B. 多对1　　C. 多对多　　D. 以上都不是

11. 在关系模式中，如果属性A和B存在1对1的联系，则说____。

A.$A \rightarrow B$　　B.$B \rightarrow A$　　C.$A \leftrightarrow B$　　D. 以上都不是

12. 候选码中的属性称为____。

A. 非主属性　　B. 主属性

C. 复合属性　　D. 关键属性

13. 关系模式中各级模式之间的关系为____。

A.3NF⊂2NF⊂1NF　　B.3NF⊂1NF⊂2NF

C.1NF⊂2NF⊂3NF　　D.2NF⊂1NF⊂3NF

14. 关系模式中，满足2NF的模式____。

A. 可能是1NF　　B. 必定是1NF

C. 必定是3NF　　D. 必定是BCNF

15. 关系模式R中的属性全部是主属性，则R的最高范式必定是____。

A.2NF　　B.3NF　　C.BCNF　　D.4NF

16. 消除了部分函数依赖的1NF的关系模式，必定是____。

A.1NF　　B.2NF　　C.3NF　　D.4NF

17. 关系模式的候选码可以有____，主码有____。

A.0个　　B.1个　　C.1个或多个　　D. 多个

18. 候选码中的属性可以有____。

A.0个　　B.1个　　C.1个或多个　　D. 多个

19. 关系模式的分解____。

A. 唯一　　B. 不唯一

20. 根据关系数据库规范化理论，关系数据库中的关系要满足第一范式。下面“部门”关系中，因哪个属性而使它不满足第一范式？

部门（部门号，部门名，部门成员，部门总经理）

A. 部门总经理　　B. 部门成员

C. 部门名　　D. 部门号

21. 设有关系W（工号，姓名，工种，定额），将其规范化到第三范式正确的答案是____。

A.$W1$（工号，姓名）$W2$（工种，定额）

B.$W1$（工号，工种，定额）$W2$（工号，姓名）

C.$W1$(工号,姓名,工种)$W2$(工号,定额)

D.以上都不对

22.设有关系模式 $W(C,P,S,G,T,R)$,其中各属性的含义是:C 为课程,P 为教师,S 为学生,G 为成绩,T 为时间,R 为教室。根据定义有如下函数依赖集:

$$F=\{C\to G,(S,C)\to G,(T,R)\to C,(T,P)\to R,(T,S)\to R\}$$

关系模式 W 的一个候选码是____,W 的规范化程度最高达到____。若将关系模式 W 分解为3个关系模式 $W1(C,P)$,$W2(S,C,G)$,$W3(S,T,R,C)$,则 $W1$ 的规范化程度最高达到____,$W2$ 的规范化程度最高达到____,$W3$ 的规范化程度最高达到____。

第一空:A.(S,C)　B.(T,R)　C.(T,P)　D.(T,S)　E.(T,S,P)

其他空:A.1NF　B.2NF　C.3NF　D.BCNF　E.4NF

三、填空题。

1.关系规范化的目的是____。

2.在关系 $A(S,SN,D)$ 和 $B(D,CN,NM)$ 中,A 的主码是 S,B 的主码是 D,则 D 在 S 中称为____。

3.对于非规范化的模式,经过____转变为1NF,将1NF经过____转变为2NF,将2NF经过____转变为3NF。

4.在一个关系 R 中,若每个数据项都是不可分割的,那么 R 一定属于____。

5.1NF,2NF,和3NF之间相互是一种____关系。

6.若关系为1NF,且它的每一非主属性都____候选码,则该关系为2NF。

7.在关系数据库的规范化理论中,在执行"分解"时,必须遵守规范化原则:保持原有的函数依赖和____。

四、简答题。

指出下列关系模式是第几范式?并说明理由。

(1) $R(X,Y,Z)$

$F=\{XY\to Z\}$。

(2) $R(X,Y,Z)$

$F=\{Y\to Z,XZ\to Y\}$。

(3) $R(X,Y,Z)$

$F=\{Y\to Z,Y\to X,X\to YZ\}$。

(4) $R(X,Y,Z)$

$F=\{X\to Y,X\to Z\}$。

(5) $R(W,X,Y,Z)$

$F=\{X\to Z,WX\to Y\}$。

第7章　数据库设计

本章目标

- 数据库设计的方法和技术，数据库设计的基本步骤；
- 数据库设计各个阶段的设计目标、具体设计内容、设计描述、设计方法等；
- 需求分析，理解自顶向下的结构化分析方法和数据流图的画法；
- 概念设计E-R图设计，视图的集成；
- 逻辑结构设计，E-R图向关系模型转换，数据模型的优化；
- 物理结构设计；
- 数据库的运行与维护。

从20世纪70年代起，数据库系统已经逐渐代替了基于文件的系统，成为信息系统（Information System, IS）的基础结构。同时，人们还认识到，和其他的资源一样，数据也是一种重要的物质资源，理应受到重视。许多企业为此建立了专门的部门或职能单位——数据管理（DA）和数据库管理（DBA）机构，分别负责管理、控制数据和数据库。

基于计算机的信息系统包括数据库、数据库软件、应用软件、计算机硬件，还包括人的使用和开发活动。

数据库是信息系统的基础构件，应该从企业的需求这一更加广泛的角度来考虑数据库的开发及使用。因此，信息系统的生命周期同支撑它的数据库系统的生命周期之间有着内在的联系。典型的信息系统的生命周期包括：规划、需求收集与分析、系统设计、建立原型系统、系统实现、测试、数据转换和运行维护。数据库系统的生命周期包括：需求分析、数据库概念结构设计、数据库逻辑结构设计、数据库物理结构设计、数据库的实施、数据库的运行和维护。

7.1 数据库设计概述

通常我们把使用数据库的各类信息系统都称为数据库应用系统。例如,以数据库为基础的各种管理信息系统、办公自动化系统、地理信息系统、电子政务系统、电子商务系统等。

数据库设计,广义地讲,是数据库及其应用系统的设计,即设计整个数据库应用系统;狭义地讲,是设计数据库本身,即设计数据库的各级模式并建立数据库,这是数据库应用系统设计的一部分。本书的重点是讲解狭义的数据库设计。当然,设计一个好的数据库与设计一个好的数据库应用系统是密不可分的,一个好的数据库结构是应用系统的基础,特别在实际的系统开发项目中两者更是密切相关、并行进行的。

下面给出数据库设计(database design)的一般定义。

数据库设计是指对于一个给定的应用环境,构造(设计)优化的数据库逻辑模式和物理结构,并据此建立数据库及其应用系统,使之能够有效地存储和管理数据,满足各种用户的应用需求,包括信息管理要求和数据操作要求。

信息管理要求是指在数据库中应该存储和管理哪些数据对象;数据操作要求是指对数据对象需要进行哪些操作,如查询、增、删、改、统计等操作。

数据库设计的目标是为用户和各种应用系统提供一个信息基础设施和高效的运行环境。高效的运行环境指数据库数据的存取效率、数据库存储空间的利用率、数据库系统运行管理的效率等都是高的。

数据库设计的任务,从狭义上来说,是为给定的应用环境设计数据库本身,设计优化的数据库结构并建立数据库,实现数据的存取,满足用户对数据的需求,稳定有效地支持整个数据库应用系统的运行。本书的重点是从狭义上讲述数据库设计,它是数据库应用系统的基础设计,一个好的数据库应用系统的开发离不开一个好的数据库设计,它们是紧密联系在一起的。从广义上来说,数据库设计任务既包括数据库本身的设计,也包括数据库应用系统的设计,即包括数据库的结构设计和行为设计。数据库的行为设计主要指的是数据库应用系统的功能需求、业务需求的设计。数据库应用系统的行为设计和结构设计是紧密结合在一起的。

数据库设计的目标是设计一个完整的、规范的数据库模型,使数据库能够有效地存储和管理数据,满足用户的各种应用需求,包括信息管理要求和数据操作要求。具体要达到以下要求。

(1)减少有害的数据冗余,提高程序共享。

(2)消除异常插入、更新、删除。

(3)保证数据的独立性、可修改、可扩充。

(4)访问数据库的时间要尽可能短。

(5)数据库的存储空间要小。

(6)保证数据的完整性、安全性。

(7)易于维护。

7.1.1　数据库设计方法

数据库设计在没有形成一套规范化的方法之前,主要依赖于设计者的经验,而这样设计出来的数据库既耗费时间,也不能很好地满足用户需求,质量也得不到保证,导致数据库设计变成了一个非常麻烦、复杂的工作。经过长时间的摸索与讨论,数据库专家们提出了一些规范化的设计方法。

数据库设计规范化的方法有很多种,本书主要按照E-R模型设计法进行编排,本章主要介绍的设计方法是基于新奥尔良法。实际上,在数据库的设计过程中采用了多种设计相结合的方法。比较流行的数据库设计方法有如下三种。

(1)新奥尔良法:在1978年10月由来自三十多个国家的数据库专家在美国的新奥尔良讨论出来的结果,因此命名为新奥尔良法。它运用软件工程的思想和方法把数据库设计分为需求分析、概念结构设计、逻辑结构设计、物理结构设计四个阶段。它是目前公认的比较完整的数据库设计方法。

(2)E-R模型法:它根据数据库应用环境的需求分析建立E-R(实体-联系)模型,反映现实世界实体及实体间的联系,然后转化为相应的某种具体的DBMS所支持的逻辑模型。

(3)3NF法:由S.Atre提出。同样,首先对数据库应用环境进行需求分析,确定数据库结构中全部的属性并把它们放在一个关系中,根据需求分析描述的属性之间的依赖关系规范化到3NF。

除此之外,数据库设计方法还有面向对象方法、统一建模语言(Unified Model Language, UML)方法等。但在数据库的设计过程中,同时采用多种设计相结合的方法能够设计出更优秀的数据库,如在新奥尔良法的设计过程中,概念结构设计阶段一般采用E-R图法,在逻辑结构设计的优化过程中采用3NF法。

在数据库设计过程中引进计算机辅助手段,使得数据库的设计过程更加容易、规范。如概念模型的建立及从概念模型到逻辑模型的转化,甚至数据库的创建都可以采用计算机辅助软件工程(Computer Aided Software Engineering, CASE)工具进行。市场上比较流行的数据库辅助设计工具有Sybase公司的Power Designer, Rational公司的Rational Rose, CA公司的ERWin, Oracle公司推出的Oracle Designer。

7.1.2 数据库设计步骤

按照结构化系统设计的方法，在新奥尔良法的基础上，增加了数据库实施和运行维护两个阶段。因此，完整的数据库设计分为需求分析、概念结构设计、逻辑结构设计、物理结构设计、数据库实施、数据库运行和维护六个阶段，如图7.1所示。

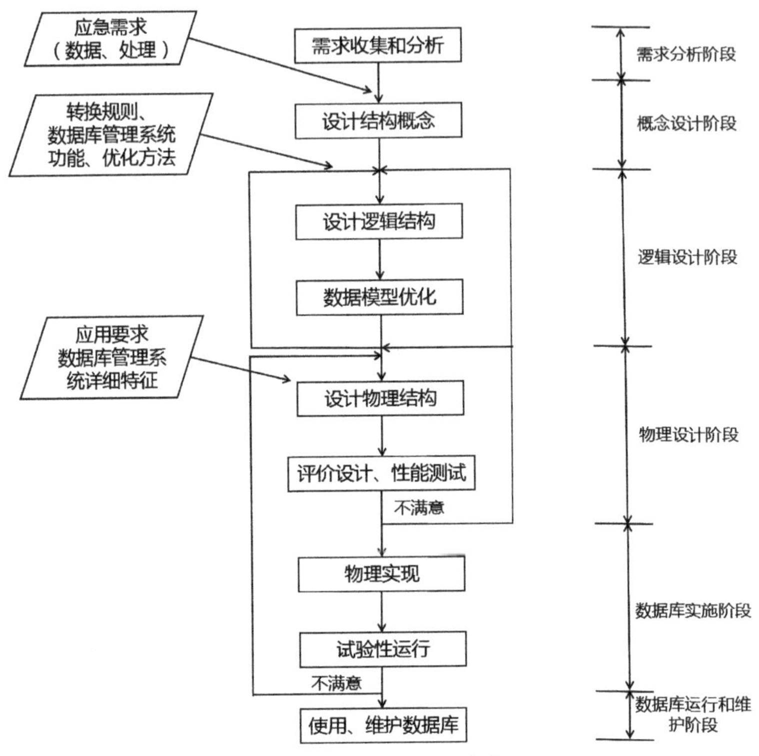

图7.1 数据库设计步骤

在数据库设计过程中，参与的人员包括系统分析人员、数据库设计人员、应用程序开发人员、数据库管理员和用户代表。系统分析人员及数据库设计人员将全程参与数据库设计，并决定设计的质量。用户代表和数据库管理员主要参与需求分析与数据库的运行和维护工作。应用程序开发人员负责程序的编写，参与实施工作。

1.需求分析阶段

这个阶段是整个数据库设计的基石，没有良好的需求分析，就不会有合适的数据库设计方案。因此，在这个阶段要充分了解组织机构的运行情况，掌握好用户的需求，才能构建良好的数据库。它决定了数据库的质量，如果需求分析做得不好，经常需要返工，导致耗费人力、物力、财力。

2.概念结构设计阶段

概念结构设计阶段是独立于具体数据库管理系统的，是数据库设计的关键，设计出的概念数据模型能完整而且合理地表达出用户的需求。

3.逻辑结构设计阶段

此阶段将概念数据模型转化为数据库管理系统所支持的某种逻辑数据模型,可以转化为关系数据模型,也可以转化为面向对象的数据模型。一般转化为市场上流行的关系模型,并对其进行优化。

4.物理结构设计阶段

此阶段为逻辑数据模型选取一个最适合的物理结构,包括存储结构和存取方法。

5.数据库实施阶段

选择具体的数据库管理系统,建立数据库,组织数据入库,并进行试运行。

6.数据库运行和维护阶段

数据库实施后投入正式运行,需要根据运行的情况(包括性能、用户的反馈等)不断地调整及修改数据库,一旦数据库出现故障,应及时进行数据库恢复。

一般来说,在数据库应用系统的设计过程中,其结构设计和行为设计是同时进行的,数据库设计的同时也进行应用系统的功能设计。规范化的设计过程是分阶段的,每个阶段都有需要完成的目标和任务,每个阶段产生的文档将会是下一设计阶段的基础。数据库设计各阶段与应用系统的功能设计各阶段的对应关系如图7.2所示。

设计阶段	设计描述		设计阶段
	数据	处理	
需求分析	数据字典、数据项、数据流、数据存储的描述	数据流图和判定树、数据字典中处理过程的描述	功能分析
概念结构设计	概念模型（E-R图） 数据字典	系统设计说明书（系统要求、方案、概图、数据流图、系统结构图）	概要设计
逻辑结构设计	某种数据模型 关系　非关系	事务设计、应用设计、模块设计	详细设计
物理结构设计	存储安排 存取方法选择 存取路径建立 分区1　分区2		
数据库实施阶段	创建数据库模式 装入数据试运行	程序编码、编译、测试	编码与测试
数据库运行和维护	性能监测、转储、恢复、数据、数据库重组和重构	新旧系统转换、运行、维护	运行与维护

图7.2　数据库设计各阶段数据描述与应用系统的功能设计各阶段的对应关系

7.2　需求分析

简单地说,需求分析就是分析用户的需求。只有能正确反映用户需求的分析才可以构建用户满意的系统,否则一切都是徒劳。

1.需求分析的任务

需求分析的任务是通过详细调查现实世界要处理的对象(如组织、部门、企业等),

充分了解原系统(手工系统或计算机系统)的工作概况,明确用户的各种需求,然后在此基础上确定新系统的功能。新系统必须充分考虑今后可能的扩充和改变,不能仅按当前应用需求来设计数据库。

2.系统调查

(1)调查组织机构情况。了解该组织的部门组成情况、各部门的职责。

(2)调查各部门的业务活动情况。包括各部门需要用到的数据以及数据在各部门之间的流动及处理情况。

(3)获取用户对系统的信息需求、处理要求、完整性和安全性要求。

(4)确定系统的边界,即确定哪些业务活动由计算机完成,哪些业务活动由人完成。

可以采取多种方式完成以上这些调查活动。如跟班作业、亲身参加业务活动;开调查会,通过座谈活动来了解情况;请专人介绍;询问,找专人回答调查的问题;设计调查表供用户填写等。

3.编写需求分析说明书

完成系统调查后,需要归纳、分析、整理形成一份文档说明,即系统的需求分析说明书。虽然需求分析说明书没有统一的规范,但是大致包含以下内容。

(1)系统概况,包括系统的目标、范围、背景、历史和现状。

(2)系统的原理和技术及对原系统的改善。

(3)系统总体结构及子系统结构说明。

(4)系统功能说明。

(5)数据处理概要、工程体制和设计阶段划分。

(6)系统方案及技术、经济、功能和操作上的可行性。

除此之外,还包含软硬件的规格指标、组织结构图、数据流图、功能模块图、数据字典等。

7.2.1 需求分析的方法

在调查了解用户的需求后,还需要分析和抽象用户的需求。用于需求分析的方法有多种,主要有自顶向下的需求分析(图7.3)和自底向上的需求分析(图7.4)两种。

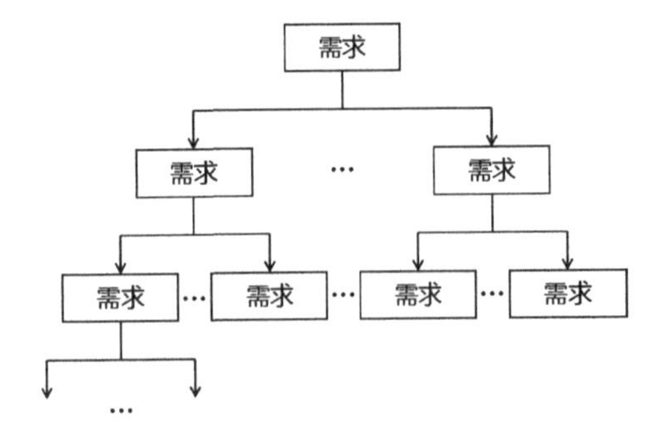

图7.3 自顶向下的需求分析

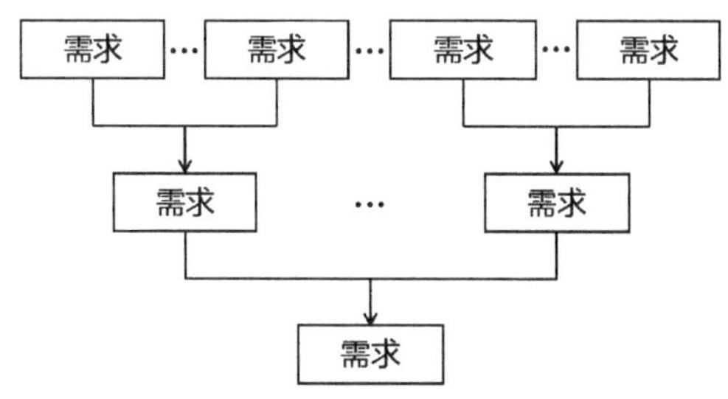

图7.4 自底向上的需求分析

图7.3中，自顶向下的分析方法称为结构化分析方法(Structured Analysis，SA)，是最简单实用的方法。它从最上层的系统组织机构入手，采用逐层分解的方式分析系统，每层都用数据流图(Data Flow Diagram，DFD)和数据字典(Data Dictionary，DD)描述。

7.2.2 数据流图

数据流图是软件工程中专门描述信息在系统中流动和处理过程的图形化工具。由于其思路清晰、容易理解，因此是技术人员和用户之间很好的交流工具。使用SA方法，任何系统都可以抽象为如图7.5所示的数据流图，由数据来源、处理、数据输出和数据存储表示，箭头表示数据流向。

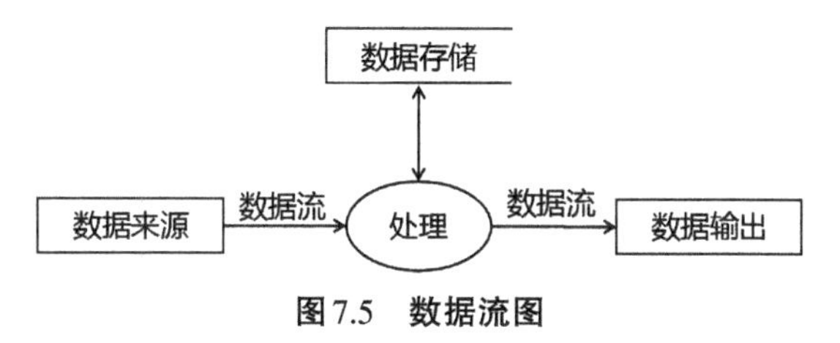

图7.5 数据流图

数据流图表达了数据和处理过程的关系。越高层次的数据库数据流图越抽象，越低层次的数据流图越具体。为了反映更详细的内容，可以将处理功能分解为若干子处理。还可以将子处理继续分解，形成若干层次的数据流图，如图7.6所示。

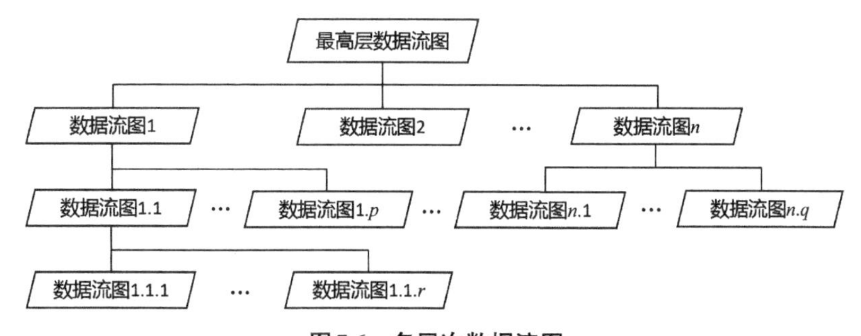

图7.6 多层次数据流图

数据流图主要由数据流、数据存储(或数据文件)、数据处理(或加工)、数据的源点和终点4种要素构成，其中数据流用箭头表示，其他元素的表示符号如图7.7所示。

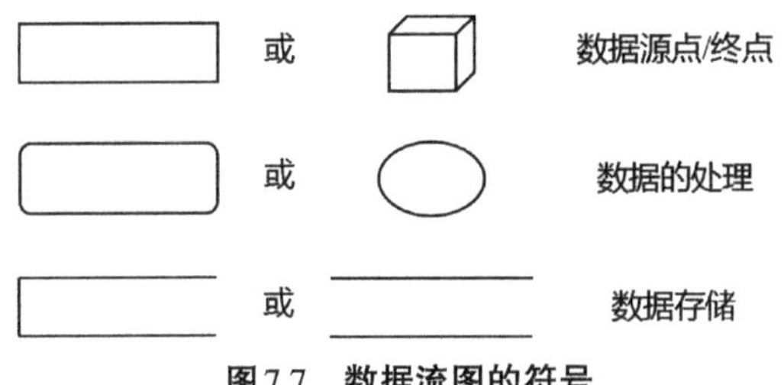

图7.7　数据流图的符号

数据流是数据在系统内的传播路径，一般用名词或者名词短语命名，它由一组固定的数据项（如教师由教师编号、姓名、性别、职称等构成）组成，在加工之间、加工与数据源点之间、加工与数据存储之间流动。

数据的源点和终点为系统的外部环境实体，如人员、组织或者其他软件系统，一般只出现在数据流图的顶层图中。

数据处理（或加工）指对数据流进行操作或变换，一般用动词或者动词短语表示其名字，描述完成什么加工。

数据存储（或数据文件）指保存数据的数据库文件。流向数据存储的数据流通常可理解为写入文件或者查询文件，从数据存储流出则可理解为读取数据或者得到查询结果，除了图7.7的表示方法外，还可以用"——"横线来表示数据文件。

1.画数据流图的步骤

画数据流图步骤是先全局后局部，先整体后细节，先抽象后具体，具体如图7.8所示。

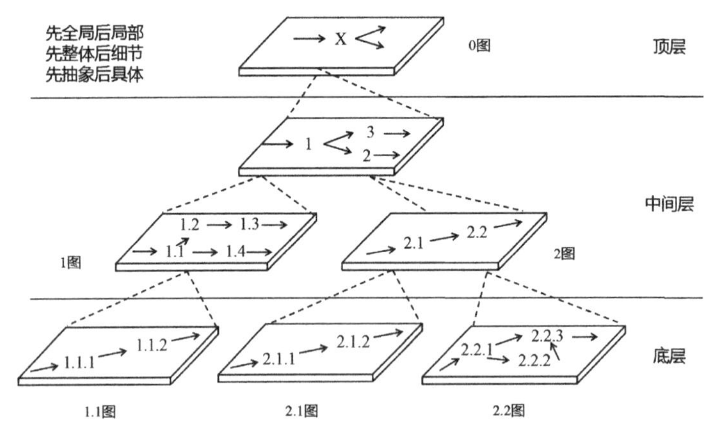

图7.8　数据流图（DFD）的画图步骤

第一步：画顶层数据流图。它表示系统有哪些输入数据，经过一个加工后，其终点到哪里去。如图7.9所示的图书馆借书还书系统顶层数据流图，读者向图书管理员发出借书或者还书的请求，交由系统处理完请求，结果发回给图书管理员。

图7.9　图书馆借书还书系统顶层数据流图

第二步:画下一层的数据流图。按照自顶向下、由外向内的方法把一个系统分解为多个子系统,为其画子数据流图,而每层数据流图中的加工还可以继续再分解为更具体细致的下一层数据流图,直到不能分解为止。图书馆借书还书系统主要由借书管理和还书管理两个主要功能构成,上面的顶层数据流图分解为图7.10,而借书管理和还书管理又可以继续细化,其细化后的下层数据流图如图7.11所示。借书管理细化为借书查找和结束登记,借书查找需要的数据来自读者文件和图书文件,而借书信息最终需要保存到借书文件中;还书管理细化为还书查找、罚款处理、还书处理,还书查找需要查看借书文件,还书完成后需要修改借书文件和图书文件。

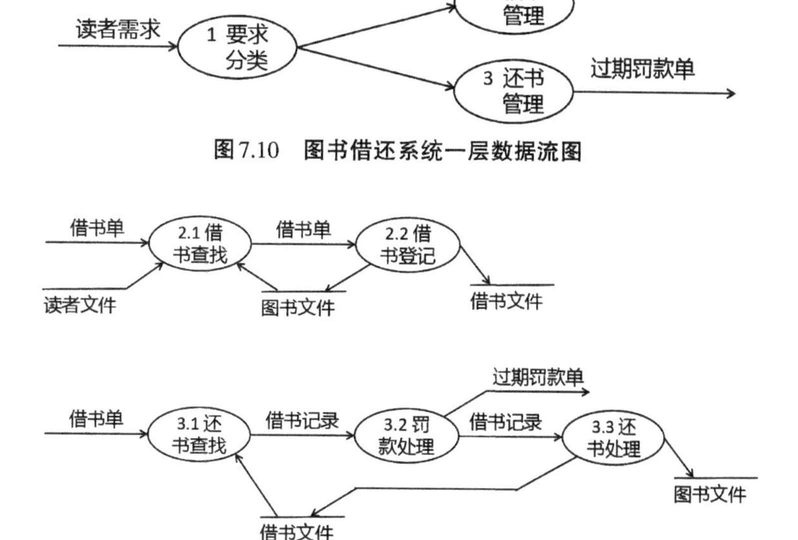

图7.10　图书借还系统一层数据流图

图7.11　图书借还系统底层数据流图

2. 画分层DFD图的基本原则

(1)数据守恒与数据封闭原则。

所谓数据守恒是指加工的输入输出数据流是否匹配,即每一个加工既有输入数据流又有输出数据流。或者说一个加工至少有一个输入数据流、一个输出数据流。

数据封闭是对整个系统而言。整个系统是封闭的,即不存在箭头所指内容没有实体或存储的情况。

(2)加工分解原则。

自然性:概念上合理、清晰;

均匀性:理想的分解是将一个问题分解成大小均匀的几个部分;

分解度:一般每一个加工每次分解最多不要超过七个子加工,每次分解应分解到基本加工为止。

3. 分层DFD图的改进

DFD图必须经过反复修改,才能获得最终的目标系统的逻辑模型(目标系统的

DFD图)。可从以下方面考虑DFD图的改进:

(1)检查数据流的正确性。

① 数据守恒。

② 子图、父图的平衡,父图和子图数据流应该相等或者子图的数据流来自父图的细化。

③ 文件使用是否合理。特别注意输入或输出文件的数据流。

(2)改进DFD图的易理解性。

① 简化各加工之间的联系(加工间的数据流越少,独立性越强,易理解性越好)。

② 改进分解的均匀性。

③ 适当命名(各成分名称无二义性,准确、具体)。

4.画数据流图的注意事项

(1)图中的每个元素都应该有名字。

(2)每个加工至少有一个输入数据流和一个输出数据流。

(3)需要编号。当把上层数据流图的某个加工分解为另一张数据流图时,上层数据流图则为父图,下层数据流图则为子图,父图和子图都应该有相应的编号。如果父图加工编号为1,则子图的每个加工的编号的构成应该是1. 1,1. 2,1. 3 , … , 1.n。

(4)任何一个子数据流图都必须与它上一层的一个加工对应,两者的输入数据流和输出数据流必须一致,即必须保持平衡。

(5)每个数据流必须有流名(除与文件之间的保存和查询流名可省略外,其余必须标明数据流名)。

图7.12为学生选课数据流图,主要由学生选课、成绩登录、打印成绩单、打印选课单四个加工构成,涉及学生、课程、学生选课三个数据存储文件。

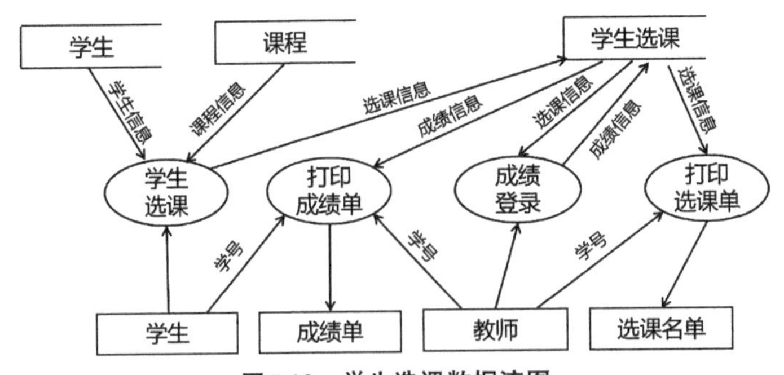

图7.12 学生选课数据流图

数据流图表达了数据和处理的关系,并没有对各个数据流、加工处理、数据文件存储进行详细说明,数据流和数据文件的名字并不能详细说明其组成成分和数据特性,而加工处理也不能反映其过程。

7.2.3　数据流图实例

【例7.1】 医院病房监护系统，系统功能要求：

(1)监视病员的病症(血压、体温、脉搏等)；

(2)定时更新病历；

(3)病员出现异常情况时报警；

(4)随机地产生某一病员的病情报告。

由系统功能得出不同层级数据流图分别如图7.13，图7.14，图7.15所示。

顶层：根据产生数据的实体和完成系统的数据流向画出顶层的数据流图。

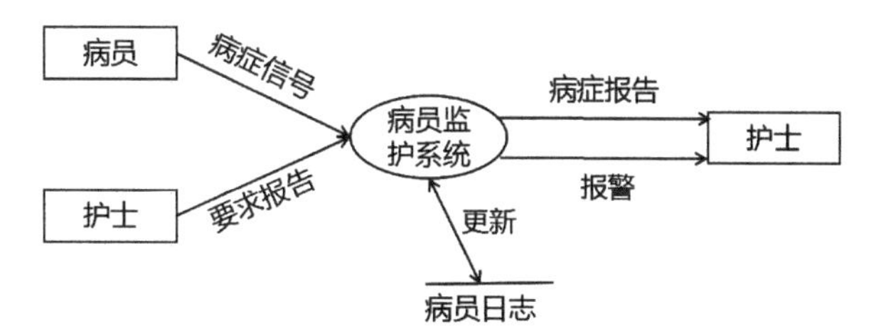

图7.13　医院病房监护系统的顶层数据流图

第一层(0层)：将整个系统划分为几个主要的加工处理模块，并画出整个系统各个加工处理模块的数据流图。

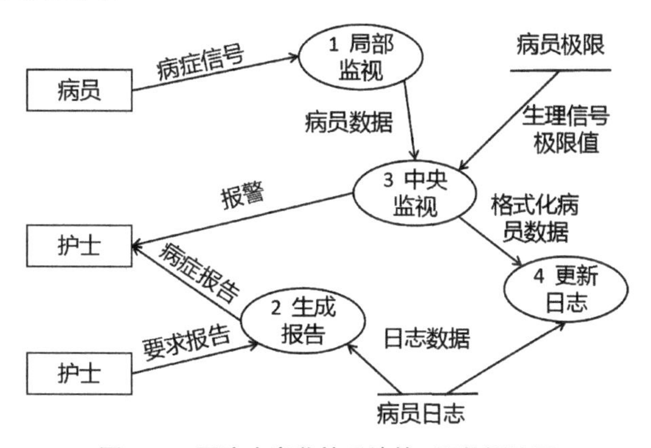

图7.14　医院病房监护系统的0层数据流图

在画数据流图时必须保持数据守恒和数据封闭原则。

第二层(1层)：主要针对某加工模块进行细化分解，如图7.15就是对图7.14中的“3中央监视”加工模块的分解。

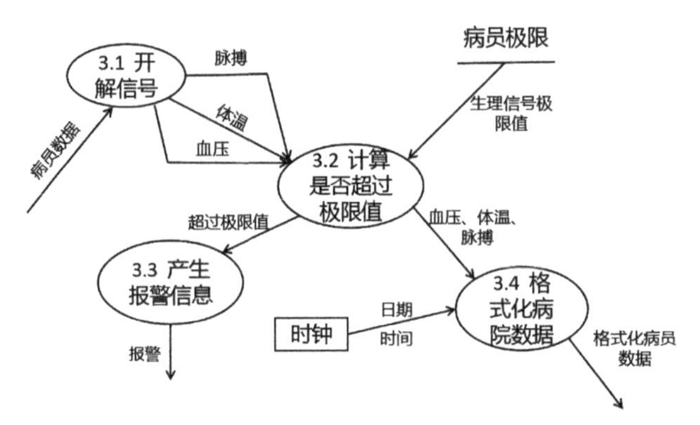

图7.15 医院病房监护系统“中央监视”1层数据流图

7.2.4 数据流图小结

(1)自顶向下逐层扩展的目的是要把一个复杂的大系统逐步地分解成若干个简单的子系统。

(2)逐层扩展并不等于肢解或蚕食系统,使系统失去原有的面貌,而是要始终保持系统的完整性和一致性。

(3)扩展出来的数据流程图要使用户理解系统的逻辑功能,满足用户的要求。

(4)如果扩展出来的数据流程图已经基本表达了系统所有的逻辑功能和必要的输入、输出,那么就没有必要再向下扩展了。只要系统设计员和程序员在看到数据流程图中的每一个处理逻辑以后,会在头脑里形成一个简要的逻辑系统即可。

(5)一个处理逻辑向下一层扩展出来的数据流程图,它所包含的处理在七个或八个以内比较合适。

7.2.5 数据字典

数据字典是系统中数据的详细描述,用来定义数据流图中各个成分的具体含义,是各类数据结构和属性的清单,是需求分析的重要成果。它在需求分析阶段通常包括数据项、数据结构、数据流、数据存储和处理过程五个部分。

数据项是数据不可再分的数据单位,一般包含数据项名、含义说明、别名、数据类型、长度、取值范围、取值含义、与其他数据项的关系。

数据结构是数据项有意义的集合,内容包括数据结构名称、含义说明、数据项名。

数据流表示数据结构在系统内传输的路径。它主要包括数据流名、说明、数据流来源、数据流去向、组成、平均流量、高峰期流量。

数据存储是数据结构停留或保存的地方,也是数据流的来源和去向之一。它主要包括数据存储名、说明、编号、流入的数据流、流出的数据流、组成、数据量、存取方式、存取频度。

处理过程的处理逻辑一般用判定表或判定树来描述。数据字典中只用来描述处理过程的说明性信息,包括名称、说明、输入数据流、输出数据流、处理。

例如,为学生选课数据流图定义数据字典。

(1)数据项:以“课程编号”为例。

数据项名:课程编号。

数据项含义:唯一标识每门课程。

别名:课程编号。

数据类型:字符型。

长度:8。

取值范围:00 000 ~ 99 999。

与其他数据项的逻辑关系:无。

(2)数据结构:以“课程”为例。

数据结构名:课程。

含义说明:定义了一个课程的有关信息。

数据项名:课程编号、课程名、学分。

(3)数据流:以“成绩信息”为例。

数据流名:成绩信息。

说明:学生所选课程的成绩。

数据流来源:成绩登录处理。

数据流去向:学生选课存储。

组成:学号、课程编号、成绩。

平均流量:每天50个。

高峰期流量:每天200个。

(4)数据存储:以“课程”为例。

数据存储名:课程。

说明:记录学校开设的所有课程。

编号:无。

流入的数据流:无。

流出的数据流:课程信息。

组成:课程编号、课程名、学分。

数据量:600个记录。

存取方式:随机存取。

(5)处理过程:以“打印成绩单”为例。

处理过程名:打印成绩单。

说明:教师和学生都可以打印成绩单。

输入数据流:成绩信息、学号信息。

输出数据流:输入的学号及其成绩。

处理:连接打印机、打印成绩单。

7.3 概念结构设计

在前面的需求分析阶段,设计人员已经充分调查并描述了用户的需求,但这些需求是现实世界的具体要求,只有把这些需求抽象为信息世界的表达,才能更好地实现用户的需求。概念结构设计就是将需求分析得到的用户需求抽象为信息结构的过程,即概念模型。概念模型独立于任何计算机系统,并可以转换为计算机上任一DBMS支持的特定的数据模型。人们提出了很多概念模型,其中最著名的就是E-R模型,它将现实世界的信息结构统一用实体、属性及实体间的联系来描述。

7.3.1 概念模型的特点

概念模型作为概念结构设计的表达工具,是连接需求分析和数据库逻辑结构的桥梁。它应具备以下特点。

(1)概念模型可以真实地反映现实世界,表达用户的各种需求,包括事物和事物之间的联系及满足用户对数据的处理要求。

(2)概念模型应易于理解和交流。概念模型是DBA、应用开发人员和用户之间交流的主要界面。因此,概念模型要表达自然、直观和容易理解,以便和不熟悉计算机的用户交换意见,用户的积极参与是保证数据库设计成功的关键。

(3)概念模型易于修改和扩充,能够随着用户的需求和现实环境的变化而改变。

(4)概念模型易于向各种数据模型转化。概念模型独立于特定的DBMS,因而更加稳定,能方便地向关系模型、网状模型、层次模型、面向对象模型等数据模型转化。

7.3.2 概念结构设计方法

根据实际情况的不同,E-R模型的设计一般有以下四种方法。

1.自顶向下策略

先定义全局概念结构的框架,再逐步求精细化,如图7.16所示。

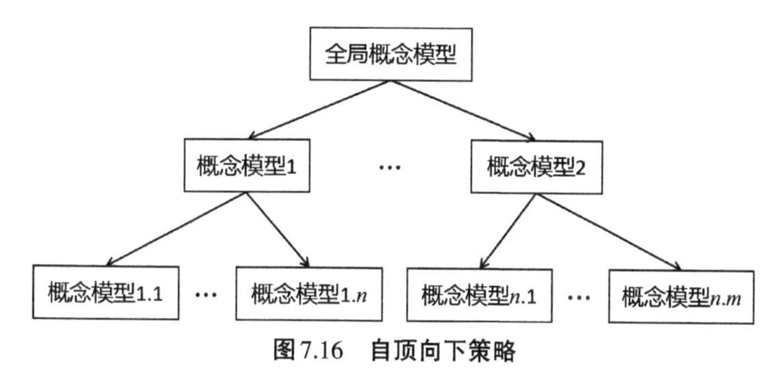

图7.16 自顶向下策略

2. 自底向上策略

先定义各局部应用的概念结构,然后再将各局部概念结构集成为全局概念结构,如图7. 17所示。

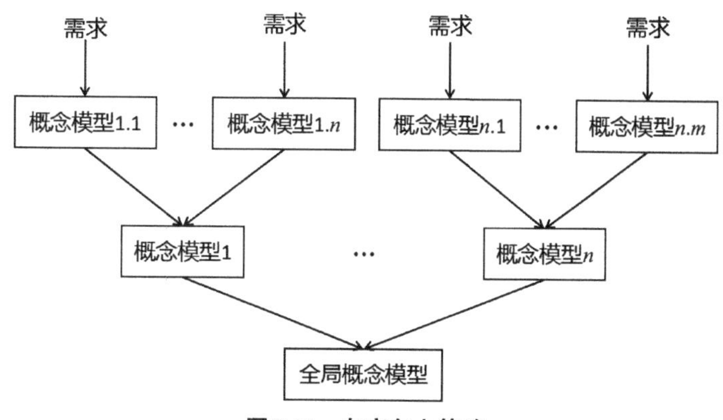

图7.17 自底向上策略

3. 逐步扩张策略

先定义最重要的核心概念结构,然后再向外扩张,以滚雪球的方式逐步生成其他概念,直至完成全局概念结构,如图7.18所示。

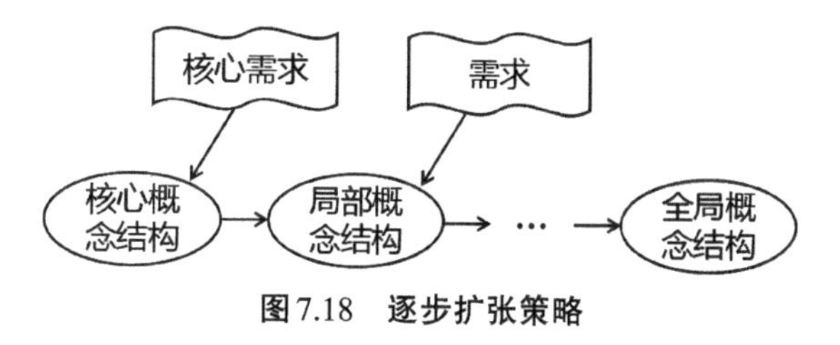

图7.18 逐步扩张策略

4. 混合策略

将自顶向下和自底向上相结合,用自顶向下策略设计一个全局概念结构的框架,以它为骨架集成由自底向上策略中涉及的各局部概念结构。经常采用自顶向下的需求分析,然后再采用自底向上的概念结构设计,如图7.19所示。

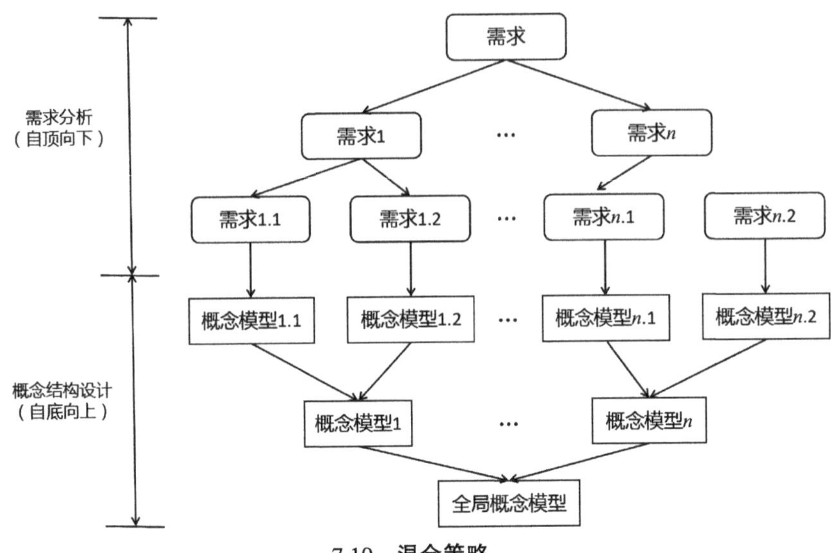

7.19 混合策略

这里只介绍自底向上的概念结构设计方法，首先抽象数据并进行局部概念模型(局部E-R图)设计，再集成局部E-R图，得到全局概念模型(全局E-R图、综合E-R图)设计，如图7.20所示。

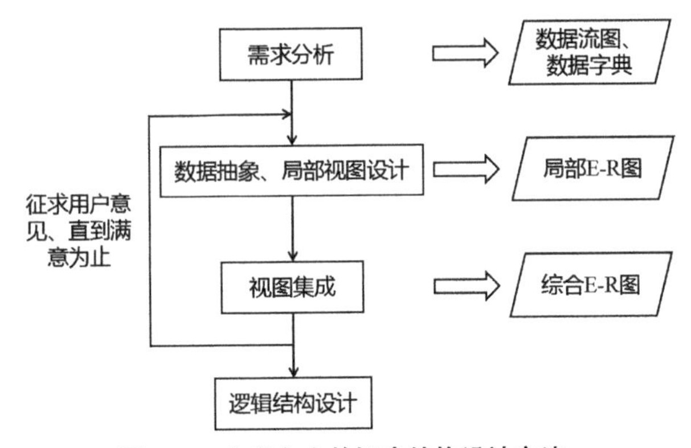

图7.20 自底向上的概念结构设计方法

7.3.3 数据抽象和局部E-R模型设计

概念结构是对现实世界的一种抽象。所谓抽象是对实际的人、物、事和概念进行人为处理，它抽取人们关心的共同特性，忽略非本质的细节，并把这些特性用各种概念精确地加以描述，这些概念组成了某种模型。概念结构设计首先要根据需求分析得到的结果(数据流图、数据字典等)对现实世界进行抽象，设计各个局部E-R模型。

1.数据抽象

(1)选择局部应用。

根据前文需求分析得到的结果(如数据流图、数据字典等)，在多层数据流图中选择一个适当层次的数据流图，作为E-R图的出发点。实际工作中，人们往往以中层数据流图作为设计分E-R图的依据。

(2)对每个局部应用进行数据抽象。

在前面选择好局部应用之后,每个局部应用都对应了一组数据流图,而其所涉及的数据信息都保存在数据字典中,结合数据流图与数据字典的信息,抽象出局部应用对应的实体类型、属性、实体间的联系。一般来说,"数据结构""数据存储"对应实体,而其组成的数据项对应属性,处理对应联系。

数据抽象就是将需求分析阶段收集到的数据进行分类、组织,从而形成信息世界的实体、属性、实体间的联系。数据抽象主要有分类(classification)、聚集(aggregation)、概括(generalization)三种方法。

分类:定义某一类概念作为现实世界中一组对象的类型,这些对象具有某些共同的特性和行为。它抽象了值和型之间的语义。实体型就是实体的抽象。实体型"教师"就是对实体"张音、刘晓、陈笑、李超"的抽象,表示"张音、刘晓、陈笑、李超"是"教师"实体型中的一员,其共同的特性和行为是:在某个院系教授某些课程。

聚集:定义某一类型的组成成分。它抽象了对象内部类型和成分之间的语义。在E-R模型中,实体型就是若干属性组成的。实体型"专职教师"就是属性"职工编号、姓名、性别、职称、专业、所在院系"的抽象,表示"专职教师"实体型是由"职工编号、姓名、性别、职称、专业、所在院系"组成。

概括:定义类型之间的一种父子集联系。它抽象了类型之间的语义。在E-R模型中,实体型"教职工"就是对"专职教师"和"行政管理人员"的抽象。实体型"教职工"为超类或父类,实体型"专职教师"和"行政管理人员"称为子类。

2.局部E-R模型设计

概念结构设计的第一步就是对需求分析阶段收集到的数据进行分类、组织,确定实体、实体的属性、实体之间的联系类型,形成E-R图。如何确定实体和属性这个看似简单的问题常常会困扰设计人员,因为实体与属性之间并没有形式上可以截然划分的界限。

事实上,在现实世界具体的应用环境中,人们对实体和属性已经作了符合自然规律的划分。在数据字典中,数据结构、数据流和数据存储都是若干属性有意义的聚合,这就已经体现了这种划分。可以先从这些内容出发定义E-R图,然后再进行必要的调整。在调整中遵循的一条原则是:为了简化E-R图的处置,现实世界的事物能作为属性对待的尽量作为属性对待。

那么,符合什么条件的事物可以作为属性对待呢?可以依据以下两条准则:

(1)作为属性,不能再具有需要描述的性质,即属性必须是不可分的数据项,不能包含其他属性。

(2)属性不能与其他实体具有联系,即E-R图中所表示的联系是实体之间的联系。凡满足上述两条准则的事物,一般均可作为属性对待。

例如,学生是一个实体,学号、姓名、性别、年龄和系别等是学生实体的属性。这时,系别只表示学生属于哪个系,不涉及系的具体情况,换句话说,没有需要进一步描述的特性,即是不可分的数据项,则根据准则(1)可以作为学生实体的属性。但如果考虑一个系的系主任、学生人数、教师人数、办公地点等,则系别应作为一个实体。如图7.21所示系名作为属性或实体的区别。

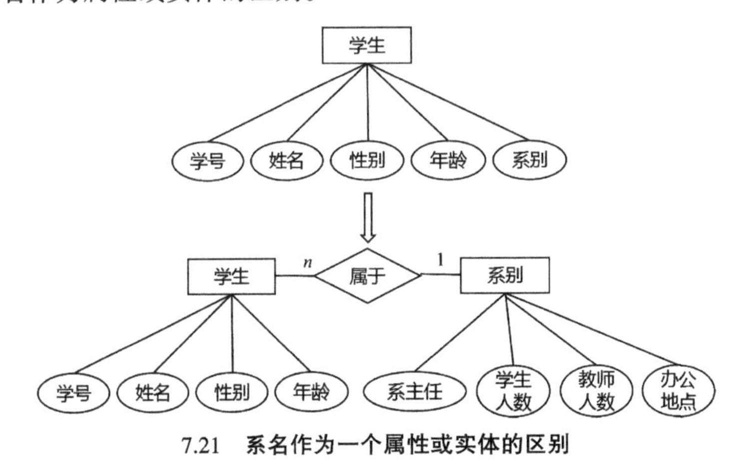

7.21 系名作为一个属性或实体的区别

又如,职称为教师实体的属性,但在涉及住房分配时,由于分房与职称有关,即职称与住房实体之间有联系,则根据准则(2),职称应作为一个实体。如图7.22所示职称作为属性或实体的区别。

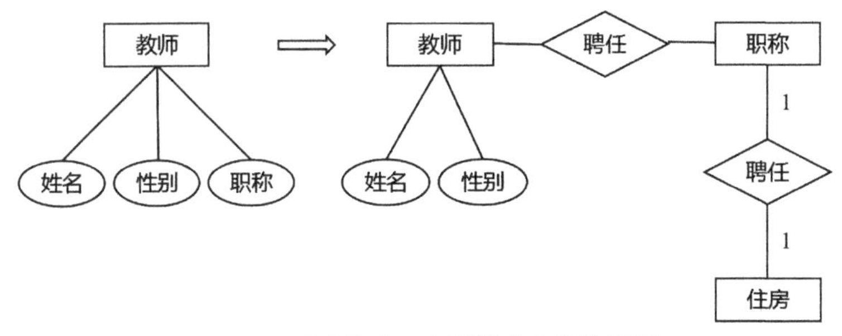

图7.22 职称作为一个属性或实体的区别

此外,可能会遇到如下的情况,同一数据项可能由于环境和要求的不同,有时作为属性,有时则作为实体,此时必须根据实际情况而定。一般情况下,凡能作为属性对待的,应尽量作为属性,以简化E-R图的处理。形成局部E-R图后,应该返回去征求用户意见,以求改进和完善,使之如实地反映现实世界。

3.逐一设计各局部E-R图

根据每个局部应用对应的数据字典及数据流图,逐一确定实体类型、联系类型,组合成E-R图,并确定实体类型、联系类型的属性,以及确定实体类型的键。

7.3.4 全局概念模型设计

无论采用哪种方法进行集成,形成全局E-R图都有以下三个步骤。

步骤一:E-R图集成。合并所有分E-R图,形成初步的全局E-R图。

步骤二:消除冲突。形成基本的全局E-R图。

步骤三:消除冗余。消除不必要的冗余,形成优化的全局E-R图。

1.E-R图集成

局部E-R图设计好后,下一步就是集成各局部E-R图,形成全局E-R图。集成的方法有两种。

(1)多元集成法。一次性将多个局部E-R图合并为一个全局E-R图,如图7.23所示。

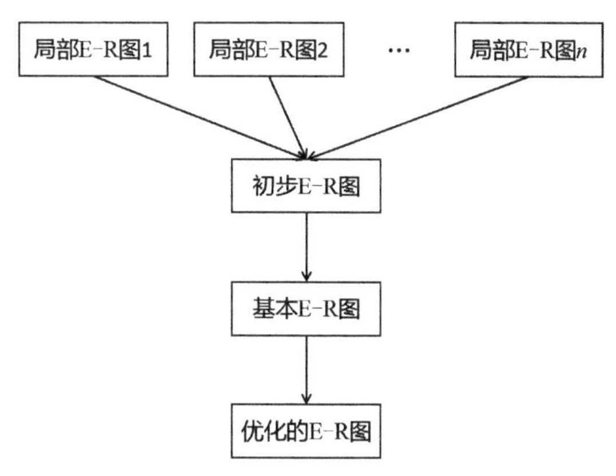

图7.23 多元集成法

(2)二元集成法。先集成两个重要的局部E-R图,再用累加的方法逐步将剩余的局部E-R图集成进来,如图7.24所示。

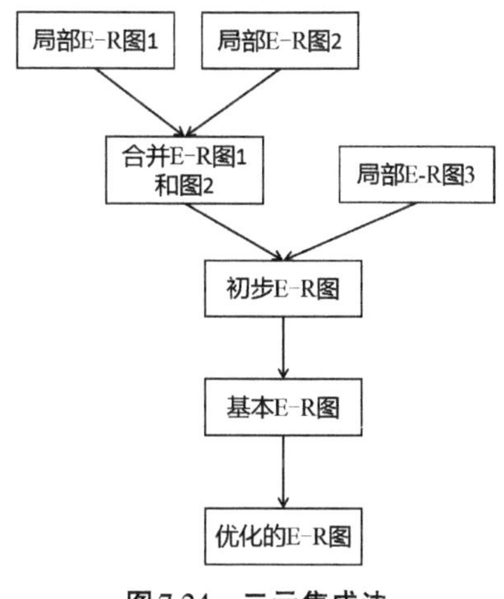

图7.24 二元集成法

2.消除冲突

各个局部应用对应的局部E-R图不都是由同一个设计者设计的,这就造成了各个局部E-R图中必然会出现很多不一致的地方,这种情况称为冲突。合理地消除这些冲突,是形成基本全局E-R图的关键工作。主要有以下几种冲突。

(1)属性冲突。

属性冲突分为属性域冲突和属性取值单位冲突。属性域冲突即属性值的类型、取值范围或取值集合不同。例如教师编号,不同的设计者可能用不同的编码方式,有的用整数,有的用字符型。又如性别,有的设计者用“男”或者“女”表示,有的设计者用“f”或者“m”表示。对于取值单位的冲突,如计量单位、商品的质量,有的可能以千克为单位,而有可能以公斤为单位。

(2)命名冲突。

命名冲突分为异名同义和同名异义。异名同义是指同一实体或属性在不同的局部E-R图中的名字不同。同名异义是指相同的名字在不同的局部E-R图中是指不同实体或者属性。

处理属性冲突和命名冲突可以通过讨论和协商的手段解决。

(3)结构冲突。

结构冲突,即同一对象在不同的局部E-R图中分别被作为实体和属性。例如,教师在某一局部E-R图中当作实体,而在另一局部E-R图中却当作属性。应该将其统一为实体或者统一为属性。

同一实体在不同的局部E-R图中包含的属性个数和属性排列顺序不完全相同。这是由于不同局部应用关注的是实体的不同侧面。解决方法是取该实体在各局部E-R图中的并集,再适当调整属性的次序。

实体型之间的联系在不同局部E-R图中为不同的类型,如实体E1和实体E2在某局部E-R图中为一对一的联系,而在另外的局部E-R图中却为一对多的联系,还有可能存在E1,E2,E3三个实体间有联系。解决方法是根据应用进行综合和调整。例如,在图7.25中,零件与产品之间存在多对多的“构成”联系,产品、零件与供应商三者之间还存在多对多的“供应”联系,这两个联系不能相互包含,在合并时应该将它们综合起来。

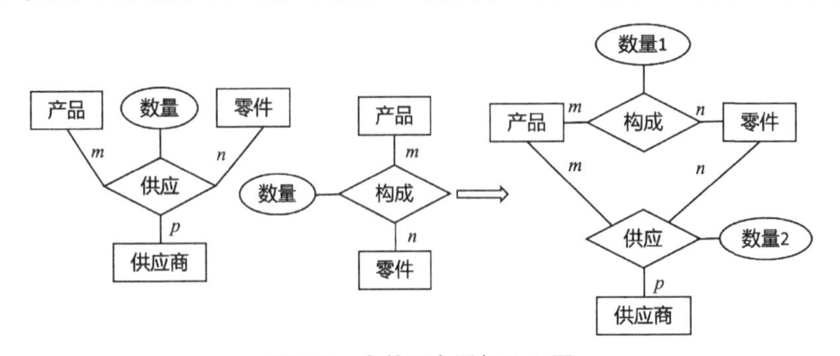

图7.25 合并两个局部E-R图

3.消除冗余

获得了基本的全局E-R图后，还可能存在冗余的数据和冗余的联系。冗余的数据是指可由基本数据导出的数据，冗余的联系是指可由其他联系导出的联系。冗余的数据和冗余的联系容易破坏数据库的完整性，给数据库的维护造成困难，应当予以消除。

一般根据数据流图和数据字典中数据项之间的逻辑关系的说明来消除冗余。

但是，在优化的过程中，不是所有的冗余数据和联系都需要被消除。有时为了提高系统效率，以保留冗余的数据和联系为代价。到底是保留，还是消除冗余信息，设计者需要根据用户的要求，在存储空间、访问效率、维护代价之间进行权衡，并做出决策，得到最终的全局E-R图。

例如，在简单的教务管理系统中有如下语义约束。

(1)一个学生可选修多门课程，一门课程可被多个学生选修。

(2)一个教师可教授多门课程，一门课程可由多个教师讲授。

(3)一个系可有多个教师，一个教师只能属于一个系；系和学生也存在同样的联系。

根据上述约定可以得到图7.26所示的学生选课局部E-R图和图7.27所示的教师授课局部E-R图。

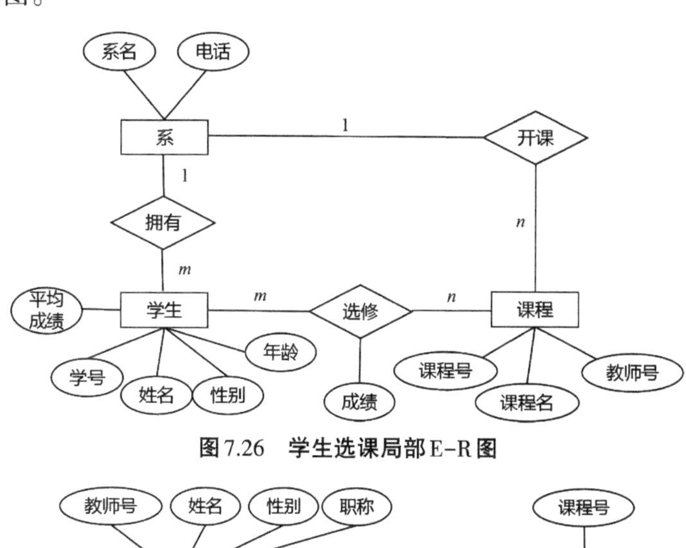

图7.26　学生选课局部E-R图

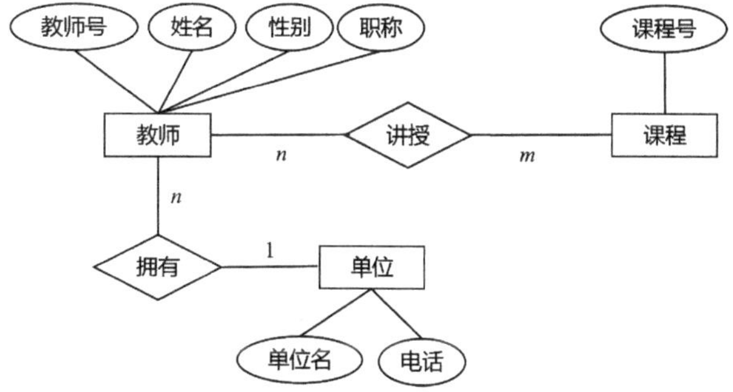

图7.27　教师授课局部E-R图

把上面两个局部E-R图合并，消除冲突形成基本的全局E-R图，如图7.28所示。

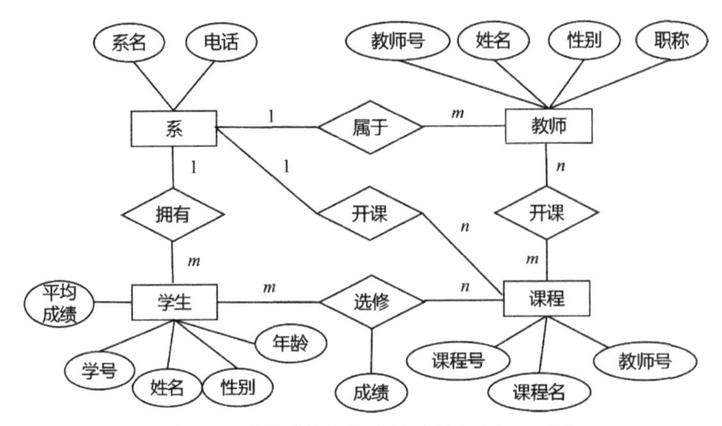

图7.28　教务管理系统基本的全局E-R图

在前面的基本全局E-R图中，学生的“平均成绩”属于冗余属性，它可以由“选修”联系中的属性“成绩”计算出来，而课程实体的“教师号”也可以由“讲授”联系推导出来。除此之外，“系”和“课程”之间的“开课”联系可以由“系”和“教师”的“属于”联系及“教师”和“课程”之间的“讲授”联系推导出来。教务管理系统的最终的全局E-R图如图7.29所示。

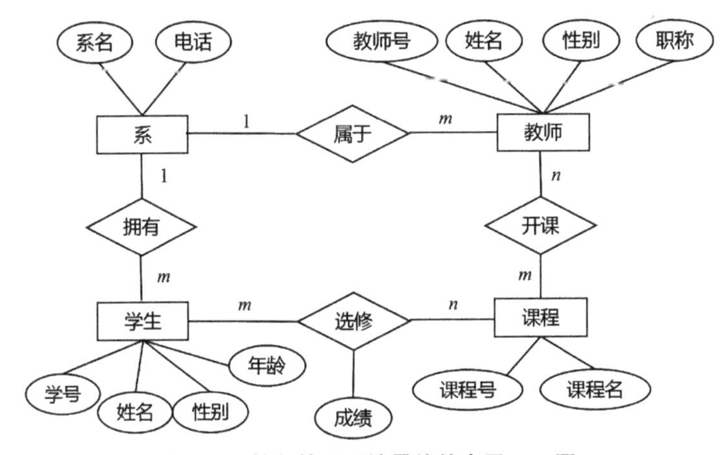

图7.29　教务管理系统最终的全局E-R图

7.4　逻辑结构设计

概念模型是独立于任何DBMS数据模型的信息结构。逻辑结构设计的任务是将概念结构设计阶段完成的全局E-R模型转换为DBMS支持的数据模型。它一般分为三个步骤。

第一步：将概念结构转换为一般的关系、网状、层次或者面向对象等其他数据模型。

第二步:将转换来的关系、网状、层次或者面向对象等其他数据模型进行优化。

第三步:设计用户子模式。

目前市场上流行的商品化DBMS大部分都是关系型数据库管理系统(RDBMS),因此这里只介绍E-R图到关系模型的转化。

7.4.1　E-R图向关系模型的转换

E-R图向关系模型的转换要解决的问题是:如何将实体型和实体间的联系转换为关系模式,如何确定这些关系模式的属性和码。

1.转换原则

关系模型的逻辑结构是一组关系模式的集合。E-R图则是由实体型、实体的属性和实体型之间的联系三个要素组成的,所以将E-R图转换为关系模型实际上就是要将实体型、实体的属性和实体型之间的联系转换为关系模式。下面介绍转换的一般原则。一个实体型转换为一个关系模式,关系的属性就是实体的属性,关系的码就是实体的码。

2.实体的转换

(1)常规实体的转换。

对于每个常规实体*E*,创建一个对应的关系*R*,关系*R*的字段由*E*中所有的简单属性组成。其中,选择实体E的主键作为关系*R*的主键。

例如,图7.30中学生实体包含属性有姓名、年龄、学号;学号为主键。

学生实体对应的关系模式为:学生(<u>学号</u>,姓名,年龄)

图7.30　学生实体

(2)弱实体的转换。

对于每个弱实体*W*及其所依附的强实体*E*,创建关系*R*包含*W*的所有的简单属性、复合属性以及强实体*E*的主键。

关系*R*的主键是由强实体的主键加*W*的部分键构成的。

例如,公司数据库中的家属是职工的弱实体,如图7.31所示。根据转换规则,弱实体家属对应的关系模式为:家属(<u>职工编号,家属姓名</u>,性别,年龄),由职工编号和家属姓名共同组成。

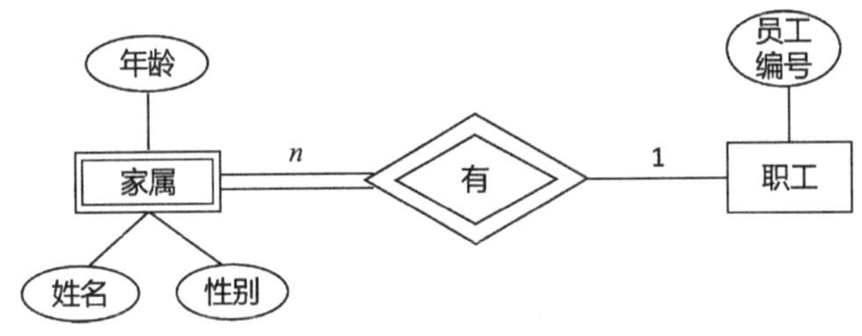

图7.31 家庭弱实体

3.联系的转换

(1)一个1∶1联系可以转换为一个独立的关系模式,也可以与任意一端对应的关系模式合并。如果转换为一个独立的关系模式,则与该联系相连的各实体的码以及联系本身的属性均转换为关系的属性,每个实体的码均是该关系的候选码。如果与某一端实体对应的关系模式合并,则需要在该关系模式的属性中加入另一个关系模式的码和联系本身的属性。

例如,部门实体与职工实体之间的管理联系,其中部门实体为完全参与,职工实体为部分参与,联系上有属性"开始日期",如图7.32所示。

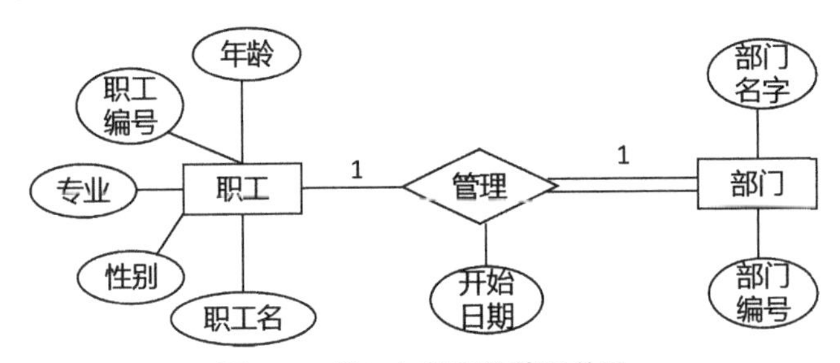

图7.32 职工与部门的管理关系

第一步,首先转换两个实体。

部门(<u>部门编号</u>,部门名字)

职工(<u>职工编号</u>,职工名,性别,专业,年龄)

第二步,转换联系。将联系作为一个独立的关系的关系模式。

部门(<u>部门编号</u>,部门名字)

职工(<u>职工编号</u>,职工名,性别,专业,年龄)

管理(<u>部门编号,职工编号</u>,开始日期)

或者把职工实体的主键"职工编号"及管理联系上的属性"开始日期"加入到部门关系中。

部门(<u>部门编号</u>,部门名字,职工编号,开始日期)

职工(<u>职工编号</u>,职工名,性别,专业,年龄)

或者把部门实体的主键"部门编号"及管理联系上的属性"开始日期"加入到职工关系中。

部门(<u>部门编号</u>,部门名字)

职工(职工编号,职工名,性别,专业,年龄,部门编号,开始日期)

(2)一个1∶n联系可以转换为一个独立的关系模式,也可以与n端对应的关系模式合并。如果转换为一个独立的关系模式,则与该联系相连的各实体的码以及联系本身的属性均转换为关系的属性。如果与n端合,则将1端的码加入n端,关系的码为n端实体的码。

例如,系实体与学生实体的拥有关系是一个1∶n的关系,如图7.33所示。

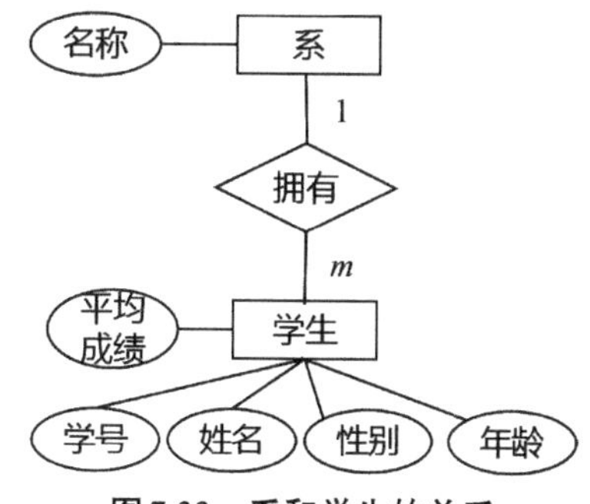

图7.33　系和学生的关系

第一步,首先转换两个实体。

系(系编号,系名称)

学生(学号,姓名,性别,年龄,平均成绩)

第二步,转换联系。将联系作为一个独立的关系的关系模式。

系(系编号,系名称)

学生(学号,姓名,性别,年龄,平均成绩)

拥有(系编号,学号)

或者与n端进行合并

系(系编号,系名称)

学生(学号,姓名,性别,年龄,平均成绩,系编号)

(3)一个n∶m联系转换为一个关系模式,与该联系相连的各实体的码以及联系本身的属性均转换为关系的属性,各实体的码组成关系的码或关系码的一部分。

例如,学生与课程之间的选修联系如图7.34所示。

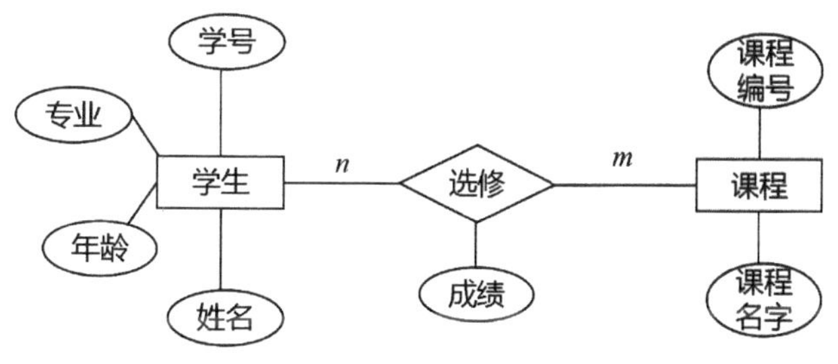

图7.34　学生和课程之间选修联系

第一步，转换两个实体。

学生(学号，姓名，年龄，专业)

课程(课程编号，课程名字)

第二步，转换联系：根据转换规则，选修关系的码为学生关系和课程关系主码的组合。转换后结果为：

选修(学号，课程编号，成绩)

(4)三个或三个以上实体间的一个多元联系可以转换为一个关系模式。与该多元联系相连的各实体的码以及联系本身的属性均转换为关系的属性，各实体的码组成关系的码或关系码的一部分。

例如，供应商、项目和零件三个实体之间的多对多联系，如图7.35所示。

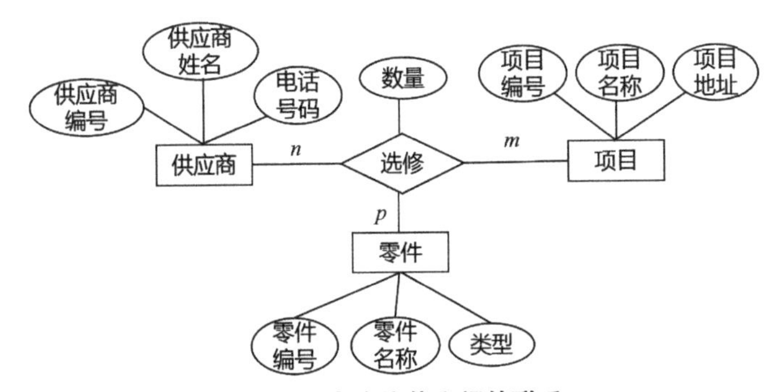

图7.35　多个实体之间的联系

第一步，转换实体。

供应商(供应商编号，供应商姓名，电话号码)

项目(项目编号，项目名称，项目地址)

零件(零件编号，零件名称，类型)

第二步，转换联系。根据转换规则，三个实体的主码分别为“供应商号”“项目号”与“零件号”，则它们之间的联系“供应”可转换为以下关系模式，其中供应商号、项目号、零件号为此关系的组合关系的主码。

因此，转换后的结果为四个关系。

供应商(供应商编号，供应商姓名，电话号码)

项目(项目编号，项目名称，项目地址)

零件(零件编号，零件名称，类型)

供应(供应商编号，项目编号，零件编号，数量)

其中，主键由三个实体的主键组合而成。

(5)具有相同码的关系模式可合并。

下面把图7.36中的E-R图转换为关系模型。关系的码用下划线标出。

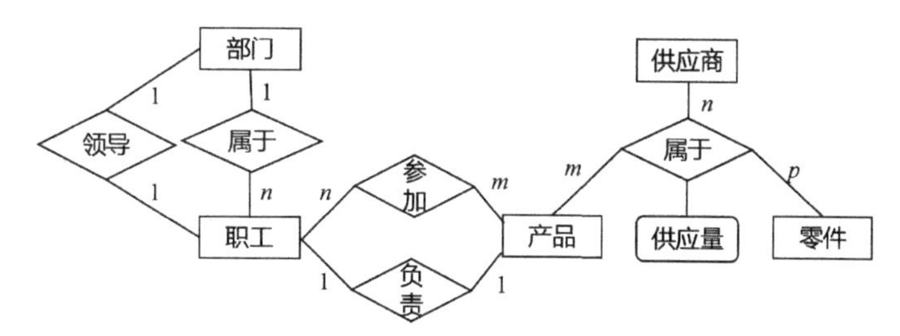

图7.36　工厂管理子系统E-R图

部门(部门号,部门名,经理的职工号,…)

此为部门实体对应的关系模式。该关系模式已包含了联系“领导”所对应的关系模式。经理的职工号是关系的候选码。

职工(职工号、部门号,职工名,职务,…)

此为职工实体对应的关系模式。该关系模式已包含了联系“属于”所对应的关系模式。

产品(产品号,产品名,产品组长的职工号,…)

此为产品实体对应的关系模式。

供应商(供应商号,姓名,…)

此为供应商实体对应的关系模式。

零件(零件号,零件名,…)

此为零件实体对应的关系模式。

参加(职工号,产品号,工作天数,…)

此为联系“参加”所对应的关系模式。

供应(产品号,供应商号,零件号,供应量)

此为联系“供应”所对应的关系模式。

7.4.2　关系模式规范化

应用规范化理论对上述产生的关系的逻辑模式进行初步优化,以减少乃至消除关系模式中存在的各种异常,改善完整性、一致性和存储效率。规范化理论是数据库逻辑设计的指南和工具。规范化过程可分为两个步骤:确定范式级别和实施规范化处理。

1.确定范式级别

考查关系模式的函数依赖关系,确定范式等级。逐一分析各关系模式,考查主码和非主属性之间是否存在部分函数依赖、传递函数依赖等,确定它们分别属于第几范式。

2.实施规范化处理

利用第6章的规范化理论,逐一考察各个关系模式,根据应用要求,判断它们是否满足规范化要求,可用已经介绍过的规范化方法和理论将关系模式规范。

实际上,数据库规范化理论可用于整个数据库开发的生命周期中。在需求分析阶段、概念结构设计阶段和逻辑结构设计阶段,数据库规范化理论的应用如下。

(1)在需求分析阶段,用函数依赖的概念分析和表示各个数据项之间的联系。

(2)在概念结构设计阶段,以规范化理论为指导,确定关系的主码,消除初步E-R图中冗余的联系。

(3)在逻辑结构设计阶段,从E-R图向数据模型转换过程中,用模式合并与分解的方法达到指定的数据库规范化级别(至少达到3NF)。

7.4.3 模式评价与改进

关系模式的规范化不是目的而是手段,数据库设计的目的是最终满足应用需求。因此,为了进一步提高数据库应用系统的性能,还应该对规范化后产生的关系模式进行评价、改进,经过反复多次的尝试和比较,最后得到优化的关系模式。

1.模式评价

模式评价的目的是检查所设计的数据库模式是否满足用户的功能要求、效率要求,从而确定需要加以改进的部分。模式评价包括功能评价和性能评价。

(1)功能评价。

功能评价指对照需求进行分析的结果,检查规范化后的关系模式集合是否支持用户所有的应用要求。关系模式必须包括用户可能访问的所有属性。在涉及多个关系模式的应用中,应确保连接后不丢失信息。如果发现有的应用不支持,或不完全支持,则应进行关系模式的改进。发生这种问题的原因可能是在逻辑结构设计阶段,也可能是在系统需求分析或概念结构设计阶段。是哪个阶段的问题就返回到哪个阶段去改进,因此有可能需要对前两个阶段再进行评审,确保解决存在的问题。

在功能评价的过程中,可能会发现数据库中冗余的关系模式或属性,这时设计者应对它们加以区分,搞清楚它们是为未来发展预留的,还是某种错误造成的。如果是错误造成的,进行改正即可,而如果这种冗余来源于前两个设计阶段,则要返回前面两个设计阶段改进,并重新进行评审。

(2)性能评价。

目前得到的数据库模式,由于缺乏物理结构设计所提供的数量测量标准和相应的评价手段,所以性能评价是比较困难的,只能对实际性能进行估计,例如逻辑记录的存取数、传送量以及物理结构设计算法的模型。同时,可根据模式改进中关系模式合并的方法,提高关系模式的性能。

2.模式改进

根据模式评价的结果,对已生成的模式进行改进。如果因为系统需求分析、概念结构设计的疏漏导致某些应用不能得到支持，则应该增加新的关系模式或属性。如果因为考虑性能而要求改进，则可采用合并或分解的方法。

(1)合并。

如果若干个关系模式具有相同的主码，并且对这些关系模式的处理主要是查询操作，而且是多关系的连接查询，那么可对这些关系模式按照组合使用频率进行合并，这样便可以减少连接操作而提高查询效率。

(2)分解。

为了提高数据操作的效率和存储空间的利用率，最常用和最重要的模式优化方法就是分解。根据不同的应用要求，可以对关系模式进行水平分解和垂直分解。

水平分解是把关系的元组分为若干个子集合，将分解后的每个子集合定义为一个子关系。对于经常进行大量数据的分类条件查询的关系，可进行水平分解，这样可以减少应用系统每次查询需要访问的记录数，从而提高了查询效率。

例如，学生关系(学号，姓名，类别，…)，其中类别包括大专生、本科生和研究生。如果多数查询一次只涉及其中的一类学生，就应该把整个学生关系水平分解为大专生、本科生和研究生三个关系。

垂直分解是把关系模式的属性分解为若干个子集合，形成若干个子关系模式，每个子关系模式的主码为原关系模式的主码。垂直分解的原则是把经常一起使用的属性分解出来，形成一个子关系模式。

例如，有教师关系(教师号，姓名，性别，年龄，职称，工资，岗位津贴，住址，电话)，如果经常查询的仅是前六项，而后三项很少使用，则可以将教师关系进行垂直分解，得到两个教师关系：

教师关系1(教师号，姓名，性别，年龄，职称，工资)，

教师关系2(教师号，岗位津贴，住址，电话)。

这样的分解，便减少了查询的数据传递量，提高了查询速度。

垂直分解可以提高某些事务的效率，但也有可能使另一些事务不得不执行连接操作，从而降低了效率。因此是否要进行垂直分解要看分解后的所有事务的总效率是否得到了提高。垂直分解要保证分解后的关系具有无损连接性和函数依赖保持性。

经过多次的模式评价和模式改进之后，最终的数据库模式才得以确定。逻辑结构设计阶段的结果是全局逻辑数据库结构。对于关系数据库系统来说，就是一组符合一定规范的关系模式组成的关系数据库模式。

数据库系统的数据物理独立性特点消除了由于物理存储改变而引起的对应程序的修改。数据库的逻辑结构设计完成后，就可以开展物理结构设计。

7.4.4 案例的逻辑结构设计

依据概念结构设计得到的全局E-R模型,首先进行初始关系模式的设计,然后对关系模式进行规范化处理,最后进行模式的评价和改进。

1.案例的初始关系模式设计

首先,依据7.4.1中介绍的转换原则,将全局E-R模型(图7.30教务系统最终的全局E-R图)中四个实体分别转换成四个关系模式:

学生(学号,姓名,性别,年龄),

课程(课程编号,课程名),

教师(教师号,姓名,性别,职称),

系(系编号,系名,电话)。

然后,依据7.4.1中介绍的联系转换原则,将全局E-R模型(图7.30)中四个联系也分别转换成四个关系模式:

属于(教师号,系编号),

讲授(教师号,课程编号),

选修(学号,课程编号,成绩),

拥有(系编号,学号)。

2.案例关系模式的规范化

由于上述转换基于全局E-R模型,因此上述转换得到的模式满足3NF。在实际生产环境下,3NF和BCNF的数据库设计已经能够满足大部分数据库系统的设计要求。仅在一些特殊的情况下,如第6章所介绍的多值依赖,才需要继续对模式进行规范化处理,将3NF和BCNF转换为4NF。

3.案例关系模式的评价和改进

对关系模式中具有相同主码的关系模式进行合并处理。在案例的模式中,教师实体与属于联系具有相同的主一教师号,因此,可以将属于联系中的系名属性添加到教师实体中,形成新的教师实体并删除属于联系。同理,学生实体和拥有联系具有相同的主码——学号,因此可以将拥有联系中的系编号属性添加到学生实体中,形成新的学生实体并删除拥有联系。经过上述合并处理后,教务管理系统的关系模式为:

学生(学号,姓名,性别,年龄,系编号),

教师(教师号,姓名,性别,职称),

系(系编号,系名,电话),

讲授(教师号,课程编号),

选修(学号,课程编号,成绩)。

根据实际业务需求,还可通过其他分解手段,进一步改进上述关系模式。

7.5　物理结构设计

数据库在物理设备上的存储结构与存取方法称为数据库的物理结构，它依赖于选定的数据库管理系统。为一个给定的逻辑数据模型选取一个最适合应用要求的物理结构的过程，就是数据库的物理结构设计。

数据库的物理结构设计通常分为两步：

(1)确定数据库的物理结构，主要是指存取方法和存储结构。

(2)对物理结构进行评价，主要是评价物理结构的时间和空间效率。

如果评价结果满足设计要求，则可以进入物理结构设计实施阶段，否则需要重新设计或者修改物理结构，有时甚至还需要返回到前面的阶段进行修改。

每个数据库管理系统提供的物理环境、存取方法和存储结构不一致，因此要想设计出符合给定要求的物理结构，需要熟悉数据库管理系统提供的存取方法和存储结构，除此之外，还要了解用户对各种事务运行时的响应时间、存储空间利用率的要求。

(1)对于数据库查询事务，需要得到如下信息：

•查询的关系。

•查询条件涉及的属性。

•连接条件涉及的属性。

•查询的投影属性。

(2)对于数据更新事务，需要得到如下信息：

•被更新的关系。

•每个关系上的更新操作条件涉及的属性。

•修改操作要改变的属性值。

除此之外，还需要知道每个事务在各关系上运行的频率和性能要求。如一个事务必须在5 s内运行完成，如果更新事务经常发生时，就应该考虑不需要创建索引。

7.5.1　存取方法

存取方法是快速存取数据库中数据的技术。数据库管理系统中提供的存取方法主要有索引存取法、聚簇存取方法、哈希(hash)存取方法。

1.索引存取法

索引存取法有多种，如位图索引、函数索引、*B*+树索引，其中使用最多的是*B*+树索引。索引方法实际上就是根据应用要求确定在哪些关系的哪些属性上建立索引。一般考虑在如下情况建立索引。

(1)经常在查询条件中出现的属性上建立索引。

(2)经常在连接操作中的连接条件出现的属性上建立索引。

(3)如果一个属性经常作为最大值和最小值等聚集函数的参数,则考虑在这个属性上建立索引。

当数据量大而且数据库的查询很频繁时,索引可以极大地加快查询效率。但是,并不是索引越多越好,因为维护索引需要代价。当数据库有较多的更新事务时,不应该建立太多的索引。

2.聚簇存取方法

为了提高某个属性(或属性组)的查询速度,把这个或者这些属性上具有相同值的元组集中存放在连续的物理块中称为聚簇。该属性(或属性组)称为聚簇码。

聚簇功能可以大大提高按聚簇码进行查询的效率。例如,要查询数学系的所有学生名单,设该系有1 000名学生,在极端情况下,该1 000名学生对应的数据元组分布在1 000个不同的物理块上。尽管对学生关系已经按照所在系建有索引,根据索引很快找到数学系学生的元组地址,避免了全表扫描,但是根据元组地址访问数据块时就要存取1 000个物理块,执行1 000次I/O操作。如果将同一系的学生元组集中存放,则每读一个物理块,从而显著地减少了访问磁盘的次数。

聚簇功能不仅适用于单个关系,也适用于经常进行连接操作的多个关系,即把多个连接关系的元组按连接属性值聚集存放。这就相当于把多个关系按“预连接”的形式存放,从而大大提高连接操作的效率。

一个数据库可以建立多个聚簇,一个关系只能加入一个聚簇。

一般可以考虑在如下情况建立聚簇。

(1)针对经常在一起进行连接操作的关系可以建立聚簇。

(2)如果一个关系的一组属性经常出现在相等比较条件中,则该单个关系可建立聚簇。

(3)如果一个关系的一个(或一组)属性上的值重复率很高,则此单个关系可建立聚簇,即对应每个聚簇码值的平均元组数不能太少,太少则聚簇的效果不明显。

必须强调的是,聚簇只能提高某些应用的性能,而且建立与维护聚簇的开销是相当大的。对已有关系建立聚簇将导致关系中元组移动其物理存储位置,并使此关系上原来建立的所有索引无效,必须重建。当一个元组的聚簇码值改变时,该元组的存储位置也要做相应的移动。

因此,通过聚簇码进行访问或连接是该关系的主要应用,而与聚簇码无关的其他访问很少或者是次要的,这时可以使用聚簇。尤其当SQL语句中包含有与聚簇码有关的ORDER BY、GROUP BY、UNION、DISTINCT等子句或短语时,使用聚簇特别有利,可以省去对结果集的排序操作;否则很可能适得其反。

3.哈希存取方法

哈希存取方法是用hash函数存储和存取关系记录的方法。指定某个关系上的一个或者一组属性A作为hash码，对该hash码定义一个函数（即hash函数），记录的存储地址由hash(a)决定g是该记录在属性A上的值。

有些数据库管理系统提供了hash存取方法。选择hash存取方法的规则是：如果一个关系的属性主要出现在等值连接条件中或主要出现在相等比较条件中，而且满足下列两个条件之一，则此关系可以选择hash存取方法。

（1）如果一个关系的大小可预知，而且不变。

（2）如果关系的大小动态改变，而且数据库管理系统提供了动态hash存取方法。

7.5.2　存储结构

确定数据库的物理结构主要是指确定数据的存放位置和系统配置，包括确定关系、索引、聚簇、日志、备份等的存储安排和存储结构，确定系统配置等。

确定数据的存放位置和存储结构要综合考虑存取时间、存储空间利用率和维护代价三方面的因素。这三个方面常常是矛盾的，因此需要权衡，选择一个合适的方案。

1.确定数据存放位置

数据库数据包括关系、索引、聚簇和日志，一般都存放在磁盘内，由于数据量的增大，往往需要用到多个磁盘驱动器和磁盘阵列，从而产生数据在多个磁盘上进行分配的问题，这就需要分区设计。分区设计一般有以下三条原则。

（1）减少访盘冲突，提高I/O的并行性。

多个事务并发访问同一磁盘组会产生访盘冲突而引发等待，如果事务访问数据能均匀分布在不同磁盘组上并可以并发执行I/O，则可以提高数据库的访问速度。

（2）分散热点数据，均衡I/O负荷。

在数据库中，数据被访问的频率是不均匀的，有些经常被访问的数据称为热点数据，此类数据应该分散存放在各个磁盘或者磁盘组上，以均衡各个盘组的负担。

（3）保证关键数据的快速访问，缓解系统瓶颈。

在数据库系统中，对于数据字典和数据目录，每次都需要访问，对其的访问速度影响整个系统的性能。还有些数据对性能的要求特别高，因此可以设立专用磁盘组。

根据上述原则并结合应用情况，可将数据库数据的易变部分与稳定部分、经常存取部分与存取频率较低的部分分别放在不同的磁盘上。

如可以将关系和索引存放在不同磁盘上、将比较大的关系分割存放在不同磁盘上、将日志文件与数据库本身放在不同磁盘上、将数据备份和日志备份存放在不同磁带上。

2.确定系统配置

关系数据库管理系统产品一般都提供了一些系统配置变量和存储分配参数，供设计人员和数据库管理员对数据库进行物理优化。初始情况下，系统都为这些变量赋予了合理的默认值，但这些值不一定适合每种应用环境，在进行物理设计时需要重新给这些变量赋值，以改善系统性能。

系统配置变量有很多，例如，同时使用数据库的用户数、同时打开的数据库对象数、内存分配参数、缓冲区分配参数（使用的缓冲区长度、个数）、存储分配参数、物理块的大小、物理块装填因子、时间片大小、数据库大小、锁的数目等。这些参数值影响存取时间和存储空间分配，在物理设计时就要根据应用环境确定这些参数值。

7.5.3 评价物理结构

数据库的物理设计过程中需要对时间效率、空间效率、维护代价和各种用户要求进行权衡，设计出多个方案，数据库设计人员必须对这些方案进行详细的分析、评价，然后从中选择一个较优的方案作为数据库的物理结构。归根结底，评价物理结构设计完全依赖于选用的DBMS。

7.6 数据库的实施

数据库实施是指根据逻辑结构设计和物理结构设计的结果，利用DBMS工具建立实际的数据库结构、载入数据、实现应用程序编码与调试，并进行试运行。

1.数据库结构的建立

利用DBMS提供的DDL语句建立数据库及各种数据库对象，包括分区、表、视图、索引、存储过程、触发器、用户访问权限等。

2.数据载入

数据载入是指在数据库结构建立后，即可向数据库中载入数据。一般来说，数据库的数据量大，而且来源各异，经常出现数据重复、数据缺失、数据格式不同等情况，因此数据组织、转换和入库的工作相当费时、费力。可以通过人工手动装入数据，也可以设计一个输入子系统来装入数据。不管哪种方法，为了保证载入数据库数据的正确性，必须进行数据的校验工作。

目前，很多的DBMS都提供了数据导入/导出功能，有些DBMS还提供了强大的数据转换服务（DTS）功能，用户可以利用这些工具实现数据的载入、转换、载出等工作。

3.编写、调试应用程序

数据库应用程序的设计应和数据库设计同步进行。数据库应用程序的编写与调试实质上是使用软件工程的方法进行，包括开发技术与开发环境的选择、系统设计、编码、调试等工作，其功能应能全面满足用户的信息处理要求。数据库结构建立好后就可以开始编制应用程序。而在调试应用程序时，由于数据入库工作尚未完成，所以可先使用模拟数据。

4. 数据库试运行

应用程序编写、调试完成，一部分数据入库后，就可以进入数据库的试运行阶段，测试各种应用程序在数据库中的操作情况。这一阶段要完成以下两方面的工作。

(1)功能测试：实际运行应用程序，测试能否完成各种预定的功能。

(2)性能测试：测量系统的性能指标，分析是否符合设计目标。

数据库的试运行对于系统设计的性能检验和评价是很重要的，如果不符合目标，则需要返回到前面的阶段重新进行，有时甚至需要返回到逻辑设计阶段。

数据库的试运行不可能一次完成，需要一定的时间，在此期间如果发生硬件或软件故障，可能会破坏数据库中的数据，因此必须做好数据库的转储和恢复工作。

5. 整理文档

在应用程序的编写、调试和试运行中，应该将发现的问题和解决方法记录下来，将它们整理存档作为资料，供以后正式运行和改进时参考。全部的调试工作完成之后，应该编写应用系统的技术说明书和使用说明书，在正式运行时随系统一起交给用户。完整的文档资料是应用系统的重要组成部分。

7.7 数据库的运行和维护

数据库试运行合格后，数据库开发工作就基本完成，可以投入正式运行了。但是，由于应用环境在不断变化，数据库运行过程中物理存储也会不断变化，对数据库设计进行评价、调整、修改等维护工作是一个长期的任务。

在数据库运行阶段，对数据库经常性的维护工作主要由数据库管理员(DBA)完成，其维护工作主要包括以下几个方面。

1. 数据库的转储和恢复

数据库的转储和恢复是数据库正式运行之后最重要的维护工作之一。DBA要针对不同的应用要求制订不同的转储计划，定期保存和备份数据文件和日志文件，以保证一旦发生故障，可以尽快地将数据恢复到某种一致性状态，并尽可能减少对数据库的破坏。

2. 数据库的安全性、完整性控制

数据库的安全性、完整性控制也是数据库运行时DBA的重要工作内容。随着应用环境要求的改变，数据库对象的安全级别、数据库用户的权限都可能发生变化，DBA需要根据实际情况进行调整；除此之外，数据库的完整性也可能发生变化，也需要进行相应的更改，以满足用户的需要。

3. 数据库性能的监督、分析和改造

在数据库运行过程中，监督系统运行，对监测数据进行分析，找出改进系统性能的方法是DBA的又一重要任务。目前,很多DBMS提供了检测系统性能参数的工具,DBA可以通过这些工具获取系统运行过程中参数的值,以判断当前数据库系统运行时存储空间的使用状况、响应时间及错误、故障、死锁发生的原因,并进行相应的整改。

4.数据库的重组织与重构造

数据库运行一段时间后,由于记录不断增、删、改,将会使数据库的物理存储情况变坏,出现很多空间碎片,从而降低数据的存取效率,使得数据库的性能下降。这时就需要重新整理数据库的存储空间,即数据库重组。关系数据库系统一般都提供数据重组织的实用程序。在重组织的过程中,按原设计要求重新安排存储位置、回收垃圾、减少指针链等,提高数据库的存取效率和存储空间的利用率,提高系统性能。

数据库重组改变的是数据库的模式和内模式,而不是逻辑结构和数据库中的数据内容。数据库的重构则不同,它是根据应用要求的变化而改变数据库的逻辑结构,部分修改数据库的模式和内模式。例如,在数据表中增加或者删除某些项、某些索引、某些表等。一旦应用环境要求变化太大,数据重构也无法满足需求,就需要重新设计数据库应用系统,也标志旧的数据库应用系统生命周期结束,新的数据库应用系统生命周期开始。

7.8 小　结

本章介绍了数据库设计的六个阶段,包括:系统需求分析、概念结构设计、逻辑结构设计、物理结构设计、数据库实施、数据库运行与维护。对于每一阶段,都详细讨论了其相应的任务、方法和步骤。

需求分析是整个设计过程的基础,如果做得不好,可能会导致数据库设计返工。

将需求分析所得到的用户需求抽象为信息结构,即概念模型的过程就是概念结构设计,概念结构设计是整个数据库设计的关键所在,这一过程包括设计局部E-R图、综合成初步E-R图和E-R图的优化。

将独立于DBMS的概念模型转化为相应的数据模型,这是逻辑结构设计所要完成的任务。一般的逻辑设计分为三步:初始关系模式设计、关系模式规范化、模式的评价与改进。

物理结构设计就是为给定的逻辑模型选取一个适合应用环境的物理结构,物理结构设计包括确定物理结构和评价物理结构两步。

根据逻辑设计和物理设计的结果,在计算机上建立起实际的数据库结构,装入数据,进行应用程序的设计,并试运行整个数据库系统,这是数据库实施阶段的任务。

数据库设计的最后阶段是数据库的运行与维护,包括维护数据库的安全性与完整性,监测并改善数据库性能,必要时需要进行数据库的重新组织和构造。

习　题

一、选择题。

1. 在数据库设计中，用E-R图来描述信息结构但不涉及信息在计算机中的表示，它是数据库设计的____阶段。

A. 需求分析　B. 概念设计　C. 逻辑设计　D. 物理设计

2.E-R图是数据库设计的工具之一，它适用于建立数据库的____。

A. 概念模型　B. 逻辑模型　C. 结构模型　D. 物理模型

3. 在关系数据库设计中，设计关系模式是____的任务。

A. 需求分析阶段　B. 概念设计阶段　C. 逻辑设计阶段　D. 物理设计阶段

4. 数据库物理设计完成后，进入数据库实施阶段，下列各项中不属于实施阶段的工作是____。

A. 建立库结构　B. 扩充功能　C. 加载数据　D. 系统调试

5. 数据库概念设计中，用属性描述实体的特征，属性在E-R图中，用____表示。

A. 矩形　B. 四边形　C. 菱形　D. 椭圆形

6. 在数据库的概念设计中，最常用的数据模型是____。

A形象模型　B. 物理模型　C. 逻辑模型　D. 实体联系模型

7. 在数据库设计中，在概念设计阶段可用E-R方法，其设计出的图称为____。

A. 实物示意图　B. 实用概念图　C. 实体表示图　D. 实体联系图

8. 从E-R模型关系向关系模型转换时，一个$m:n$联系转换为关系模式时，该关系模式的关键字是____。

A.m端实体的关键字　B.n端实体的关键字

C.m端实体关键字与n端实体关键字组合　D. 重新选取其他属性

9. 当局部E-R图合并成全局E-R图时可能出现冲突，不属于合并冲突的是____。

A. 属性冲突　B. 语法冲突　C. 结构冲突　D. 命名冲突

10.E-R图中的主要元素是____、____和属性。

A. 记录型　B. 结点　C. 实体型　D. 表

E. 文件　F. 联系　G. 有向边

11. 数据库逻辑设计的主要任务是____。

A. 建立E-R图和说明书　B. 创建数据库说明

C. 建立数据流图　D. 把数据送入数据库

12.E-R图中的联系可以与____实体有关。

A.0个　B.1个　C.1个或多个　D. 多个

13.概念模型独立于____。

A.E-R模型　　B.硬件设备和DBMS

C.操作系统和DBMS　　D.DBMS

14.如果两个实体之间的联系是m：n,则____引入第三个交叉关系。

A.需要　　B.不需要　　C.可有可无　　D.合并两个实体

15.数据流程图(DFD)是用于描述结构化方法中____阶段的工具。

A.可行性分析　　B.详细设计　　C.需求分析　　D.程序编码

16.E-R图是表示概念模型的有效工具之一,如图所示的局部E-R图中的菱形框"表示"的是____。

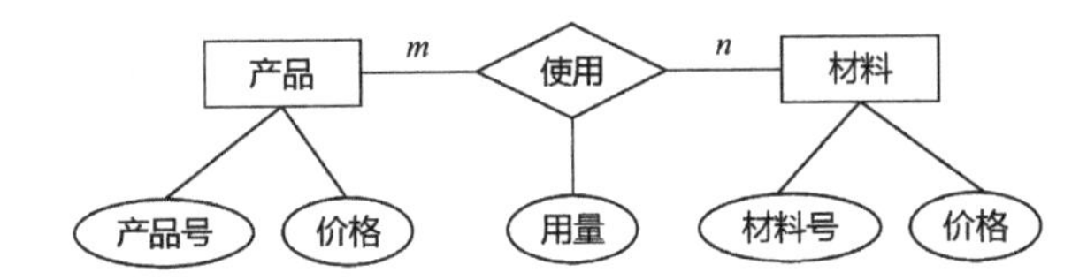

A.联系　　B.实体　　C.实体的属性　　D.联系的属性

17.如图所示的E-R图转换成关系模型,可以转换为____关系模式。

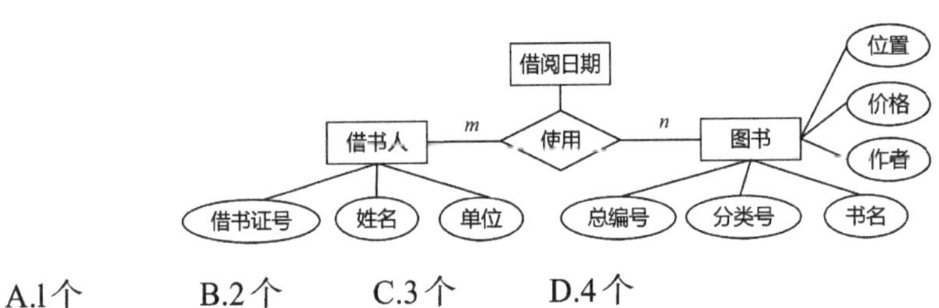

A.1个　　B.2个　　C.3个　　D.4个

二、**填空题**。

1.E-R数据模型一般在数据库设计的____阶段使用。

2.数据模型是用来描述数据库的结构和语义的,数据模型有概念数据模型和结构数据模型两类,E-R模型是____模型。

3.数据库设计的几个步骤是____。

4."为哪些表,在哪些字段上,建立什么样的索引",这一设计内容应该属于数据库设计中的____设计阶段。

5.在数据库设计中,把数据需求写成文档,它是各类数据描述的集合,包括数据项、数据结构、数据流、数据存储和数据加工过程等的描述,通常称为____。

6.数据库应用系统的设计应该具有对于数据进行收集、存储、加工、抽取和传播等功能,即包括数据设计和处理设计,而____是系统设计的基础和核心。

7.数据库实施阶段包括两项重要的工作,一项是数据的____,另一项是应用程序的编码和调试。

8.在设计分E-R图时,由于各个子系统分别有不同的应用,而且往往是由不同的设计人员设计的，所以各个分E-R图之间难免有不一致的地方，这些冲突主要有____、____和____三类。

9.E-R图向关系模型转化要解决的问题是如何将实体和实体之间的联系转换成关系模式，如何确定这些关系模式的____。

10.在数据库领域里，统称使用数据库的各类系统为____系统。

11.数据库逻辑设计中进行模型转换时，首先将概念模型转换为____，然后将____转换为____。

三、简答题和综合题。

1.某大学实行学分制，学生可根据自己的情况选修课程。每名学生可同时选修多门课程，每门课程可由多位教师讲授；每位教师可讲授多门课程。其不完整的E-R图如图所示。

(1)指出学生与课程的联系类型，完善E-R图。

(2)指出课程与教师的联系类型，完善E-R图。

(3)若每名学生有一位教师指导，每个教师指导多名学生，则学生与教师是何联系？

(4)在原E-R图上补画教师与学生的联系，并完善E-R图。

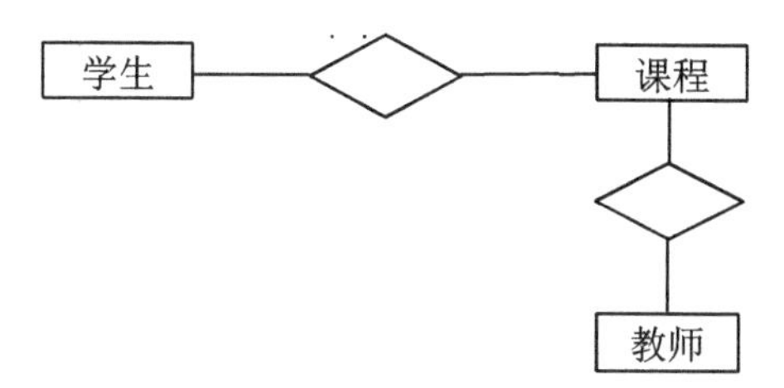

2.将下图所示的E-R图转换为关系模式，菱形框中的属性学生自行确定。

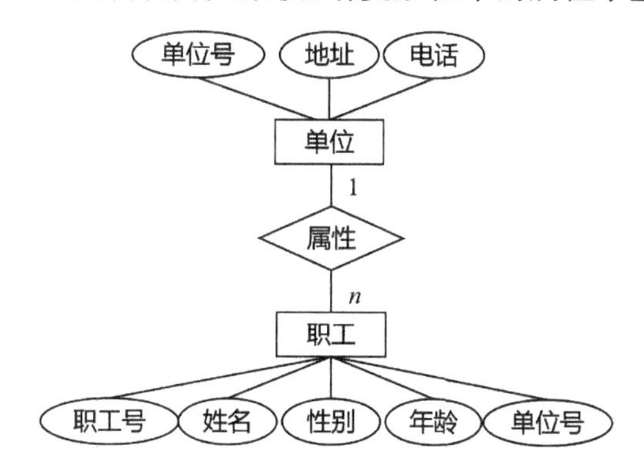

3.假定一个部门的数据库包括以下的信息:

职工的信息:职工号、姓名、住址和所在部门。

部门的信息:部门所有职工、经理和销售的产品。

产品的信息:产品名、制造商、价格、型号及产品内部编号。

制造商的信息:制造商名称、地址、生产的产品名和价格。

试画出上述数据库的E-R图。

4.设有一个商业销售记录数据库。一个顾客(顾客姓名,单位,联系方式)可以买多种商品,一种商品(商品名称,型号,单价)供应多个顾客。试画出对应的E-R图。

5.某医院病房计算机管理中需要如下信息:

科室:科名,科地址,科电话,医生姓名。

病房:病房号,床位号,所属科室名。

医生:姓名,职称,所属科室名,年龄,工作证号。

病人:病历号,姓名,性别,诊断,主管医生,病房号。

其中,一个科室有多个病房、多个医生,一个病房只能属于一个科室,一个医生只属于一个科室,但可负责多个病人的诊治,一个病人的主管医生只有一个。

完成如下设计:

(1)设计该计算机管理系统的E-R图;

(2)将该E-R图转换为关系模型结构;

(3)指出转换结果中每个关系模式的候选码。

第8章　数据库编程

本章目标

•编程技术涉及的概念和使用的方法；

•嵌入式SQL；

•数据库编程语言(编程基本语法、存储过程、函数、触发器、游标)；

•数据库接口和访问技术；

•使用JDBC设计开发数据库应用程序的方法。

建立数据库后就要开发应用系统了。本章讲解在应用系统中如何使用编程方法对数据库进行操纵的技术。

标准SQL是非过程化的查询语言,具有操作统一、面向集合、功能丰富、使用简单等多项优点。但和程序设计语言相比,高度非过程化的优点也造成了它的一个弱点:缺少流程控制能力,难以实现应用业务中的逻辑控制。SQL编程技术可以有效克服SQL实现复杂应用方面的不足,提高应用系统和数据库管理系统间的互操作性。

在应用系统中使用SQL编程来访问和管理数据库中数据的方式主要有:嵌入式SQL(Embedded SQL, ESQL)、过程化SQL(Procedural Language/SQL, PL/SQL)、存储过程和自定义函数、开放数据库互连(Open Data Base Connectivity, ODBC)、OLE DB (Object Linking and Embedding DB)、Java数据库连接(Java Data Base Connectivity, JDBC)等编程方式。

本章的数据库编程主要介绍应用程序或者数据库应用程序访问数据库。这些应用程序主要提供给终端用户使用,如学生管理系统、机票预订系统、酒店管理系统、鲜花在线销售系统、手机在线销售系统等都是这样的数据库应用程序。

8.1 编程介绍

数据库编程技术主要包括以下三个方面。

(1)嵌入式SQL(Embedded SQL),主要通过将SQL语句嵌入到宿主语言(如C、C++、Java)中。在嵌入式SQL中,所有的SQL语句都必须加上前缀,如宿主语言为C语言时,用EXEC SQL表示前缀。预编译处理程序对源程序进行扫描,识别出嵌入式SQL语句,把它们转换成宿主语言的调用语句,以使主语言编译程序能识别它们,然后再编译成目标程序。

(2)在数据库编程语言中,除了进行增、删、改、查等SQL命令,还增加了常量变量,扩充了数据类型,增加了循环、条件分支等结构,实现了数据库的模块化程序,它既有实现数据库的命令操作功能,又有实现业务处理能力,这些模块化的程序可以永久保存在数据库中,如SQL Server的T-SQL编程、Oracle的PL/SQL编程等。

(3)应用编程接口(Application Programming Interface, API),一般的开发语言中都包含一些专门处理数据库的函数,程序开发语言通过这些函数可以与数据库进行连接,执行增、删、改、查等SQL命令,通过这些API函数访问数据库。

8.2 嵌入式SQL

SQL有两种形式:一种是交互式SQL,即SQL作为独立的数据语言,以交互方式使用;另一种是嵌入式SQL(Embedded SQL),即SQL嵌入到其他高级语言中,在其他高级语言中使用。被嵌入的高级语言(如C、C++、Ada、COBOL、Java等)称为宿主语言或主语言。

将SQL嵌入到高级语言中使用,既可以使SQL借助高级语言来实现本身难以实现的复杂的业务操作问题,如与用户交互、图形化显示、复杂数据的计算和处理等,又可以克服高级语言对数据库操作的不足,从而获得数据库的处理能力。嵌入式SQL与高级语言之间的交互与通信需要解决以下问题。

- 如何区分SQL语句与高级语言语句。
- SQL如何与高级语言进行信息传递,即SQL如何将处理结果传递给高级宿主语言,宿主语言又如何将参数传递给SQL。

嵌入式SQL的语法结构与自主式SQL的语法结构基本相同,一般是给嵌入式SQL加入一些前缀和结束标志。对于不同的高级宿主语言,格式上略有不同。本书以C语言为例,格式如下:

```
EXEC SQL
        <SQL语句>;
```

说明:在C语言中嵌入SQL语句,以“EXEC SQL”为开始标志,以“;”为结束标志。高级宿主语言与SQL之间的通信主要通过主变量和SQL通信区两种方式进行交互。

1.主变量

主变量即宿主变量,是宿主语言中定义的变量,可以在嵌入式SQL中引用,用于嵌入式SQL与宿主语言之间的数据交流,即通过主变量可以由宿主语言向SQL传递参数,又可以将SQL语句处理结果传回给宿主语言。主变量在使用前需要定义,C语言中主变量的定义格式如下:

```
EXEC SQL BEGIN DECLARE SECTION;
    主变量定义语句
EXEC SQL END DECLARE SECTION;
```

【例8.1】 定义几个主变量。

```
EXEC SQL BEGIN DECLARE SECTION;
    CHAR stu_Sno [10];
    CHAR stu_name[20];
    INT Sage
EXEC SQL END DECLARE SECTION;
```

在嵌入式SQL中引用主变量时,需要在这些被引用的主变量前加上“:”,而在宿主语言中使用主变量则不需要添加冒号。

【例8.2】 主变量的使用。

```
EXEC SQL
SELECT Sname INTO:stu_Sname;
    FROM Student
    WHERE Sno=:stu_Sno;
```

根据主变量传入的学号值stu.Sno,获取相应的学生的姓名并保存在主变量stu_Sname中。

2. SQL通信区

SQL通信区(SQL Communication Area)反映SQL语句的执行状态信息,如数据库连接状态、执行结果、错误信息等。它是一个全局的数据结构,里面存放了一个重要的变量 SQL CODE,变量中包含每个嵌入式SQL语句执行后的结果码。“SQLCODE=0”表示 SQL 语句执行成功;“SQLCODE<0”表示 SQL 语句执行失败;“SQLCODE=1”表示SQL语句已经执行,但出现了异常。

8.3 数据库编程语言

在数据库管理系统中，一般都有过程化的SQL编程语言，如Microsoft SQL Server中的Transact-SQL(T-SQL)，Oracle中的PL/SQL。基本的SQL是高度非过程化语言。嵌入式SQL将SQL语句嵌入程序设计语言，借助高级语言的控制功能实现过程化。过程化SQL是对SQL的扩展，使其增加了过程化语句功能。过程化SQL程序的基本结构是块。这些块之间可以相互嵌套，每个块完成一个逻辑操作。

8.3.1 基本语法

一般而言，过程化的SQL编程结构由如下要素组成。

•注释。

•常量、变量。

•流程控制语句。

•错误和消息的处理。

基本块的构成类似如图8.1所示。

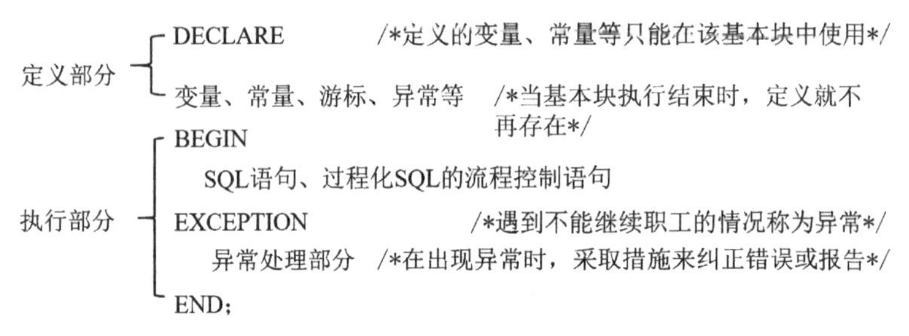

图8.1 基本块的构成

1.变量

变量对于语言来说是必不可少的部分。T-SQL中有两类变量：一类是用户自定义的局部变量；另一类是系统定义的全局变量。局部变量以@开头，全局变量以@@开头。

定义语句为：

```
DECLARE @variable DATATYPE;
```

变量赋值：

```
SET @variable=expression;
SELECT @variable=expression;
```

【例8.3】 在学生管理系统中定义一个变量，用来保存学生的人数，并显示出来。

```
USE Student;
```

```
GO
DECLARE @rowsreturn INT;
    SET @rowsreturn= (SELECT COUNT (*) FROM Student);
    SELECT @rowsreturn;
```

上例中除了可以用SET赋值,也可以改成用SELECT赋值,如下所示。

```
USE Student;
GO
DECLARE @rowsreturn INT;
    SELECT @rowsreturn=COUNT (*) FROM Student;
    SELECT @rowsreturn;
```

【例8.4】 定义一个变量,用来保存性别值,查询出相应性别的学生情况。

```
GO
DECLARE @SseX CHAR(2);
    SET @Ssex = '女';
    SELECT * FROM Student WHERE Ssex=@Ssex;
```

2.语句块

BEGIN…END将多个T-SQL语句组合成一个语句块,并将语句块看作是一个单元来处理,在一个BEGIN…END中也可以嵌套另外的语句块。其语法结构如下。

```
BEGIN
    <命令行或程序块>
END;
```

用BEGIN-END改写例8.3,结果如下。

```
DECLARE @ rowsreturn INT;
BEGIN
    SET @ rowsreturn= (SELECT COUNT ( * ) FROM Student);
    SELECT @ rowsreturn;
END;
```

3.条件分支语句

常用的条件分支语句为IF语句,其语言结构如下。

```
IF boolean_expression
    {sql_statementl};
ELSE
    {sql_statement2};
END IF;
```

如果布尔表达式boolean_expression为真,则执行语句块sql_statementl,否则执行语句块 sql_statement2。

【例8.5】 在学生成绩管理系统中，学号为20200510101的学生的平均成绩如果大于等于60分，则输出PASS，否则输出NOT PASS。

```
IF(SELECT AVG(Grade) FROM SC WHERE Sno= '20200510101' GROUP BY
Sno)>=60
BEGIN
    PRINT 'PASS';
ELSE
    PRINT 'NOT PASS';
END IF;
```

4.多分支语句

```
CASE input_expression
    WHEN when_expression_1 THEN result_expression_1;
    …
    WHEN when_expression_m THEN result_expression_m;
ELSE;
    result_expression_n;
END;
```

当表达式 input_expression 的值为 when_expression_ 1时，则执行相应的 result_ expression_1。

当表达式 input_expression 的值为 when_expression_m 时，则执行相应的 result_ expression_m。

如果 input_expression 的值都不满足时，则执行 result_expression_n。

【例8.6】 在学生管理系统中，查询输出学生的选课信息，根据学生的课程编号显示相应的课程名，根据考试分数显示相应的成绩等级，其运行结果如图8.2所示。

```
SELECT Sno AS 学号,课程名=CASE Cno
    WHEN 1 THEN '数据库';
    WHEN 2 THEN '数学';
    WHEN 3 THEN '信息系统';
    WHEN 4 THEN '数据库';
    WHEN 5 THEN '数学';
END;
'考试等级'=CASE
    WHEN Grade>=90 THEN '优秀'
    WHEN Grade>=80 THEN '良好'
```

```
        WHEN Grade>=70 THEN '中等'
        WHEN Grade>=60 THEN '及格'
    ELSE '不及格'
    END
    FROM SC;
```

学号	课程名称	考试等级
20200510101	数据库	优秀
20200510101	数学	良好
20200510101	信息系统	良好
20200510102	数学	优秀
20200510102	信息系统	良好

图 8.2　例 8.6 学生成绩等级结果

5. 循环语句

```
    WHILE boolean_expression
        {sql_statement}
    END;
```

当条件表达式 boolean_expression 为真时，循环执行语句块 sql_statement 。

【例 8.7】　创建一个 test 表，并给这个表插入 1 000 行数据，具体插入语句如下所示。

```
    CREATE TABLE test(id INT IDENTITY(1,1),Sname CHAR(10));
    GO
        DECLARE @i INT;
        SET @i=1;
    WHILE @i<=1000
        BEGIN
        INSERT INTO test(Sname)VALUES('tom');
        SET @i=@i+1;
    END;
```

8.3.2　存储过程

在数据库中的程序块主要有两种类型：一种为命名块，一种为非命名块。存储过程为命名块，这类程序块被编译后持久保存在数据库中，可以被反复执行，运行效率高，安全性高。由于程序块已经编译好，因此使用时只需调用就可以了。

存储过程是一组编译好的存储在数据库服务器上，完成某一特定功能的程序代码块，它可以有输入参数和返回值。存储过程分为系统提供的存储过程和用户自定义的存储过程。其中，系统存储过程可以在数据库中随时调用，主要用来进行系统信息的

获取,系统信息的设置、管理、安全性的设置等。使用存储过程有以下优点:

(1)由于执行存储过程时保存的是已经编译好的代码块,所以可直接调用执行,这样效率更高。

(2)像函数一样,模块化的编程,可以反复调用执行。

(3)使用存储过程降低了客户机和服务器之间的通信量,客户端只通过网络向服务器发送调用存储过程的名字和参数,就可以调用执行,而不需要发送程序本身,这样大大减少程序序量。

(4)由于从客户端传输到服务器端的仅仅是存储过程的名字和参数,保存在服务器端的是已经编译过的存储过程,并且只有具备相应权限的用户才可以执行,因此其安全性更高。

1. 创建存储过程

基本语法:

```
CREATE OR REPLACE PROCEDURE 过程名([参数1,参数2,...])
AS <过程化SQL块>;
```

说明:

过程名:数据库服务器合法的对象标识。

参数列表:用名字来标识调用时给出的参数值,必须指定值的数据类型。参数也可以定义输入参数、输出参数或输入/输出参数,默认为输入参数。

过程体:是一个<过程化SQL块>,包括声明部分和可执行语句部分。

以SQL Server为例,创建用户自定义的存储过程的语法结构如下。

```
CREATE PROC | PROCEDURE pro_name
[{@参数 数据类型}[=默认值][OUTPUT],
 {@参数 数据类型}[=默认值][OUTPUT],
:
]
AS <SQL_STATEMENTS>
```

说明:

pro_name:存储过程的名字。

@参数:存储过程里用到的参数。

数据类型:参数的数据类型。

默认值:设置参数的默认值。

OUTPUT:表示输出参数,保存存储过程向外传递的结果,当不带OUTPUT时,表示输入参数,由外向存储过程传入值。

SQL_STATEMENTS:存储过程体,包含在过程中的一个或者多个T-SQL语句,由声明部分和可执行语句部分构成。

2. 执行存储过程

执行存储过程时,基本语法结构是:

EXEC[UTE] OR CALL OR PERFORM PROC|PROCEDURE] 过程名([参数1,参数2,...]);

在SQL Server中用EXECUTE语句。其语法格式如下:

EXEC[UTE] { [@整型变量=]<存储过程名>} [[@参数名=]

[{值 | @ 变量[OUTPUT] | [DEFAULT] }][,…n]]

说明:

@整型变量:用于保存存储过程中RETURN语句的返回值。

@参数名:指在存储过程中定义的参数。@变量:用来保存参数值。OUTPUT:指输出参数。DEFAULT:指该参数将使用定义时提供的默认值。

EXEC[UTE] 或者CALL或者PERFORM或者等方式激活存储过程的执行。

在过程化SQL中,数据库服务器支持在过程体中调用其他存储过程。

如果要执行带有参数的存储过程,需要在执行过程中提供存储过程参数的值。如果使用"@parameter_name=value"语句提供参数值,可以不考虑存储过程的参数顺序。

否则如果直接提供参数值,则必须考虑参数顺序。

存储过程创建之后,在第一次执行时需要经过语法分析阶段、解析阶段、编译阶段和执行阶段。

语法分析阶段:指系统检查创建存储过程的语句的语法是否正确的过程。语法检查通过之后,系统将把存储过程的定义存储在当前数据库的"sys.sql_modules"目录视图中。

解析阶段:指检查存储过程引用的对象名称是否存在的过程,该过程也被称为延迟,称解析阶段。当然,只有引用的表对象才适用于延迟名称解析。

编译阶段:指分析存储过程和生成执行计划的过程。优化后的执行计划置于过程高速缓冲存储区中。

执行阶段:指执行驻留在过程高速缓冲存储区中的存储过程执行计划的过程。

在以后的执行过程中,如果现有的执行计划依然驻留在过程高速缓冲存储区中,那么SQL Server将重用现有执行计划。

当存储过程引用的基表发生结构变化时,该存储过程的执行计划将会自动优化。但是当在表中添加了索引或更改了索引中的数据后,该执行计划不会自动优化,此时应该重新编译存储过程。可以使用三种方式重新编译存储过程:

•使用"sp_recompile"系统存储过程;

•在EXECUTE语句中使用WITH RECOMPILE子句;

•在CREATE PROCEDURE语句中使用WITH RECOMPILE子句。

3.修改存储过程

可以使用ALTER PROCEDURE语句修改已经存在的存储过程。修改存储过程，不是删除和重建存储过程,其目的是保持存储过程的权限不发生变化。

```
ALTER PROCEDURE 过程名1  RENAME TO 过程名2;
```

简化语法结构如下：

```
ALTER PROCE[DURE] procedure_name
[{@parameter data_type}[=default][output]][,...n]
AS sql_statement [⋯n]
```

4.删除存储过程

```
DROP  PROCEDURE 过程名( );
```

删除存储过程的语法如下：

```
DROP{PROC | PROCEDURE}{procedure_name};
```

其中“procedure_name”为要删除的存储过程的名字。

5.实例分析

(1)创建不带参数的存储过程。

【例8.8】 在学生管理系统中创建一个查看学生基本信息的存储过程。

```
IF(EXISTS(SELECT * FROM sys.objects WHERE name='proc_get_Student'))
DROP PROC proc_get_Student
GO
    CREATE PROC proc_get_Student
    AS SELECT * FROM Student;
```

调用、执行存储过程的命令如下：

```
EXEC proc_get_Student;
```

(2)创建带输入参数的存储过程。

【例8.9】 在学生管理系统中创建一个存储过程,用来向学生表插入一行数据,该存储过程设置了五个输入参数,其运行结果为图8.3所示。

```
CREATE PROC insertstu
    @Sno CHAR (10),
    @Sname CHAR (20),
    @Ssex CHAR(2),
    @Sage INT,
    @Sdept CHAR(20)
AS
BEGIN
    INSERT INTO Student VALUES(@Sno,@Sname,@Ssex,@Sage,@Sdept);
END;
```

执行该存储过程的代码如下：

```
EXECUTE insertstu @sno= '20200510107', @sname = '胡晓航', @Ssex='男',
@sage=20, @sdept='计算机系'
SELECT * FROM student;
```

Sno	Sname	Ssex	Sage	Sdept
20200510101	张爽	男	20	计算机系
20200510101	刘怡	女	19	信息系
20200510102	王明	女	20	物理系
20200510102	张猛	男	18	外语系
20200510107	胡晓航	男	20	计算机系

图 8.3　例 8.9 运行结果

(3)创建带输出参数的存储过程。

【例 8.10】　在学生管理系统中创建一个存储过程，根据输入学生的学号，输出该学生的年龄。

```
CREATE PROC selecStudent
        @Sno CHAR(10),
        @Sage INT OUTPUT
AS
        SELECT @Sage=Sage FROM Student WHERE Sno= @Sno;
```

执行该存储过程的命令为：

```
DECLARE @Sagel INT;
EXECUTE selecStudent '20200510101',@Sagel OUTPUT;
SELECT @Sagel;
```

6.综合应用

【例 8.11】　利用存储过程来实现下面的应用：从账户 01 转指定数额的款项到账户 02 中。

```
/*创建帐户*/
    create table account(
        id int identity(1,1) primary key,
        cardno char(20),
        money numeric(18,2)
    )
    insert into account values('01',1000.0)
    insert into account values('02',1000.0)
    EXEC sp_transfer_money3 '01','02',100.0
    EXEC sp_transfer_money3 '03','02',100.0
```

```
/*创建存储过程*/
CREATE PROCEDURE sp_transfer_money3
    @out_cardno char(20),
    @in_cardno char(20),
    @money numeric(18,2)
AS
BEGIN
    DECLARE @remain numeric(18,2)
    select @remain=money from account where cardno=@out_cardno
    if @remain>@money
    BEGIN
        BEGIN TRANSACTION T1
            update account set money = money- @money where cardno=
@out_cardno
            update account set money = money+ @money where cardno=
@in_cardno
    PRINT '转账成功'
            if @remain>@money
            begin
                rollback transaction
            end
        COMMIT TRANSACTION T1
        END
    ELSE
    BEGIN
        PRINT '余额不足'
    END
END;
```

【例8.12】 从账户01转100元到02账户中。

```
EXEC sp_transfer_money3 '01','02',100.0;
```

删除前面的存储过程proc_get_Studento

```
DROP PROCEDURE proc_get_Student;
```

8.3.3　函数

在数据库编程中，函数是另一类命名程序块，它完成某一特定功能可以持久保存。函数分为系统函数和用户自定义函数，系统函数可以直接调用。函数的定义和存储过程类似，但是函数必须指定返回类型。其语法结构如下：

```
CREATE FUNCTION function_name(@parameter_name[AS] parameter_datatype
[=DEFAULT] [, …n])RETURNS return_datatype
AS
BEGIN
    function_body
    RETURN expression
END;
```

说明：

function_name：自定义函数名称。

@parameter_name：自定义函数的形式参数。

parameter_datatype：参数的数据类型，可以为形式参数设置DEFAULT默认值。

return_datatype：返回值的数据类型。

Function_body：函数体部分，由BEGIN-END括起来，RETURN用来返回函数值。

【例 8.13】　在学生管理系统中编写一个函数，输入某个学生的学号，查询该学生的年龄。

```
CREATE FUNCTION dbo.fun_age(@stu_no char(20))
--CREATE FUNCTION              函数名称(@参数名 参数的数据类型)
RETURNS INT                    返回返回值的数据类型
--[WITH ENCRYPTION]            如果指定了 encryption 则函数被加密
AS
BEGIN
    declare @stu_age INT
    SELECT @stu_age=age FROM Student WHERE Sno= @stu_no
    RETURN @stu_age
END;
```

删除函数的命令为

```
DROP FUNTION function_name;
```

删除例子中的fun_age函数，其命令为

```
DROP FUNCTION fun_age;
```

1.用户自定义函数

用户自定义函数是用于封装经常执行的逻辑的子程序。任何代码想要执行函数所包含的逻辑,都可以调用该函数,而不必重复所有的函数逻辑。用户定义函数接受零个或多个输入参数,并返回单值,可以是单个标题值,也可以是table类型的值。输入参数可以是除timestamp,cursor和table类型之外的任何数据类型。返回值可以是除timestamp,cursor,text,ntext和image类型之外的任何数据类型。

使用用户定义函数可以带来许多好处:

•实现模块化设计;

•可以独立于源代码进行修改;

•加快执行速度;

•减少网络流量。

用户自定义函数可以在选择和赋值语句中使用;可以用作选择条件的一部分;可以在表达式中使用;可以作为check约束和default约束;表值函数可以用在T-SQL语句中任何期望使用表的地方。

用户定义函数可以使用Transact-SQL编写,也可以使用NET编程语言来编写。

在SQL Server中,用户定义函数分为两类,即用户定义标量函数和用户定义表值函数。用户定义标量函数只返回单个数据值。用户定义表值函数返回table类型数据,又分为内嵌表值函数和多语句表值函数。

2. 标量函数的建立与调用

简化语法如下:

```
CREATE FUNCTION [ owner_name.] function_name
( [ { @parameter_name [AS] scalar_parameter_data_type [ = default ] } [ ,...n ] ] )
RETURNS scalar_return_data_type
[ WITH < function_option> [ [,] ...n] ]
AS
BEGIN
    function_body
    RETURN scalar_expression
END;
```

在可使用标量表达式的位置可唤醒调用标量值函数,包括计算列和CHECK约束定义。当唤醒调用标量值函数时,至少应使用函数的两部分名称。

```
[database_name.]schema_name.function_name ([argument_expr][,...])
```

【例8.14】 编写函数,判断一个整数的奇偶性,偶数返回0,奇数返回1。

```
use mydb
go
```

```
if OBJECT_ID('f1')is not null
drop function  f1
go
create function f1(@m int)
returns int--偶数返回,奇数返回
as
begin
declare @x int
if @m%2=0
set @x=0
else
set @x=1
return @x--最后一条语句必须是return
end
*************************************************
select dbo.f1(9)
```

【例8.15】 编写一个求1+2+3+…+n的和的函数。

```
use mydb
go
if OBJECT_ID('f2')is not null
drop function  f2
go
create function f2(@n int)
returns int
as
begin
declare @sum int
declare @i int
set @sum=0
set @i=1
while @i<=@n
begin
set @sum=@sum+@i
set @i=@i+1
end
```

```
return @sum
end
******************************************************
select dbo.f2(10)
```

【例8.16】 编写函数完成两个字符串的连接运算,要求结果串取第一个字符串的前四个字符,取第二个字符串的后四个字符。

```
use mydb
go
if OBJECT_ID('f3')is not null
drop function  f3
go
create function f3(@str1 nvarchar(100),@str2 nvarchar(100))
returns nchar(8)
as
begin
return left(@str1,4)+right(@str2,4)
end
******************************************************
select dbo.f3('abcdefg','1234561')
```

3. 内嵌表值函数的建立与调用

也叫内联用户定义的表值函数,是一种特殊类型的用户自定义的表值函数,它的目的是实现参数化的视图。

简化语法结构为:

```
CREATE FUNCTION [ owner_name.] function_name
( [ { @parameter_name [AS] scalar_parameter_data_type [ = default ] } [ ,...n ] ] )
RETURNS TABLE
        [ WITH < function_option > [ [,] ...n ] ]
[ AS ]
RETURN [ ( ] select-stmt [ ) ];
```

函数不必定义返回值的格式,只要指定Table关键字就可以了。在return子句中,一个select语句创建一个结果集。可以使用由一部分组成的名称唤醒调用表值函数。

```
[database_name.][owner_name.]function_name ([argument_expr][,...])
```

【例8.16】 编写函数查询指定年份的订单信息。

```
use northwind
go
```

```
if OBJECT_ID('f4')is not null
drop function  f4
go
create function f4(@year int)
returns table
as
return select * from orders where year(orderdate)=@year
**********************************************************
select * from f4(1996)
```

4.多语句表值函数的建立与调用

可以在使用表(或视图)的地方使用用户自定义的表值函数,从这个方面来说,用户自定义的表值函数实现了视图的功能,可以带参数,是动态的。

简化语法结构为:

```
CREATE FUNCTION [ owner_name.] function_name
( [ { @parameter_name [AS] scalar_parameter_data_type [ = default ] } [ ,...n ] ] )
RETURNS @return_variable TABLE < table_type_definition >
WITH < function_option > [ [,] ...n ] ]
[ AS ]
BEGIN
    function_body
    RETURN
END;
```

可以使用由一部分组成的名称唤醒调用表值函数。

```
[database_name.][owner_name.]function_name ([argument_expr][,...])
```

【例8.17】　编写函数,将一个整数拆分成2的幂的和。

```
use mydb
go
if OBJECT_ID('f5')is not null
drop function  f5
go
create function [dbo].f5(@M integer)
returns @tableX table(X int not null)
as
begin
declare @x as int
```

```
set @x=1
while @x<=@m
begin
   if @m & @x=@x
      insert into @tableX values(@x)
   set @x=@x*2
end
return
end
*****************************************************
select * from f5(15)
```

多语句表值函数和内联用户自定义的表值函数的区别：

(1)多语句表值函数在returns子句中定义了一个表变量，并定义了结构。

(2)在函数体中存在填充表变量内容的语句。

(3)函数末尾必须有一个空的return语句。

8.3.4 触发器

触发器(trigger)实际上也是一类特殊的存储过程，但是它不像存储过程那样由用户直接调用执行，而是当满足一定条件时，由系统自动触发执行。它可以实现比约束更为灵活和复杂的数据限制规则，用来实施复杂的用户自定义完整性约束，使得数据库中的数据满足一定要求。

触发器也称作"事件—条件—动作"规则，具体说明如下。

- 当事件发生时，触发器被激活。
- 当满足触发条件时，执行触发器里定义的动作；当不满足触发条件时，不做任何事情。

其中，事件一般是对某个表的插入、删除、修改等操作(DML语句)或者DDL定义语句，而动作主要是指任何一组数据库的操作语句。

触发器的作用主要有以下六个方面。

(1)触发器可以实现比约束更为复杂的数据约束规则，在数据库中的数据完整性约束行为一般使用CHECK约束来实现，但是CHECK约束一般只能引用本表的列，不能引用其他表中的属性列或者其他的数据库对象，而触发器却可以；除此之外，触发器还可以完成比较复杂的逻辑。例如，当一个订单产生时，检查库存表中是否有足够的库存产品。

(2)触发器可以实现对相关表的级联修改。

(3)可以修改其他表里的数据。

(4)对于视图的插入、删除、修改操作,可以转化为对基本表的操作。

(5)可以在触发器中调用一个或者多个存储过程。

(6)可以更改原本要操作的 SQL 语句。例如,对某表执行一条删除 SQL 语句,而该表里的数据非常重要,不允许删除,那么通过触发器,可以不执行该删除操作;同样,还可以防止数据表结构更改或者数据表被删除。

在 SQL Server 中创建触发器的语法如下:

```
CREATE TRIGGER trigger_name
ON <table_name|view_name>
        (FOR | AFTER | INSTEAD OF}
        ([INSERT] [,] [UPDATE] [,] [DELETE ] [, ] }
AS
        sql_statement
```

说明:

trigger_name:触发器的名字。

table_name|view_name:要建立触发器的表或者视图及对应表名或者图名。

AFTER:表示指定的触发事件发生之后,触发器才被激活。FOR:为指定的触发事件操作之前触发器就被触发。

INSTEAD OF:替代触发器。指不执行相应的指定操作,而执行触发器里的内容。

{[INSERT][,][UPDATE][,][DELETE][,]}:激发触发器的事件,三者任选,顺序没有限定。

AS:引导后面的触发器程序体。

sql_statement:触发器触发时,执行的操作语句。

【例 8.18】　在学生管理系统中的 Student 表上创建一个触发器,当对 Student 表插入数据时引发,显示"该表将会执行插入操作"具体语法如下。

```
CREATE TRIGGER tri ins stu
ON Student
For insert
AS
PRINT 'the table will be inserted'
INSRRT INTO Student (sno,sname) VALUS ('01','tom')
```

然后运用如下插入命令验证触发器的执行,如图 8.4 所示。

```
INSERT INTO Student (Sno,Sname) VALUES ('01','tom')
```

the table will be inserted

[表行受影响]

图8.4 创建触发器

【例8.19】 在学生管理系统中删除Student表中的数据时引发触发器,禁止删除表中的数据。

```
CREATE TRIGGER forbidden_delete
ON Student
FOR DELETE
AS
BEGIN
    RAISERROR ('未授权',10,1)
    ROLLBACK
END;
```

8.3.5 游标

SQL语句的执行结果只能整体处理,不能一次处理一行,而当查询返回多行记录时,只能通过游标对结果集中的每行进行处理。游标类似程序设计语言中的指针。可以对SQL语句建立游标。游标的操作一般分为以下四个步骤。

(1)定义游标。游标在使用之前必须先定义,一般定义在SQL语句上。

(2)打开游标。游标定义后,在使用它之前需要先打开,使其指向第一条SQL记录。

(3)推进游标。移动游标指针,可以遍历游标里的所有记录,进行逐行处理。

(4)关闭游标。释放游标占用的资源。

在SQL Server中建立游标的语法如下:

```
DECLARE cursor_name CURSOR [ LOCAL | GLOBAL ]
[FORWARD_ONLY | SCROLL ]
[STATIC  |  KEYSET | DYNAMIC | FAST_FORWARD ]
[READ_ONLY | SCROLL_LOCKS | OPTIMISTIC ]
[TYPE_WARNING ]
FOR select_statement
[FOR UPDATE [ OF column_name [ , …n ]]][;]
```

说明:

cursor_name:游标的名字。

select_statement:建立游标的SQL语句。

【例8.20】 在学生成绩管理系统中创建一个简单的游标，按一定的格式输出Student表中所有学生的学号和姓名。由于每行数据都以一定的格式输出，因此需要使用游标代码如下。

```
DECLARE Cstudent CURSOR SCROLL FOR
SELECT Sno,Sname FROM Student
OPEN Cstudent
DECLARE @Sno CHAR (10)
DECLARE @Sname CHAR(20)
FETCH NEXT FROM cStudent INTO @Sno,@Sname
WHILE @@FETCH_STATUS=0
BEGIN
    PRINT '学号'+ @Sno
    PRINT '姓名'+ @Sname
    FETCH NEXT FROM Cstudent INTO @Sno, @Sname
END
CLOSE Cstudent;
```

例8.20的运行结果如图8.5所示。

```
学号20200510101
姓名张爽
学号20200510102
姓名刘怡
学号20200510103
姓名王明
学号20200510104
姓名张猛
```

图8.5　创建游标输出Student表中的信息

8.4　数据库接口及访问技术

通过数据库接口可以实现编程开发语言与数据库的连接。数据库标准接口可以实现开发语言与多种不同数据库进行连接。这样的接口类型有ODBC、JDBC、OLEDB、ADO、ADO. NET等，其中ODBC、OLEDB、ADO、ADO. NET接口都是由微软公司开发的，用于连接微软的开发语言与数据库。而JDBC接口是Java语言用来进行数据库连接的接口。采用ODBC、JDBC、ADO.NET接口的体系架构如图8.6所示。

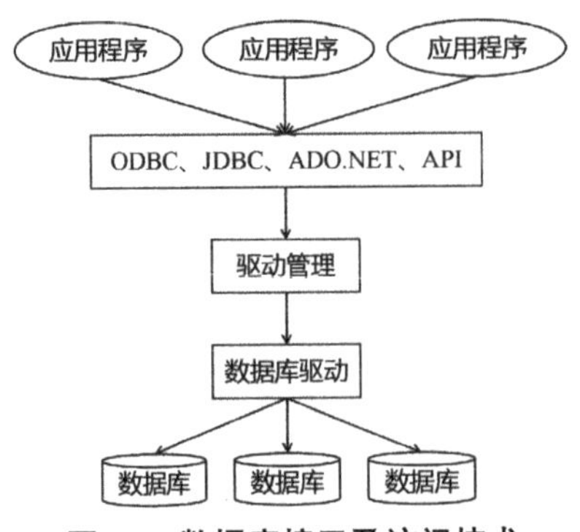

图8.6　数据库接口及访问技术

数据库访问技术包括C/S和B/S两种。C/S结构的用户通过客户端访问数据库服务器;B/S结构的用户通过浏览器访问数据库。目前比较受欢迎的网页编程语言有JSP.ASP. NET、PHP等。

8.4.1　ADO. NET编程

ASP. NET的访问技术的体系结构如图8.7所示。

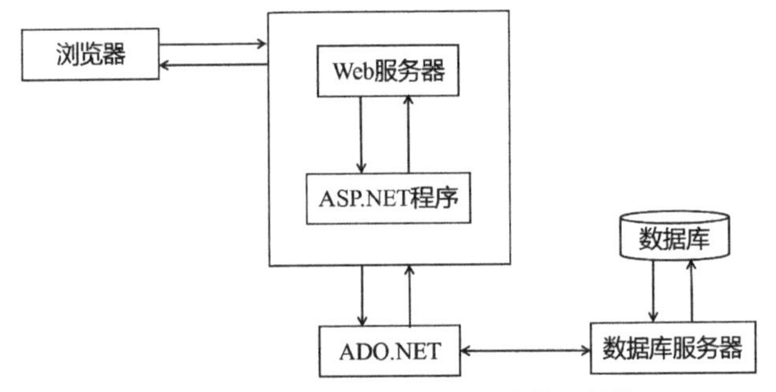

图8.7　ASP. NET的访问技术的体系结构

在微软公司的ASP. NET技术体系结构中,与数据库进行交互需要用到编程接口ADO. NET(ActiveX Data Objects. NET),它是.NET平台内用于和数据源进行交互的面向对象类库,是ADO的后续版本,通过ADO. NET就能在数据库中执行SQL语句或存储过程。ADO. NET数据库连接需要用到以下三个命名空间。

System. Data. SqlClient:用来连接本地SQL服务器。

System. Data. OLEDB:用来连接OLE-DB数据源。

System. Data:用于数据库的高层访问。

ADO. NET的类主要由两部分组成:数据提供(Data Provider)程序和数据集(DataSet)。前者负责与物理数据源连接,后者代表实际数据。ADO. NET包含的对象及它们之间的交互关系如图8.8所示。

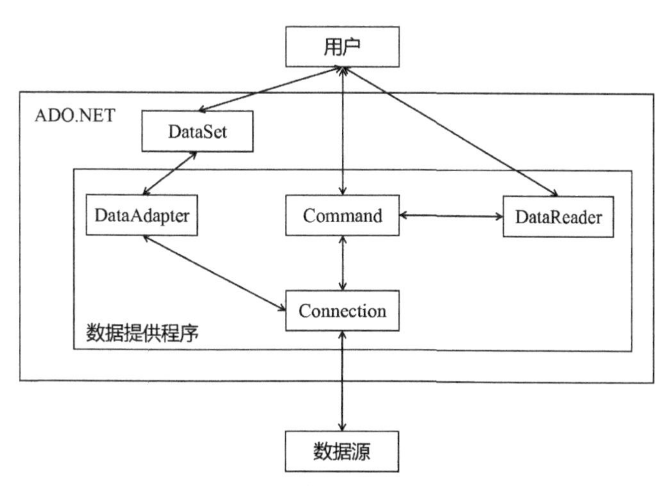

图8.8　ADO.NET包含的对象及他们之间的交互关系

数据提供程序主要包括Connection对象、Command对象、DataReader对象、DataAdapter对象。数据集对象主要指DataSet记录内存中的数据。

数据库连接分为以下四个步骤：

(1)建立连接，通过SqlConnection类与数据库建立连接。

(2)执行SQL命令，通过SqlCommand类执行SQL语句。

(3)获取SQL执行结果，通过DataAdapter或者DataReader和DataSet对象获取数据。

(4)关闭数据库连接。

例如，在开发环境Visual Studio 2015中，采用ASP.NET技术访问SQL Server 2012，输出学校的公告信息，显示在页面的GridView控件中，其源代码如下。

```
SqlConnection cn=new SqlConnection ("server=localhost;database=Student_M;
user=sa;password= 123456");
SqlCommand cmd=new SqlCommand ("SELECT * FROM Student", cn);
SqlDataAdapter da= new SqlDataAdapter(cmd);
DataSet ds=new DataSet();
da .Fill(ds,"Voice");
GridViewl.DataSource=ds.Tables[0].DefaultView;
GridViewl.DataBind();
```

在Visual Studio 2015中执行以上代码，结果如图8.9所示。

学校公告

编号	标题	所有人	时间	内容
1	重修有关事宜	所有人	2020/4/20星期日17:08:27	
2	成绩疑问，前往教务处核对	所有人	2020/4/20星期日17:09:41	
3	毕业设计	女	2020/5/22星期一22:09:35	
4	毕业答辩安排	男	2020/5/22星期一22:10:49	
9	刚刚刚	各个	2020/5/23星期二18:03:33	
10	方法	方法	2020/5/23星期二18:05:42	
11	ggg	ggg	2020/5/23星期二20:24:07	

图 8.9　ASP. NET **技术访问** SQL Server 2012 **结果**

上例中变量cn是一个SqlConnection对象，用来连接数据源，其连接字符串"server = localhost; database= Student_M; user= sa; password= 123456"由一组关键字和值组成，有固定的格式，一般用双引号或者单引号括起来。连接字符串的值说明需要连接的数据库所在的地址及连接用户，localhost表示在本地服务器，目标数据库为Student_M，连接用户为sa，密码为123456。Connection对象的常用方法是open()和close()，表示打开连接和关闭连接。这两个方法可以显示调用，或由DataAdapter对象和Command对象自动调用。

变量cmd是一个Command对象，用来执行存储过程或者增、删、改、查语句，该对象的两个参数值分别表示执行的SQL语句和连接对象，这里执行查询语句“SELECT * FROM Student”。

SqlDataAdapter数据适配器对象在数据集DataSet对象和数据库数据之间起到桥梁的作用，它接收来自Connection对象连接的数据库中的数据并保存在内存表中，再传递给数据集ds，反过来，也可以将数据集的变化传给数据源。SqlDataAdapter对象支持Fill 方法，把数据从数据源加载到数据集中，代码中的da. Fill(ds,"Voice")语句实现了此功 能；支持Update方法把数据从数据集加载到数据源中。

数据集对象为数据表的集合，数据表包含了实际的数据。代码中的语句ds. Tables [0] .DefaultView表示数据集对象ds的第一个数据表，并通过DefaultView属性设置输出格式。

设置控件GridViewl的数据源为数据集ds中的数据表。SqlDataAdapter对象能自动调用打开和关闭数据库连接的Open()方法和Close()方法。

8.4.2　JDBC 编程

JDBC(Java DataBase Connectivity)是Java语言访问各种数据库的一组标准的Java API，既可以访问数据库MySQL.SQL Server，也可以访问数据库Oracleo、Java API通过相应的JDBC驱动程序访问具体的数据库，如图8.10所示。

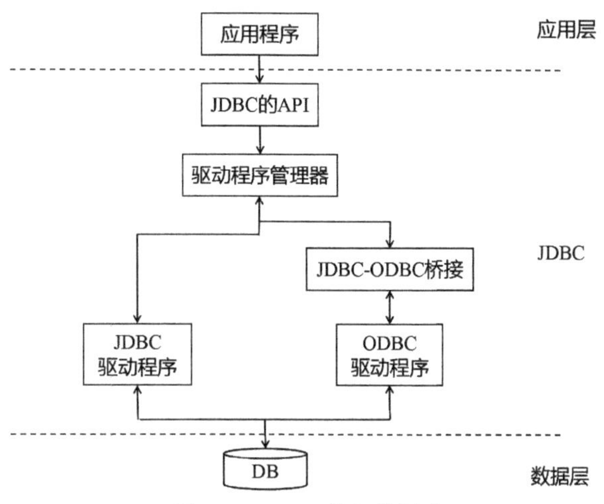

图8.10 JDBC访问数据库

JDBC驱动程序分为四类,而对于具体的数据库系统,一般需要从该数据库提供商那里获得相应的JDBC驱动程序。例如,访问MySQL数据库,需要使用MySQL的JDBC驱动程序,而访问SQL Server数据库,需要使用SQL Server的JDBC驱动程序。JDBC访问数据库的过程如下。

第一步:加载JDBC驱动程序,建立数据库连接。

第二步:执行SQL语句。

第三步:处理SQL语句执行结果。

第四步:关闭数据库连接。

【例8.21】 JDBC连接SQL Server数据库实例

首先,在连接数据库之前必须保证SQL Server 2012是采用SQL Server身份验证方式而不是Windows身份验证方式。如果在安装时选用了后者,则重新设置如下:

1.配置SQL Server的身份验证方式

在默认情况下,SQL Server 2012是采用集成的Windows安全验证且禁用了sa登录名。为了工作组环境下不使用不方便的Windows集成安全验证,我们要启用SQL Server 2012的混合安全验证,也就是说由SQL Server来验证用户而不是由Windows来验证用户。

2.使用SQL Server Management Studio Express

当我们启动SQL Server Management Studio时,首先它要连接到我们的SQL Server 2012,我们在安装SQL Server 2012时,默认的实例为SQL,服务器名称的组成为:机器名\实例名,因此,本例的服务名称为W2K3-C(注:安装SQL Server 2012的机器名为W2K3-C)。第一次使用SQL Server Management Studio Express,由于我们必须采用Windows身份验证,这是默认安装时决定的,如图8.11所示。

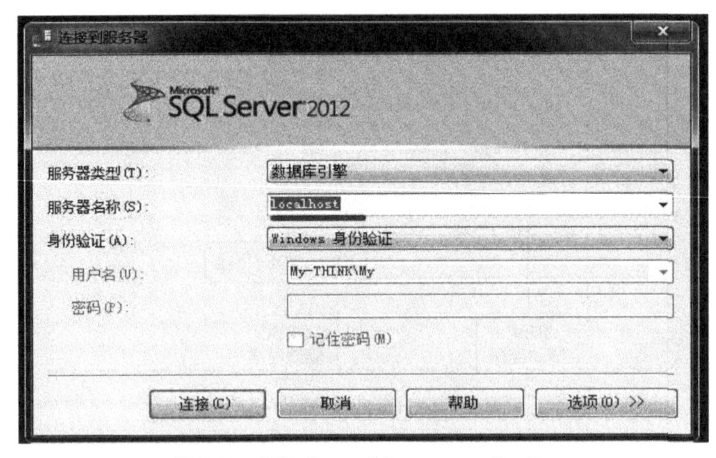

图8.11　SQL Server Management Studio

(1) 设置SQL Server 2012的身份验证方式。

设置SQL Server 2012身份验证方式具体如图8.12中步骤所示。

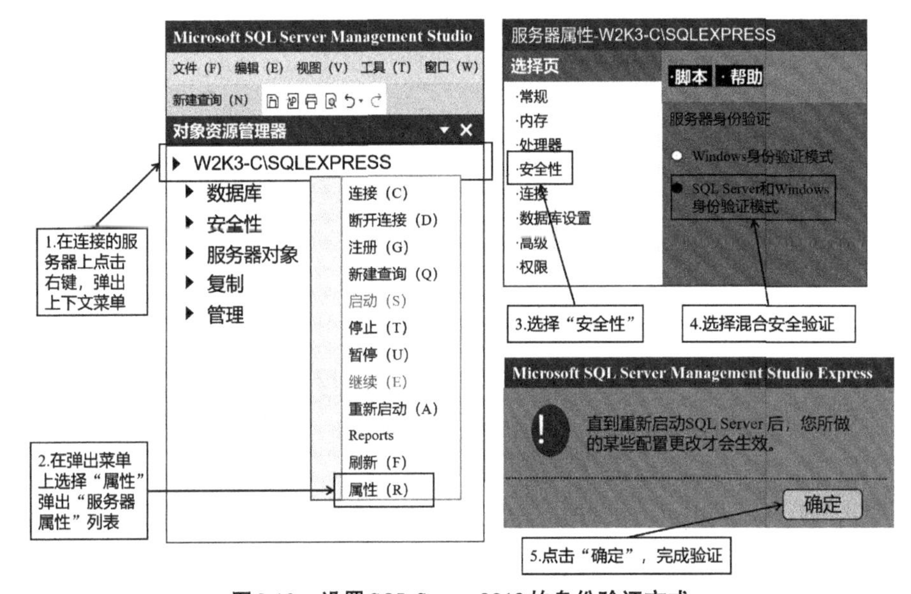

图8.12　设置SQL Server 2012的身份验证方式

(2)设置sa的密码并启用sa登录名。

由于我们不知道sa的密码，所以必须设置一个具体设置步骤，如图8.13所示。

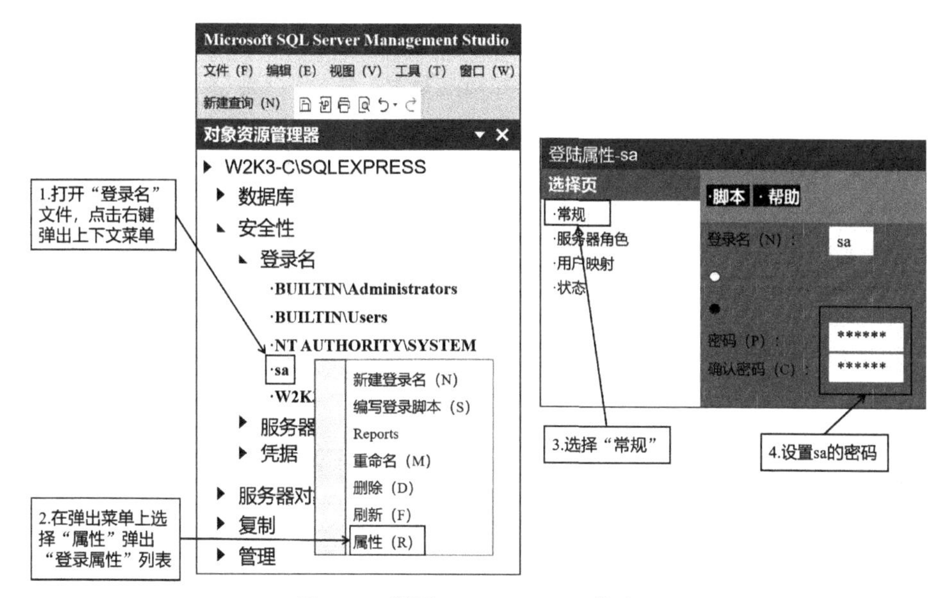

图8.13　设置SQL Sever 2012的密码

不要关闭图8.13所示的窗口，接着选择左侧的“状态”，默认情况下，sa登录名是禁用的，因此我们必须启用sa登录名。选择右侧的登录属性下的“启用”，最后，我们点击窗口下面的“确定”按钮。到此为止，SQL Server 2012服务器已经可以登录，但要重新启动一下，让配置生效。如图8.14所示。

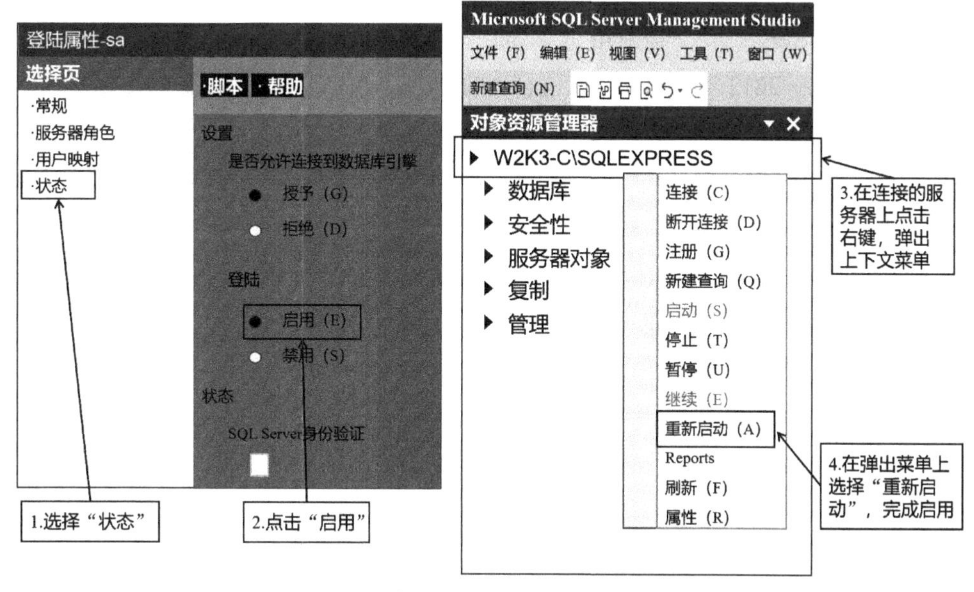

图8.14　启用SQL Sever 2012的sa密码

(3)验证sa登录。

我们在桌面上新建一个文本文件，文件名为TestSQL.UDL，双击这个文件打开“数据连接属性”对话框，点击“提供程序”选项卡，点击“下一步”按钮进入“连接”选项卡，输入数据源W2K3-C\SQLEXPRESS,即我们安装的SQL Server 2012实例,并选择"使用指定的用户名称和密码",输入登录名sa和对应密码,最后,点击"测试连接"按钮,测试sa登录。我们惊喜地看到连接成功,具体操作过程如图8.15所示。为了下一次使用方便,勾选"允许保存密码",点击"确定"按钮保存这个数据连接。

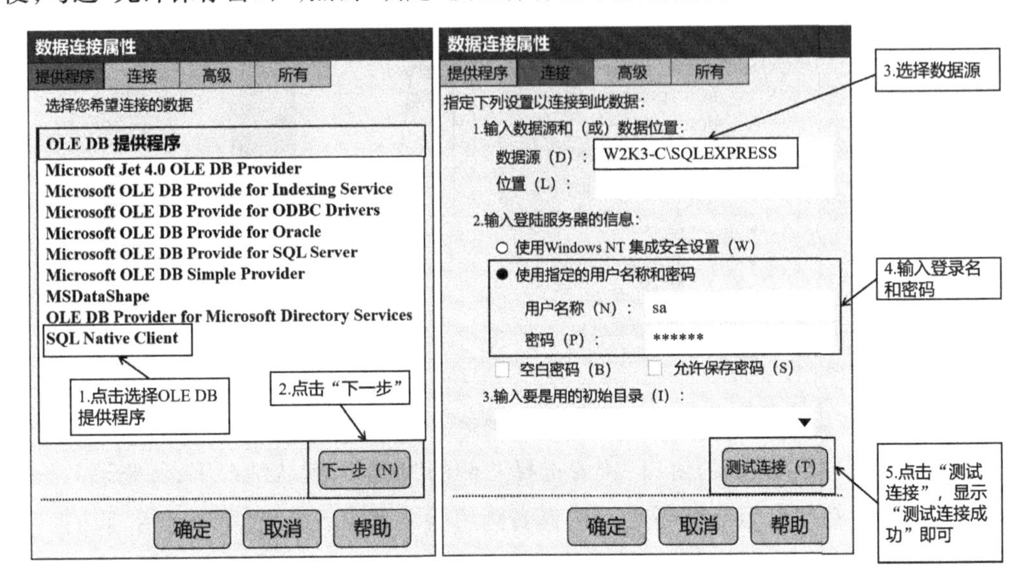

图8.15 验证sa连接数据源并登录

3. 配置SQL Server 2012

当保证SQL Server 2012是采用SQL Server身份验证方式后,开始如下配置:

当SQL Server 2012安装好后,默认协议是没有开启的,所以要在SQL Server配置管理器中开启。

(1)安装好SQL Server 2012后,依次进行如下操作:开始→所有程序→Microsoft SQL Server 2012→配置工具→SQL Server配置管理器。

(2)打开SQL Sever配置管理器,找到SQL Server网络配置选项点击并选择"MSSQL Server的协议"(图中是ERIC2012的协议),依次进行如下操作。

①如果Named Pipes未启用,则右击选择"启用"。

②右键单击TCP/IP,选择启用。

③双击TCP/IP(右键→属性),在弹出的窗口中选择"IP地址"选项卡,将IP1和IP10的"IP地址"设为128.0.0.1,并将所有"IPx"的"已启用"设为是。接着,拖动下拉条到最下方,将IPAll中的"TCP端口"设成"1433",其余不变。

④重新启动计算机。

⑤接下来使用"telnet命令"测试1433端口是否打开,保证telnet服务开启。

⑥完成上一步后,开始菜单→运行cmd→输入:telnet 128.0.0.1 1433。注意telnet与128之间有空格,1与1433之间有空格。按上述操作测试1433端口是否打开。

⑦若提示“不能打开到主机的连接，在端口1433：连接失败”，则说明1433端口没有打开，需要重新进行以上配置。若连接成功，则在标题栏上显示“telnet 128.0.0.1”

4.环境变量CLASSPATH配置

(1)下载Microsoft JDBC Driver 4.0 for SQL Server。

下载网址为：http://www.microsoft.com/zh-cn/download/details.aspx?id=11774 4.0。版本支持的SQL Server有：

Microsoft®SQL Server® 2012

Microsoft®SQL Server® 2008 R2

Microsoft®SQL Server® 2008

Microsoft®SQL Server® 2005

Microsoft®SQL Azure

下载名为“sqljdbc_4.0.2206.100_chs.tar.gz”文件，解压文件，得到“sqljdbc.jar”和“sqljdbc4.jar”两个压缩文件。如果使用的是jre1.7版本，则忽略sqljdbc.jar(因为它不符合要求，而且与sqljdbc4.jar不兼容)，只留下sqljdbc4.jar。以下设置均针对jre1.7版本。

(2)在D盘新建一个文件夹，命名为sqljdbc4，将sqljdbc4.jar复制一个进去。

(3)右击 我的电脑→属性→高级系统设置(高级)→环境变量，在系统变量中双击CLASSPATH变量(或选中CLASSPATH后→编辑)，在最后面追加“D:\sqljdbc4\sqljdbc4.jar”(注意最前面有个;)，若不存在CLASSPATH，就新建CLASSPATH变量，并且将其设为“D:\sqljdbc4 \sqljdbc4.jar”。

(4)连续点击“确定”以退出环境变量配置。

接下来的工作非常重要，有几个地方需要注意：

(1)我们需要将sqljdbc4.jar类库文件拷贝到D:\Program Files\Java\jdk1.8.0\jre\lib\ext目录下。

(2)我们需要将sqljdbc4.jar类库文件拷贝到D:\Program Files\Java\jre7\lib\ext目录下，只要是jre文件夹，都复制一个sqljdbc4.jar到jre7\lib\ext里。

(3)如果是使用Tomcat做服务器，那么需要将sqljdbc4.jar类库文件拷贝到C:\apache-tomcat-8.0.11\lib目录下。

(4)如果是使用Tomcat做服务器，那么需要将sqljdbc4.jar类库文件拷贝到D:\apache-tomcat-8.0.11\webapps\gaofei\WEB-INF\lib目录下。

5.使用Eclipse测试连接SQL Server 2012数据库

(1)打开SQL Server 2012，在其中新建数据库Test，然后退出SQL Server 2012。

(2)运行Eclipse，新建一个Java Project，命名为Test。

(3)右单击src，依次选择Build Path(构建路径)→Configure Build Path(配置构建路径)，在打开的窗口的右边选择Libraries(库)标签，然后单击Add External JARs(添加外部JAR)，找到sqljdbc4.jar文件并打开，然后单击“OK”完成构建路径的配置。

在Test中新建包aa，在aa中新建两个类：main类和GetConnectionSqlServer，在其中输入代码如下：

```
package aa;
import java.sql.Connection;
import java.sql.DriverManager;
import java.sql.SQLException;
public class GetConnectionSqlServer {
public void getConnectionSqlServer() {
String driverName = "com.microsoft.jdbc.sqlserver.SQLServerDriver";
String dbURL = "jdbc:sqlserver://128.0.0.1:1433;databasename=test"; // 1433是端
口,"USCSecondhandMarketDB"是数据库名称
String userName = "sa"; // 用户名
String userPwd = "333333"; // 密码
Connection dbConn = null;
try {
Class.forName(driverName).newInstance();
} catch (Exception ex) {
System.out.println("驱动加载失败");
ex.printStackTrace();
}
try {
dbConn = Driver Manager.get Connection(dbURL, userName, userPwd);
System.out.println("成功连接数据库!");
} catch (Exception e) {
e.printStackTrace();
} finally {
try {
if (dbConn != null)
dbConn.close();
} catch (SQLException e) {
// TODO Auto-generated catch block
e.printStackTrace();
}
}
}
```

```
public static void main(String[] args) {
GetConnectionSqlServer getConn = new GetConnectionSqlServer();
getConn.getConnectionSqlServer();
}
}
```

温馨提示：如果要对数据库中的某个表进行操作，需要做：String sql = "SELECT* FROM [数据库名]. [dbo]. [表名] where xxx"；例如 String sql = "SELECT* FROM [metro].[dbo].[4] where xxx" 。注意，中括号是必要的，不能去掉。

例如，JSP 连接 SQL Server 2012，源代码如下。

```
<%@page contentType="text/html;charset=gb2312"%>
<%@page import="java.sql.* "%>
<html>
<body>
<%Class.forName("com.microsoft.jdbc.sqlserver.SQLServerDriver").newlnstance();
String url= M jdbc :microsoft: sqlserver: //localhost: 1433; DatabaseName=pubs";
//pubs 为数据库
String user= "sa";
String password= ******;
Connection conn=DriverManager.getConnection(url,user,password);
Statement stmt=
conn. createStatement(ResultSet. TYPE_SCROLL_SENSITIVE, ResultSet. CONCUR_ UPDATABLE);
String sql= "SELECT * FROM test";
ResultSet rs=stmt.executeQuery(sql);
while(rs.next()){%>
您的第一个字段内容为:<%=rs.getString (1)%><br>
您的第二个字段内容为:<%=rs.getString (2)
<%}%>
<%out.print ("数据库操作成功,恭喜你\n) ;%>
<%rs.close ();
stmt.close ();
conn.close ();
%>
</body>
</html>
```

以上两个程序分别给出了Java和JSP通过JDBC访问数据库的简单例子，这两段代码非常类似，主要由建立连接、执行SQL、获取执行结果、关闭连接四个步骤组成。输入代码 Class. forName("com. microsoft. jdbc. sqlserver. SQLServerDriver")，加载SQL Server数据库驱动器程序类，之后可以获取对SQLServerDriver数据库驱动器类的引用。通过Connection对象建立对数据库的连接，连接字符串的值设置数据库的URL以及用户名和密码；由当前数据库连接生成数据库操作对象stmt；用该操作对象执行数据库查询操作stmt. executeQuery（sql）； ResultSet结果集对象存储查询结果；关闭结果集rs. close()；关闭操作对象stmt. Close() ；关闭数据库连接conn. Close()。

8.5 小　　结

本章讨论了数据库编程相关的内容，包括嵌入式SQL、数据库编程语言T-SQL应用编程接口ADO. NET和JDBC，并分别给出了具体的实例。嵌入式SQL介绍了把SQL语句嵌入到高级语言中，以及如何与高级语言进行交互的相关内容。数据库编程语言T- SQL部分包含基本语法、存储过程、函数、触发器、游标等内容，阐述了数据库编程接口及 访问技术，简单介绍了JDBC和ADO. NET接口，并给出连接数据库的应用案例。

习　　题

1. 选择你所熟悉的任一种编程开发语言及相应的编程接口，访问你所熟悉的数据库中的数据。

2. 使用嵌入式SQL对学生-课程数据库中的表完成下述功能：

（1）查询某一门课程的信息。要查询的课程由用户在程序运行过程中指定，放在主变量中。

（2）查询选修某一门课程的选课信息，要查询的课程编号由用户在程序运行过程中指定，放在主变量中，然后根据用户的要求修改其中某些记录的成绩字段。

3. 对学生-课程数据库编写存储过程，完成下述功能：

（1）统计离散数学的成绩分布情况，即按照各分数段统计人数。

（2）统计任意一门课的平均成绩。

（3）将学生选课成绩从百分制改为等级制（即A、B、C、D、E）。

第9章　数据库设计案例
——学生成绩管理系统

本章目标

•数据库系统开发方法。

本章通过一个简单的案例——“学生成绩管理系统”，来熟悉一下数据库及数据库应用系统的设计和实现过程。该案例包括需求分析、概念结构设计、逻辑结构设计、物理结构设计，并实现了该学生成绩管理系统，把数据库设计落实到数据库应用程序开发中。

9.1　需求分析

9.1.1　学生成绩管理系统的需求分析

1.主要功能需求

该系统主要提供给学生、教师、辅导员以及管理员使用。

(1)学生模块应该实现的功能：学生查询学校发布的有关通知、自己的班级信息、课程信息、教师信息、各门课程的成绩信息以及修改个人信息。

(2)辅导员模块应该实现的功能：辅导员查询通知信息、班级信息、课程信息、教师信息、学生信息、家长信息、学生成绩、谈话记录以及修改个人信息。

(3)管理员模块应该实现的功能：教学管理人员对通知的管理(即通知的发布、删除、修改)、班级管理、课程管理、教师管理、学生管理、家长管理、学期管理、专业管理、学院管理、授课管理以及成绩统计分析。

(4)教师模块应该实现的功能：教师查询、录入、修改所授课的学生成绩信息以及查询课程信息、教师信息、通知信息、班级信息、修改个人信息。

学生成绩管理系统功能模块图如图9.1所示。

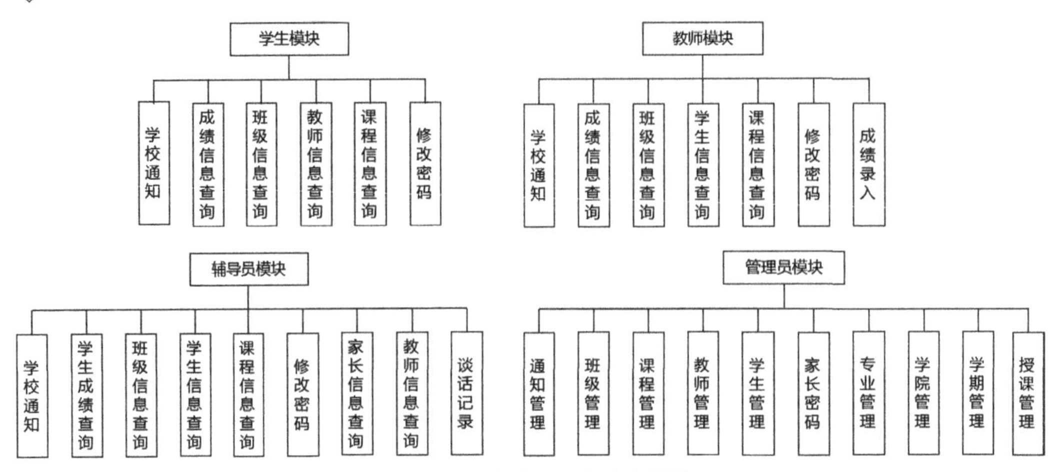

图9.1 学生成绩管理系统功能模块图

2.数据需求

要求此系统可以查询以下信息。

学生的基本信息,包括学生的学号、班级、姓名、性别、年龄、所在专业、电话号码、电子邮件、家长信息、家长联系方式、家庭地址。学生通过此系统可以查看其所选的所有课程的成绩,以及所属的班级。

班级的基本信息包括:班级编号、人数、院系名称、专业以及管理该班级的辅导员。

课程的基本信息包括:课程编号、课程名称、学分、学时。

学院的基本信息包括:学院编号、学院名称、学院办公室、学院联系方式。

专业的基本信息包括:专业编号、专业名称。

学期的基本信息包括:学期编号、学期名称。

通知的基本信息包括:通知编号、通知标题、内容、时间、发布者ID。

教师的基本信息包括:教师编号、教师姓名、电话号码、邮箱、所在学院。其中部分教师是专职教师,一个专职教师允许教授多门课程,一门课一个学期可以由多个教师教授。另一部分教师为辅导员,一个辅导员可以管理多个班级。一个院系有多个专业,每个专业有多个班级,每个专业都有专业负责人,每个院系都有一个领导管理。当学生一个学期课程不及格的课程数量达到三门,就由辅导员联系学生进行辅导工作,如果连续两个学期课程不及格总数量达到五门,就由辅导员联系家长。

管理员实现对所有信息的维护,学校的教学管理人员充当管理员的角色。

9.1.2 学生成绩管理系统的数据分析

针对成绩管理模块,数据流分析如下:

(1)每门课程都由三到六个单元构成,每个单元结束后会进行一次测试,其成绩作为这门课程的平时成绩。课程结束后进行期末考试,其成绩作为这门课程的考试成绩。

(2)学生的平时成绩和考试成绩均由每门课程的主讲教师上传至成绩管理系统。

(3)在记录学生成绩之前,系统需要验证这些成绩是否有效。首先,根据学生信息文件来确认该学生是否选修这门课程,若没有,那么这些成绩是无效的;如果他的确选修了这门课程,再根据课程信息文件和课程单元信息文件来验证平时成绩是否与这门课程所包含的单元相对应,如果是,那么这些成绩是有效的,否则无效。

(4)对于有效成绩,系统将其保存在课程成绩文件中。对于无效成绩,系统会单独将其保存在无效成绩文件中,并将详细情况提交给教务处。在教务处没有给出具体处理意见之前,系统不会处理这些成绩。

(5)若一门课程的所有有效的平时成绩和考试成绩都已经被系统记录,系统会发送课程完成通知给教务处,告知该门课程的成绩已经齐全。教务处根据需要,请求系统生成相应的成绩列表,用来提交考试委员会审查。

(6)在生成成绩列表之前,系统会生成一份成绩报告给主讲教师,以便核对是否存在错误。主讲教师须将核对之后的成绩报告返还系统。

(7)根据主讲教师核对后的成绩报告,系统生成相应的成绩列表,递交考试委员会进行审查。考试委员会在审查之后,上交一份成绩审查结果给系统。对于所有通过审查的成绩,系统将会生成最终的成绩单,并通知每个选课学生。

现采用结构化方法对这个系统进行分析与设计,得到如图9.2所示的学生成绩管理系统顶层数据流图和图9.3所示的学生成绩管理系统0层数据流图。

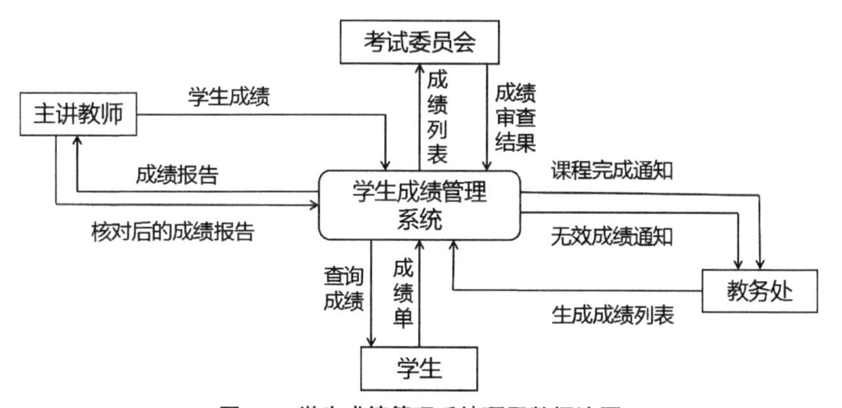

图9.2　学生成绩管理系统顶层数据流图

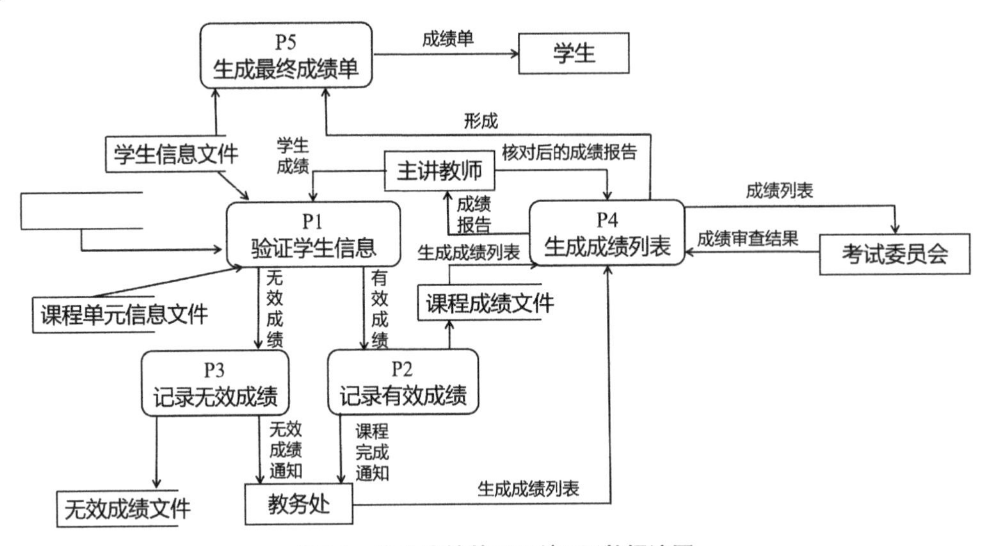

图9.3　学生成绩管理系统0层数据流图

9.2　概念结构设计

根据需求分析,其EER图如图9.4所示。

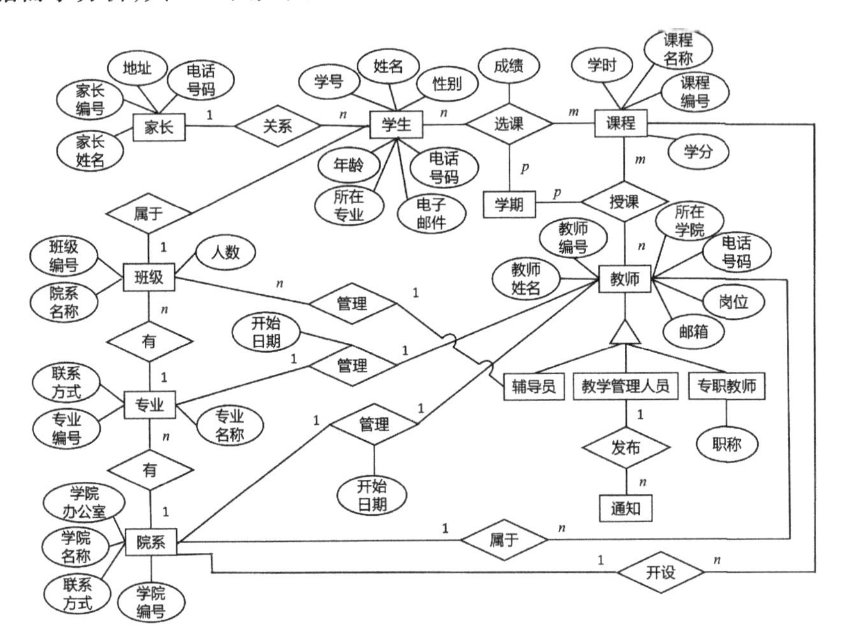

图9.4　学生成绩管理系统EER图

该EER图说明如下。

(1)学生的家长信息涉及内容较多,因此“家长”单独作为实体,而不作为学生实体的属性。

(2)由于教师中有专职教师、辅导员、教学管理人员，因此在教师实体上添加属性“岗位”。并且教师实体作为父类，专职教师、辅导员、教学管理人员作为子类。

(3)班级的辅导员教师通过班级与辅导员实体的联系来表示，班级的所属专业信息通过班级与专业的联系来表示。

(4)为了方便该系统的扩展，“学期”作为实体，而不作为属性。

(5)由于篇幅的原因，在EER图中没有画出“通知”和“学期”实体的属性。

9.3　逻辑结构设计

根据转换规则，把图9.4中的概念模型转化为逻辑模型，该EER图转化为关系模型，并对转化后的关系模型进行优化，设计出视图、触发器、存储过程。

1.系统的逻辑模型

学生(学号，姓名，性别，年龄，所在专业，电话号码，电子邮件，班级编号，家长编号)；

家长(家长编号，家长姓名，家庭地址，电话号码)；

班级(班级编号，人数，院系名称，所在专业，辅导员)；

课程(课程编号，课程名称，学分，学时，开设学院)；

选课(学生编号，课程编号，选课学期，成绩)；

教师(教师编号，教师姓名，所在学院，岗位，电话号码，邮箱，职称)；

授课(教师编号，课程编号，授课学期，班级编号)；

院系(学院编号，学院名称，学院办公室，院长，开始日期，联系方式)；

专业(专业编号，专业名称，专业负责人，开始日期，联系方式，院系编号)；

学期(学期编号，学期名称)；

用户信息(用户ID，用户密码，用户类型)；

通知(通知编号，通知标题，内容，时间，发布者ID)。

这里增加一个用户信息表，用于保存各用户的登录密码及用户类型，所有用户的用户编号为自己的编号，学生的用户编号为学号，教师的用户编号为教师编号。

2.利用规范化理论优化关系模型

对该关系模型优化到3NF，去掉非主属性对码的部分依赖和传递依赖，修改如下。

(1)对学生关系进行修改。

学生(学号，姓名，性别，年龄，所在专业，电话号码，电子邮件，班级编号，家长编号)；

在学生关系中删除“所在专业”，因为存在传递依赖。学号→班级编号，班级编号→所在专业。存在非主属性“所在专业”对码“学号”的传递依赖，且“班级编号”与“所在专业”都存在于关系班级中,因此这里去掉属性“所在专业”,达到3NF。

(2)对班级关系进行修改。

班级(班级编号,人数,院系名称,所在专业,辅导员);

在班级关系中删除属性“院系名称”,因为存在传递依赖。班级编号→所在专业,所在专业→院系名称。存在非主属性“院系名称”对码“班级编号”的传递依赖,且“所在专业”与“所在院系”都存在于专业关系中,因此删除班级关系中的属性“院系名称”。

(3)最后的结果如下。

学生(学号,姓名,性别,年龄,电话号码,电子邮件,班级编号,家长编号);

家长(家长编号,家长姓名,家庭地址,电话号码);

班级(班级编号,人数,所在专业,辅导员);

课程(课程编号,课程名称,学分,学时,开设学院);

选课(学号,课程编号,选课学期,成绩);

教师(教师编号,教师姓名,所在学院,岗位,电话号码,邮箱,职称);

授课(教师编号,课程编号,授课学期,班级编号);

院系(学院编号,学院名称,学院办公室,院长,开始日期,联系方式);

专业(专业编号,专业名称,专业负责人,开始日期,联系方式,院系编号);

学期(学期编号,学期名称);

用户信息(用户ID,用户密码,用户类型);

通知(通知编号,通知标题,内容,时间,发布者ID)。

3.设计用户子模式

设计用户子模式,分别为学生、教师、辅导员、管理员设计用户子视图。

(1)学生用户子模式。

学生用户子模式为学生用户进入系统后所能查看到的数据,包括学校通知、班级信息、课程信息、教师信息、成绩查询、修改密码。

学校通知模块显示通知编号、通知标题、通知内容、发布者、发布时间。

班级信息模块根据学院名称或者专业名称,或者班级编号,查询班级编号、班级人数、专业名称、学院名称、辅导员及其联系方式。

课程信息模块可以查询到课程编号、课程名称、学分、学时。

教师信息模块可以查询到每个班级每门课程授课教师的教师姓名、岗位、电话号码、授课学期、课程编号、课程名称、班级编号。

成绩查询模块可以查询到每个学生自己每个学期的课程成绩,包括学号、课程编号、课程名称、学期、成绩。

因此,为学生用户设计如下视图。

①班级信息视图,基于四个表(班级、教师、专业、院系)创建班级信息视图,使得查询班级的信息更加方便。

班级信息视图(班级.班号,班级.人数,教师.教师姓名,教师.电话号码,专业.专业编号,专业.专业名称,院系.学院编号,院系.学院名称)。

②授课教师信息视图,其数据来自教师、学期、授课及课程四个关系。

授课教师信息视图(教师编号,教师姓名,电话号码,学期名称,课程编号,课程名称,班级编号)。

③选课信息视图,其信息来自选课、课程及学期三个关系。

选课信息视图(学号,课程编号,课程名称,学期.学期编号,学期.学期名称,成绩)。

(2)教师用户子模式

教师用户子模式为教师用户进入系统后所能查看到的数据,包括学校通知、班级信息、课程信息、教师信息、成绩查询、修改密码。其中,通知模块、班级模块、课程模块以及教师信息模块和学生用户一样,而教师信息的成绩查询模块需要稍作修改。该模块为方便教师查询所教课程的学生成绩,为教师用户设计了如下视图。

教师成绩查询信息视图,涉及学生关系、学期关系、选课成绩关系、授课表以及课程关系。

教师成绩查询信息视图(授课.教师编号,授课.课程编号,授课.授课学期,学期.学期名称,授课.班级编号,课程.课程名称,学生.学号,学生.姓名,选课.成绩)。

(3)辅导员用户子模式。

辅导员用户子模式涉及学校通知模块、班级信息模块、课程信息模块、教师信息模块、个人信息修改模块、家长信息模块、学生信息模块、成绩查询模块及谈话记录模块。前面的模块功能相同,只有家长信息和学生信息模块是新添加的模块,而成绩查询模块查询某个班某个学期的成绩,或者具体某个学生的成绩。为辅导员用户设计如下视图。

①家长信息视图,涉及学生关系、家长关系及班级关系。

家长信息视图(学号,学生姓名,学生班号,家长编号,家长姓名,家庭地址,家长电话号码,班级.辅导员编号)

②学生信息视图,涉及学生关系、班级关系。

学生信息视图(学号,姓名,年龄,电话号码,电子邮件,学生.班号,辅导员编号)

③辅导员查询成绩视图,涉及学生、班级、选课、课程、学期五个关系。

辅导员查询成绩视图(学生.学号,学生.姓名,班级.班号,选课.选课学期,学期.学期名称,选课.课程编号,课程.课程名称,选课.成绩,辅导员编号)

④触发器。

当学生一个学期课程不及格的课程数量达到三门时,就由辅导员联系学生进行辅导工作,如果连续两个学期课程不及格总数量达到五门,就由辅导员联系家长。因此,建立家长联系关系包括属性(学生编号,学期,不及格课程数量),并在学生的选课表上建立触发器,当某学生某个学期不及格的课程数量达到三门及以上,则触发器实现对家长联系表插入该学生的相关信息,表示辅导员应该与此学生谈话,在后面的数据库代码部分由触发器(tri_notpass)实现。

(4)管理员用户子模式。

管理员用户子模式涉及学校通知模块、班级管理模块、课程管理模块、教师信息管理模块、学生信息管理模块、家长信息管理模块、成绩查询模块、专业管理、学院管理、学期管理模块、统计分析模块、授课管理模块,都是直接对关系表的操作,其中的统计分析模块的实现需要建立如下存储过程。

按班级分课程成绩分析模块,从教师成绩查询子视图里获取每个班级每门课程学生的成绩数据。

获取每个班级每门课程学生的优、良、中、及格、不及格的成绩分布数据,此处用存储过程实现。创建存储过程,根据输入的班级编号及课程编号输出每个成绩分布阶段的人数。由后面的数据库代码中的存储过程(class_course_Grade)实现,并用图表的形式显示成绩分布情况。

分班级获取每个学生所有科目的成绩及总成绩,涉及的数据库代码为(class.Grade_analysis)。

查询每个学生的所有成绩,根据管理员输入的学号获取该学生所有学期所有课程的成绩。

(5)基本表的设计。

表9.1　学生表(Studcnt)

属性	标识符	数据类型	备注
学号	Sno	CHAR(11)	主键
姓名	Sname	VARCHAR(8)	不为空
性别	Ssex	CHAR(2)	
年龄	Sage	INT	
班级号	Class_no	CHAR(10)	
电话号码	Tel	VARCHAR(11)	
电子邮件	Email	VARCHAR(20)	
家长	Sfamily	VARCHAR(20)	

表9.2　课程信息表(Course)

属性	标识符	数据类型	备注
课程编号	Cno	CHAR(5)	主键
课程名称	Cname	VARCHAR(20)	不为空
学分	Ccredit	VARCHAR(80)	
先修课	Cpno	CHAR(5)	
学时	Chour	VARCHAR(8)	
学院	Dept	VARCHAR(30)	

表 9.3　专业表(Special)

属性	标识符	数据类型	备注
专业编号	Special_no	CHAR (10)	主键
专业名称	Special_name	CHAR (20)	不为空
院系编号	Dept_no	CHAR (10)	不为空
专业负责人	Special_manager	CHAR(20	
开始日期	Start_date	DATETIME	
联系方式	Special_TEL	CHAR (20)	

表 9.4　教师表(Teacher)

属性	标识符	数据类型	备注
教师编号	Tno	CHAR (5)	主键
教师姓名	Tname	CHAR (20)	
岗位	Post	CHAR (20)	
电话号码	Tel	CHAR (11)	

表 9.5　学院表(Department)

属性	标识符	数据类型	备注
学院编号	Dept_no	CHAR (10)	主键
学院名称	Dept_name	CHAR (20	不为空
院长编号	Mname_no	CHAR(10)	
学院办公室	Dept_office	CHAR(60)	
联系方式	Dept_tel	CHAR (20)	
开始日期	Start_date	DATETIME	

表 9.6　班级表(Class)

属性	标识符	数据类型	备注
班级编号	Class_no	CHAR(10)	主键
班级名称	Class_name	CHAR (30)	
班级人数	Class_count	INT	
班级教室	Class_room	CHAR (20)	
辅导员编号	Class_Tno	CHAR(5)	
专业编号	Special_no	CHAR(10)	

表9.7　家长表(Sfamily)

属性	标识符	数据类型	备注
家长编号	Family_no	Char(11)	主键
家长姓名	Family_name	CHAR (30)	
家庭地址	Family_addr	CHAR (100)	
电话号码	Family_tel	CHAR (20)	

表9.8　学期表(Team)

属性	标识符	数据类型	备注
学期编号	Team_no	CHAR (5)	主键
学期名称	Team_name	CHAR (20)	

表9.9　选课表(SC)

属性	标识符	数据类型	备注
学号	Sno	CHAR (20)	不为空
课程编号	Cno	CHAR(10)	不为空
选课学期	Team_no	CHAR (5)	
成绩	Grade	REAL	

表9.10　授课表(TC)

属性	标识符	数据类型	备注
教师编号	Tno	CHAR (5)	不为空
课程编号	Cno	CHAR (10)	不为空
授课学期	Team_no	CHAR (5)	不为空
班级编号	Class_no	CHAR (10)	不为空

9.4　物理结构设计

因为学生成绩管理系统的存储空间需求较小，我们主要考虑的是事务响应速度，所以考虑建立索引，根据建立索引的规则，主要在查询条件涉及的属性、连接条件涉及的属性、相关数据库代码等方面建立索引。由于此系统的访问量比较小，因此在本系统中没有建立索引。

9.4.1　部分建表代码

```
CREATE table Student(
SnoCHAR(11) PRIMARY KEY,
Sname VARCHAR(8),
Ssex CHAR(2),
Sage INT,
Class_no CHAR(10),
TelVARCHAR(11),
EmailVARCHAR(20),
SfamilyVARCHAR(20),
FOREIGN KEY (Class_no) REFERENCES Class(Class_no));

CREATE table Course(
Cno CHAR(5) PRIMARY KEY,
Cname VARCHAR(20) NOT NULL,
CcreditVARCHAR(80),
Cpno CHAR(5),
Chour VARCHAR(8),
Dept VARCHAR(30)
);

CREATE table Teacher(
TnoCHAR (5) PRIMARY KEY,
Tname CHAR (20),
Post CHAR(20),
Tel CHAR(11)
);

CREATE table Department (
Dept_noCHAR (10) PRIMARY KEY,
Dept_name CHAR (20)NOT NULL,
Mname_no CHAR(10),
Dept_office CHAR(60),
```

```
Dept_Tel CHAR (20),
Start_date DATETIME
);

CREATE table Special (
Special_no CHAR (10) PRIMARY KEY,
Special_name CHAR(20) NOT NULL,
Dept_noCHAR(10) NOT NULL,
Special_managerCHAR(20),
Start_date DATETIME,
Special_Tel CHAR(20),
FOREIGN KEY (Dept_no) REFERENCES Department(Dept_no));

CREATE table Class(
Class_no CHAR(10) PRIMARY KEY,
Class_name CHAR(30),
Class_count INT,
Class_room CHAR (20),
Class_Tno CHAR(5),
Special_no CHAR (10),
FOREIGN KEY (Class_Tno) REFERENCES Teacher(Tno));

CREATE table Sfamily (
Family_no Char(11) PRIMARY KEY,
Family_name CHAR(30),
Family_addr CHAR(100),
Family_Tel CHAR(11) );

CREATE table Term(
Term_noCHAR (5) PRIMARY KEY,
Term_name CHAR (20));

CREATE table SC(
Sno CHAR(11) NOT NULL,
Cno CHAR(5) NOT NULL,
```

```
Term_noCHAR(5),
Grade REAL);

CREATE table TC(
Tno CHAR(5) NOT NULL,
Cno CHAR(5) NOT NULL,
Term_noCHAR(5)NOT NULL,
Class_no CHAR(10)NOT NULL,
PRIMARY KEY(Tno, Cno, Term_no),
FOREIGN KEY (Tno) REFERENCES Teacher(Tno),
FOREIGN KEY (Cno) REFERENCES Course(Cno),
FOREIGN KEY (Term_no) REFERENCES Term(Term_no),
FOREIGN KEY (Class_no) REFERENCES Class(Class_no));
```

9.4.2 建立视图代码

1.学生用户子模式

（1）建班级信息视图，代码为：

```
CREATE VIEW Class_INFO
AS
SELECT Class. Class_no, Class. Class_count, Teacher. Tname, Tel, Special. Special_no,Special.Special_name,Department.Dept_no,Department.Dept_name
FROM Class,Teacher,Special,Department
WHERE Teacher. Tno=Class. Class_Tno AND Class. Special_no=Special. Special_no and Special.Dept_no=Department.Dept_no;
```

（2）创建“授课教师信息”视图，代码为：

```
CREATE VIEW TC_Teacher_info
AS
SELECT Teacher.Tno,Tname,Tel,Term_name,Course.Cno,Cname,Class_no
FROM Teacher,TC,Course,Term
WHERE Teacher.Tno=TC.Tno AND Course.Cno=TC.Cno AND Term.Term_no = TC.Term_no;
```

改为左外连接，因为学校除了上课的教师，还有没有授课的教师及辅导员等其他职工。

```
CREATE VIEWT CT_eacher_info
AS :
SELECT Teacher.Tno,Tname,Post,Tel,Term_name,Course.Cno,Cname,Class_no
FROM Teacher LEFT OUTER JOIN TC ON Teacher.Tno=TC.Tno LEFT OUTER
JOIN Course
ON Course.Cno=TC.Cno join Term on Term.Term_no=TC.Term_no;
```

(3)创建选课信息视图,代码为:

```
CREATE VIEW SC_info
AS
SELECT Sno,Course.Cno,Cname,Term.Term_name,Term.Term_no,Grade
FROM SC,Course,Term
WHERE SC.Term_no=Term.Term_no AND SC.Cno=Course.Cno;
```

2.教师用户子视图

创建教师成绩查询信息视图,代码为:

```
CREATE VIEW Teacher_Grade_info
AS
SELECT TC. Tno, TC. Cno, TC. Term_no, Term. Term_name, TC. Class_no, Course.
Cname,Student.Sno,Studcnt.Sname,SC.Grade
FROM TC,SC,Course,Student,Term
WHERE TC.Cno=Course.Cno AND TC.Cno=SC.Cno AND TC.Class_no
=Student.Class_no AND SC.Sno=Student.Sno AND TC.Term_no=Term.Term_no;
```

3.辅导员用户子视图

(1)创建家长信息视图,代码为:

```
CREATE VIEW Sfamily_info
AS
SELECT Student.Sno,Student.sname,Student.Class_no,Sfamily.Family_no,Sfamily.
Family_name,Family_addr ,Sfamily.Family_Tel,Class.Class_Tno
FROM Student,Sfamily,Class
WHERE Class. Class_no=Student. Class_no AND Student. Sfamily=Sfamily. Fami-
ly_no;
```

(2)创建学生信息视图,代码为:

```
CREATE VIEW Student_info
AS
SELECT Sno,Sname,Sage,Tel,Email,Student.Class_no,Class_Tno
FROM Student,Class
```

```
WHERE Student.Class_no=Class.Class_no;
```

（3）创建辅导员查询Grade视图，代码为：

```
CREATE VIEW
AS
SELECT Student. Sno, Student. Sname, Class. Class_no, SC. Term_no, Term.
Term_name,SC.Cno,Course.Cname,SC.Grade,Class_Tno
FROM Student,Class,SC,Course,Term
WHERE Student.Class_no=Class.Class_no AND Student.Sno=SC.Sno AND SC.
Cno=Course.Cno AND Term.Term_no=SC.Term_no;
```

9.4.3 触发器

本系统中的触发器代码如下。

```
CREATE TABLE Sfamily_ralation(
Sno CHAR (20),
Term CHAR(5),
NotpassCourse_count INT);
CREATE TRIGGER tri_notpass
ON SC
AFTER INSERT
AS
DECLARE @stuno char(20) , @semsterno int, @notpasSno int,@count int;
SELECT @stuno=Sno,@semsterno=Term_no FROM inserted;
SELECT @notpasSno=count (Cno)
FROM SC
WHERE Grade< 60 AND Sno=@stuno AND Term_no=@semsterno
GROUP BY Sno,Term_no having count (Cno)> = 2;
SELECT @count=count ( * ) FROM Sfamily_ralation WHERE Sno=@stuno;
IF ((@notpasSno>= 2) AND (@count< 1))
INSERT INTO Sfamily_ralation VALUES (@stuno, @semsterno, @notpasSno);
ELSE
UPDATE Sfamily_ralation
SET NotpassCourse_count=@notpasSno
WHERE Sno=@stuno;
PRINT '添加Student成功';
```

9.4.4 存储过程代码

在管理员成绩统计分析模块中设计了以下存储过程。

按班级分课程成绩分析模块,从教师成绩查询子视图里获取每个班级每门课程学生的成绩数据。

获取每个班级每门课程学生的优、良、中、及格、不及格的成绩分布数据,此处用存储过程实现。创建存储过程,根据输入的班级编号及课程编号输出每个成绩分布阶段的人数,代码如下所示。

```
CREATE PROCEDURE class_course_Grade
@class char(10),
@course char(10),
@notpass int output,
@pass int output,
@avg int output,
@good int output,
@eXcellent int output
AS
SELECT @notpass=count(Grade)
FROM Teacher_Grade_info
WHERE Cno=@course AND Class_no=@class AND Grade<60
SELECT @pass=count(Grade)
FROM Teacher_Grade_info
WHERE Cno=@course AND Class_no=@class AND Grade>= 60 AND Grade<70
SELECT @avg=count(Grade)
FROM Teacher_Grade_info
WHERE Cno=@course AND Class_no=@class AND Grade>=70 AND Grade<80
SELECT @good=count(Grade)
FROM Teacher_Grade_info
WHERE Cno=@course AND Class_no=@class AND Grade>= 80 AND Grade<90
SELECT @eXcellent=count(Grade)
FROM Teacher_Grade_info
WHERE Cno=@course AND Class_no=@class AND Grade>= 90 and Grade< = 100
```

此存储过程根据输入的Class_no参数值和Cno参数值,输出该班级该课程学生不及格人数、及格人数等各个阶段的人数。测试代码如下。

```
DECLARE @bujige int, @jige int, @zhong int, @liang int, @you int
EXEC class_course_Grade @class='1106101', @course= '1', @notpass= @bujige
OUTPUT, @pass=@jige output, @avg= @zhong output, @good=@liang
OUTPUT,@excellent=@you output
SELECT @bujige,@jige,@zhong,@liang,@you
```

测试代码第二种写法如下。

```
CREATE PROCEDURE class_course_Grade3
@class char (10),
@course char(10),
@notpass int output,
@pass int output,
@avg int output,
@good int output,
@eXcellent int output
AS
BEGIN
SELECT @notpass=count (CASE WHEN Grade<60 THEN 1 END),
@pass=count (CASE WHEN Grade<70 AND Grade>=60 THEN 1 END),
@avg= count (CASE WHEN Grade<80 AND Grade>= 70 THEN 1 END),
@good= count (CASE WHEN Grade<90 AND Grade>=80 THEN 1 END),
@eXcellent=count (CASE WHEN Grade<100 AND Grade>=90 THEN 1 END)
FROM Teacher_Grade_info
WHERE Cno=@course AND Class_no=@class
END;
```

测试代码第三种写法如下。

```
CREATE PROCEDURE class_course_Grade2
AS
BEGIN
CREATE TABLE ##t (不及格 INT,及格 INT,中 INT,良 INT,优 INT)
INSERT INTO ##t SELECT count (CASE WHEN Grade<60 THEN 1 END)不及格,
COUNT (CASE WHEN Grade<70 AND Grade>= 60 THEN 1 END)及格,
COUNT (CASE WHEN Grade<80 AND Grade>= 70 THEN 1 END)中,
COUNT (CASE WHEN Grade<90 AND Grade>= 80 THEN 1 END)良,
```

```
COUNT (CASE WHEN Grade<100 AND Grade>= 90 THEN 1 END)优
FROM Teacher_Grade_info
WHERE Cno='1' AND Class_no='1106101'
SELECT * FROM ##t
END;
```

分班级获取每个学生所有科目的总成绩。

```
DECLARE @class char (10)
SET @class= '1106101'
SELECT left(Sno,7),Sno,sum(Grade) 总成绩
FROM SC
WHERE left (Sno,7) = @class
GROUP BY Sno
ORDER BY left (Sno,7),Sno
```

分班级获取每个学生所有科目的成绩及总成绩。涉及的数据库代码写成存储过程的形式,代码如下。

```
CREATE PROCEDURE class_Grade_analysis
@class char(10)
AS
BEGIN
DECLARE @sql varchar(max)
SET @sql='SELECT Sno'
SELECT @sql= @sql+ ', max(CASE WHEN Cname= ''' +Cname+ '''THEN Grade
ELSE''''END)['+Cname+ ']'
 FROM (SELECT DISTINCT Cname FROM SC_info)t
SET @sql=STUFF(@sql,12,1,'')
SET @sql=@sql+',sum(Grade) 总分 FROM SC_info WHERE left (Sno,7)=
'''+ @class+ '''GROUP BY Sno ORDER BY 总分'
EXEC(@sql)
END;
```

测试语句为:EXEC class_Grade_analysis @class='1106101'。

9.5　系统实现

1.系统界面设计

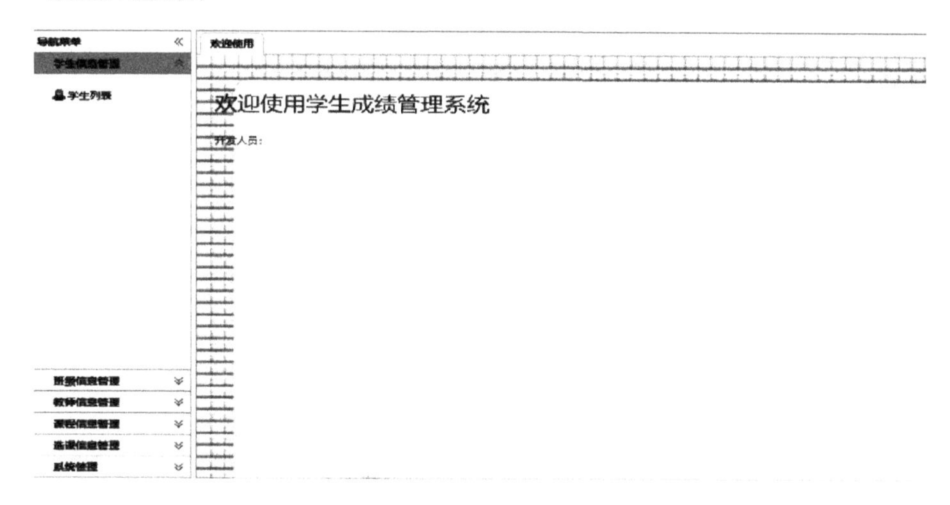

图9.5　学生成绩管理系统界面截图

2.数据库系统实现(部分代码)

(1)建立表。

```
import java.sql.*;
class Create
 {
 pubsac static void main(String args[])
  {
  try
   { Class.forName("sun.jdbc.odbc.JdbcOdbcDriver"); }
  catch (ClassNotFoundException ce)
   { System.out.println("SQLException:"+ce.getMessage()); }
try  {
      Connection con =
      DriverManager.getConnection("jdbc:odbc:myDB","sa","333333");
      Statement stmt = con.createStatement();
      String   sql= "create table student (s_num char(4), s_name char(6) null, score
                              int)";
      stmt.executeUpdate(sql);
      sql = "insert into student(s_num, s_name,score) values('9901', '张学军',85)";
```

```
        stmt.executeUpdate(sql);
        stmt.close();      con.close();    }
      catch (SQLException e)
       { System.out.println("SQLException:1 "+e.getMessage()); }
      } }
```

(2)删除表。

```
    import java.sql.*;
    class Drop
     {
     pubsac static void main(String args[])
      {
      try
       { Class.forName("sun.jdbc.odbc.JdbcOdbcDriver"); }
      catch (ClassNotFoundException ce)
       { System.out.println("SQLException:"+ce.getMessage()); }
    try
       {
        Conncction con =
        DriverManager.getConnection("jdbc:odbc:myDB","sa","333333");
        Statement stmt = con.createStatement();
        String sql = "drop table student";
        stmt.executeUpdate(sql);
        stmt.close();
        con.close();
       }
      catch (SQLException e)
       { System.out.println("SQLException:1 "+e.getMessage()); }
      }  }
```

(3)查询数据库。

```
    import java.sql.*;
    class Query
     {
     pubsac static void main(String args[])
      {
      try
```

```
        { Class.forName("sun.jdbc.odbc.JdbcOdbcDriver");
    }
      catch (ClassNotFoundException ce)
        { System.out.println("SQLException:"+ce.getMessage());
    }
    try  {  Connection con =DriverManager.getConnection("jdbc:odbc:myDB");
          Statement stmt = con.createStatement();
          ResultSet rs=stmt.executeQuery("select * from employee");
          while (rs.next())
            { System.out.println("编号" + rs.getString(no) + "\t" + "姓名 " + rs.getString
(name) + "\t" + "性别 " + rs.getString(sex) + "\t" + "工资 " + rs.getFloat(salary) );
     }
    rs.close();
    stmt.close();
      }
      catch (SQLException e)
        { System.out.println("SQLException:"+e.getMessage()); }
      } }
```

(4)插入记录。

```
    import java.sql.*;
    class Insert1
     {
     pubsac static void main(String args[])
       {
       try
         { Class.forName("sun.jdbc.odbc.JdbcOdbcDriver"); }
       catch (ClassNotFoundException ce)
         { System.out.println("SQLException:"+ce.getMessage()); }
    try {
          Connection con =
          DriverManager.getConnection("jdbc:odbc:myDB","sa","333333");
        Statement stmt = con.createStatement();
        String sqlstr = "insert into employee values('2001','邢雪花','女',650)";
     stmt.executeUpdate(sqlstr);
     stmt.executeUpdate("insert into employee values('2020','翟建设','男',746)");
```

```
    stmt.close();     con.close();     }
   catch (SQLException e)
    { System.out.println("SQLException:"+e.getMessage()); }
   }   }
```

（5）修改记录。

```
import java.sql.*;
class Update1
 {
 pubsac static void main(String args[])
  {
  try
   { Class.forName("sun.jdbc.odbc.JdbcOdbcDriver"); }
  catch (ClassNotFoundException ce)
   { System.out.println("SQLException:"+ce.getMessage()); }
try {
      Connection con =
      DriverManager.getConnection("jdbc:odbc:myDB","sa","333333");
      Statcment stmt = con.createStatement();
      String   sql = "update employee set no= '3001'" + "where name= '翟建设'";
     stmt.executeUpdate(sql);
     sql = "update employee set salary=600 "+"where sex = '男'";
     stmt.executeUpdate(sql);
     stmt.close();     con.close();     }
  catch (SQLException e)
   { System.out.println("SQLException:"+e.getMessage()); }
  } }
```

（6）删除记录。

```
import java.sql.*;
class Delete
 {
 pubsac static void main(String args[])
  {
  try
   { Class.forName("sun.jdbc.odbc.JdbcOdbcDriver"); }
  catch (ClassNotFoundException ce)
```

```
    { System.out.println("SQLException:"+ce.getMessage()); }
try
    {
      Connection con =
      DriverManager.getConnection("jdbc:odbc:myDB","sa","333333");
      Statement stmt = con.createStatement();
      String  sql = "delete from employee where name='李香'";
      stmt.executeUpdate(sql);
      stmt.close();
      con.close();
    }
  catch (SQLException e)
    { System.out.println("SQLException:"+e.getMessage()); }
  } }
```

(7)取表中各栏名称。

```
import java.sql.*;
class Meta
 {
 pubsac static void main(String args[])
  {
  try
    { Class.forName("sun.jdbc.odbc.JdbcOdbcDriver"); }
  catch (ClassNotFoundException ce)
    { System.out.println("SQLException:"+ce.getMessage()); }
try {
      Connection con =
      DriverManager.getConnection("jdbc:odbc:myDB","sa","333333");
      Statement stmt = con.createStatement();
      ResultSet rs = stmt.executeQuery ("SELECT * FROM student");
      ResultSetMetaData rsmd = rs.getMetaData();
      for(int i = 1; i <= rsmd.getColumnCount(); i++)
       {if( i==1 )  System.out.print(rsmd.getColumnName(i));
        else
 System.out.print(","+ rsmd.getColumnName(i));        }
      rs.close();
```

```
stmt.close();
con.close();    }
   catch (SQLException e)
    { System.out.println("SQLException:1 "+e.getMessage()); }
  } }
```

9.6 小　　结

本章从数据库系统开发的角度出发,经过需求分析(数据流图、数据字典)、概念结构设计(EER图)、逻辑结构设计(将EER图向关系模式的转换)、物理结构设计(创建表,组织数据入库)等步骤,完成数据库的运行和维护。

习　　题

完成一个"____信息管理系统"的设计与实现。横线处可自行选择,例如教务、图书、产品等。

第10章　数据库安全性

本章目标

•计算机以及信息安全技术标准的进展；

•详细讲解数据库安全性问题和实现技术。

RDBMS实现数据库系统安全性的技术和方法有多种，本章讲解最重要的存取控制技术、视图技术和审计技术；讲解存取控制机制中用户权限的授权与回收，合法权限检查；讲解数据库角色的概念和定义等。

10.1　数据库安全性概述

数据库的安全性是指保护数据库以防止不合法使用所造成的数据泄露、更改或破坏。

数据是一种极具价值的资源，像团体的其他资源一样，数据也应当受到严格的控制和管理。对一个组织机构来说，部分或者全部数据可能具有战略重要性，因此应该确保其安全性和机密性。

数据库管理系统应该提供的典型功能和服务，其中包括授权服务，例如DBMS必须提供某种机制以保证只有经授权的用户才能访问数据库。也就是说，DBMS必须保证数据库是安全的。安全指的是保护数据库以防止非法访问，不管这种访问是有意的还是无意的。除了DBMS提供的安全机制以外，数据库的安全还要涉及更广泛的内容，包括保护数据库和数据库环境的安全。

10.1.1　数据库的安全

对于安全问题不仅仅要考虑数据库存储的数据的安全，安全漏洞还可能会威胁系统的其他部分，从而进一步影响数据库。因此数据库安全涉及硬件、软件、人和数据。

为了有效地实现安全保障,必须对系统加以适当的控制。这些控制则是针对系统特定任务目标而制定的,过去常常被轻视甚至忽视的安全需求如今已经逐渐引起了组织机构的重视,因为越来越多的组织机构的关键数据存储在计算机中,而且人们已经认识到,这些数据的任何损坏、丢失以及低效、不可用都将带来灾难性的损失。

数据库代表了一种关键的组织机构资源,应该通过适当的控制进行合理的保护。因此需要考虑下列与数据库安全有关的问题:

•盗用和假冒;

•破坏机密性;

•破坏隐私;

•破坏完整性;

•破坏可用性。

这些问题代表了组织机构在竭力降低风险时应该考虑到方方面面。风险指的是组织机构数据遭遇丢失或者被破坏的可能性。在某些情况下,这些问题是密切相关的,即某一行为造成了某一方面的损失,同时也可能对其他方面造成破坏。此外,对于某些有意或者无意的行为而引发的假冒或者泄露隐私的问题,数据库或者计算机系统未必能察觉到。

盗用或假冒不但会影响数据库环境,而且还会影响到整个组织机构。因为导致这类问题出现的原因是人,所以应该致力于对人的控制,以减少这类问题发生的概率。盗用或假冒的行为不一定会修改数据,它与泄露隐私和机密的行为造成的结果类似。机密性是指维持数据保密状态的必要性,通常只针对那些对组织机构至关重要的数据而言;而隐私是指保护个体信息的必要性。由于安全漏洞而导致机密性被破坏会给组织机构带来损失,例如使组织机构丧失竞争力;而隐私被泄密则可能会使组织机构面临法律问题。数据完整性的破坏会导致产生无效或者被损毁的数据,这些数据会严重影响组织机构的正常运作。现在,许多组织机构都要求数据库系统不间断运作,即所谓的“24×7”(一天24小时,一星期7天)不停机运行模式。可用性被破坏则意味着数据或者系统无法访问,或者二者同时无法访问,这将严重影响组织机构的经济效益。在某些情况下,导致系统不可用的故障也会导致数据损毁。

数据库安全是在不过分约束用户行为的前提下,尽力以经济、高效的方式将可预见事件造成的损失降至最小。近些年,基于计算机的犯罪活动大幅度增加,预计未来还将持续上升,这是需要重点关注的方向。

10.1.2 威胁

威胁:有意或是无意的、可能会对系统造成负面影响的,进而影响企业运作的任何情况或事件。

威胁可能是由给组织机构带来危害的某种局势或者事件产生的,这种局势或者事件涉及人、人的操作以及环境。危害可能是有形的,比如硬件、软件或数据遭到了破坏或者丢失;也可能是无形的,比如组织机构因此失去了信誉或者客户的信赖。任何组织机构都面临的问题是发现所有可能的威胁,至少组织机构应当投入时间和精力找出后果最为严重的潜在威胁。

不管这些威胁是有意还是无意的,危害的结果都是一样的。有意的威胁来自人,制造威胁的人可能是授权用户,也可能是未授权用户,其中还可能包括组织机构外部人员。

任何威胁都必须被看作是一种潜在的安全漏洞,如果被外界因素入侵成功,将会对组织机构造成一定的冲击。表10.1列举了各种不同类型的威胁,同时还列举了它们可能造成的破坏。例如"查看和泄露未授权数据",这种威胁可能就会导致盗用和假冒,还会导致组织机构机密及隐私的泄露。

表10.1　威胁示例

威胁类型	盗用和假冒	破坏机密性	破坏隐私	破坏完整性	破坏可用性
使用他人身份访问	√	√	√		
未授权的数据修改和复制	√			√	
程序变更	√			√	√
策略或过程的不完备导致机密数据和普通数据混淆在一起输出	√	√	√		
窃听	√	√	√		
黑客的非法入侵	√	√	√		
敲诈、勒索	√	√	√		
制造系统"陷阱门"	√	√	√		
盗窃数据、程序和设备	√	√	√		√
安全机制失效导致超出常规的访问		√	√	√	
职工短缺或罢工				√	√
职工训练不足		√	√	√	√
查看和泄露未授权数据	√	√	√		
电子干扰和辐射				√	√
因断电或电涌导致数据丢失				√	√
火灾(电起火、闪电或人为纵火)、洪水、爆炸				√	√
设备的物理损坏				√	√
线缆不通或断开				√	√
病毒入侵				√	√

威胁对组织机构造成危害的严重程度取决于很多因素,例如是否存在相应的对策或应急措施。如果二级存储设备因发生硬件故障而崩溃,那么所有的数据处理活动都将终止,直到该问题得到解决。恢复也取决于多种因素,其中包括最后备份的时间和恢复系统所需时间。此外,组织机构的业务种类也会影响我们对可能遭受威胁类型的考虑。对于某些组织机构来说,有些威胁基本不会出现。但是,这些小概率事件也应该在考虑之中,尤其是后果严重的事件。图 10.1 从硬件、软件、网络、用户、管理员等七个方面对计算机系统安全的潜在威胁进行了总结。

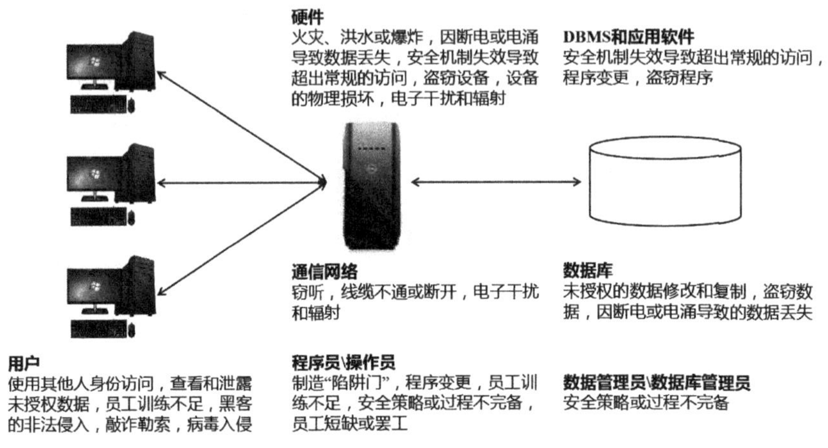

图 10.1　计算机系统安全的潜在威胁总结

10.1.3　数据库的不安全因素

对数据库安全性产生威胁的因素主要有以下几方面。

1. 非授权用户对数据库的恶意存取和破坏

一些黑客(hacker)和犯罪分子在用户存取数据库时猎取用户名和用户口令,然后假冒合法用户偷取、修改甚至破坏用户数据。因此,必须阻止有损数据库安全的非法操作,以保证数据免受未经授权的访问和破坏,数据库管理系统提供的安全措施主要包括用户身份鉴别、存取控制和视图等技术。

2. 数据库中重要或敏感的数据被泄露

黑客和敌对分子千方百计盗窃数据库中的重要数据的行为,导致了一些机密信息被暴露。为防止数据泄露,数据库管理系统提供的主要技术有强制存取控制、数据加密存储和加密传输等。

此外,在安全性要求较高的部门提供审计功能,通过分析审计日志,可以对潜在的威胁提前采取措施加以防范,对非授权用户的入侵行为及信息破坏情况能够进行跟踪,防止对数据库安全责任的否认。

3. 安全环境的脆弱性

数据库的安全性与计算机系统的安全性,包括计算机硬件、操作系统、网络系统等的安全性是紧密联系的。操作系统安全的脆弱,网络协议安全保障的不足等都会造成数据库安全性的破坏。因此,必须加强计算机系统的安全性保证。随着Internet技术的发展,计算机安全性问题越来越突出,对各种计算机及其相关产品、信息系统的安全性要求越来越高。为此,在计算机安全技术方面逐步发展建立了一套可信(trusted)计算机系统的概念和标准。只有建立了完善的可信标准即安全标准,才能规范和指导安全计算机系统部件的生产,较为准确地测定产品的安全性能指标,满足民用和军用的不同需要。

10.2　安全标准简介

计算机以及信息安全技术方面有一系列的安全标准,最有影响的当推TCSEC和CC这两个标准。

TCSEC是指1985年美国国防部(Department of Defense, DoD)正式颁布的《DoD可信计算机系统评估准则》(Trusted Computer System Evaluation Criteria, TCSEC或DoD85)。

在TCSEC推出后的十年里,不同国家都开始启动开发建立在TCSEC概念上的评估准则,如欧洲的信息技术安全评估准则(Information Technology Security Evaluation Criteria, ITSEC)、加拿大的可信计算机产品评估准则(Canadian Trusted Computer Product Evaluation Criteria, CTCPEC)、美国的信息技术安全联邦标准(Federal Criteria, FC)草案等。这些准则比TCSEC更加灵活,适应了IT技术的发展。

为满足全球IT市场上互认标准化安全评估结果的需要,CTCPEC、FC、TCSEC和ITSEC的发起组织于1993年起开始联合行动,解决原标准中概念和技术上的差异,将各自独立的准则集合成一组单一的、能被广泛使用的IT安全准则,这一行动被称为通用准则(Common Criteria,CC)项目。项目发起组织的代表建立了专门的委员会来开发通用准则,历经多次讨论和修订,CC V2.1版于1999年被ISO采用为国际标准,2001年被我国采用为国家标准。

目前CC已经基本取代了TCSEC,成为评估信息产品安全性的主要标准。

上述一系列标准的发展历史如图10.2所示。本节简要介绍TCSEC和CC V2.1的基本内容。

TCSEC又称桔皮书。1991年4月,美国国家计算机安全中心(National Computer Security Center, NCSC)颁布了《可信计算机系统评估准则关于可信数据库系统的解释》(TCSEC/Trusted Database Interpretation, TCSEC/TDL,即紫皮书),将TCSEC扩展到数据库管理系统。TCSEC/TDI中定义了数据库管理系统的设计与实现中需满足和用以进行安全性级别评估的标准,从四个方面来描述安全性级别划分的指标,即安全策略、责任、保证和文档。每个方面又细分为若干项。

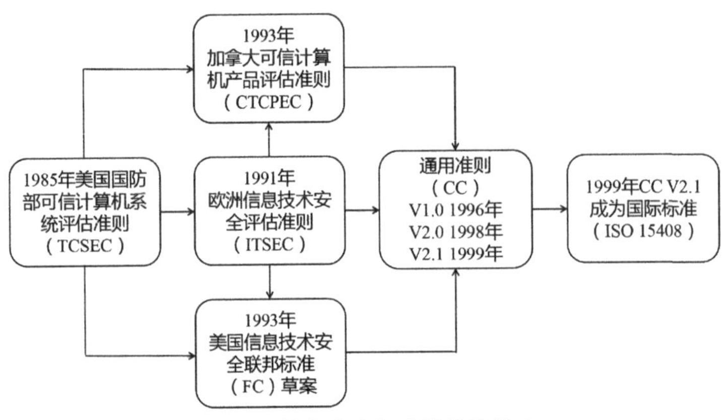

图 10.2　信息安全标准的发展简史

根据计算机系统对各项指标的支持情况，TCSEC/TDI将系统划分为四组（division）七个等级，依次是D、C（Cl，C2）、B（Bl，B2，B3）、A（Al），按系统可靠或可信程度逐渐增高，如表10.2所示。

表 10.2　TCSEC/TDI 安全级别划分

安全级别	定义
A1	验证设计（verified design）
B3	安全域（security domains）
B2	结构化保护（structural protection）
B1	标记安全保护（labeled security protection）
C2	受控的存取保护（controlled access protection ）
C1	自主安全保护（discretionary security protection）
D	最小保护（minimal protection）

D级：该级是最低级别。保留D级的目的是为了将一切不符合更高标准的系统统统归于D组。如DOS就是操作系统中安全标准为D级的典型例子，它具有操作系统的基本功能，如文件系统、进程调度等，但在安全性方面几乎没有什么专门的机制来保障。

C1级：该级只提供了非常初级的自主安全保护，能够实现对用户和数据的分离，进行自主存取控制（DAC），保护或限制用户权限的传播。现有的商业系统往往稍作改进即可满足要求。

C2级：该级实际上是安全产品的最低档，提供受控的存取保护，即将C1级的DAC进一步细化，以个人身份注册负责，并实施审计和资源隔离。达到C2级的产品在其名称中往往不突出“安全”（security）这一特色，如操作系统中的Windows 2000，数据库产品中的Oracle7等。

B1级：标记安全保护。对系统的数据加以标记，并对标记的主体和客体实施强制存取控制(MAC)以及审计等安全机制。B1级别的产品才被认为是真正意义上的安全产品,满足此级别的产品一般多冠以“安全”(security)或“可信的”(trusted)字样,作为区别于普通产品的安全产品出售。

B2级:结构化保护。建立形式化的安全策略模型,并对系统内的所有主体和客体实施DAC和MAC。

B3级:安全域。该级的TCB(Trusted Computing Base)必须满足访问监控器的要求,审计跟踪能力更强,并提供系统恢复过程。

A1级:验证设计,即提供B3级保护的同时给出系统的形式化设计说明和验证,以确信各安全保护真正实现。

CC是在上述各评估准则及具体实践的基础上通过相互总结和互补发展而来的。和早期的评估准则相比,CC具有结构开放、表达方式通用等特点。CC提出了目前国际上公认的表述信息技术安全性的结构,即把对信息产品的安全要求分为安全功能要求和安全保证要求。安全功能要求用以规范产品和系统的安全行为,安全保证要求解决如何正确有效地实施这些功能。安全功能要求和安全保证要求都以“类—子类—组件”的结构表述,组件是安全要求的最小构件块。

CC的文本由三部分组成,三个部分相互依存,缺一不可。

第一部分是简介和一般模型,介绍CC中的有关术语、基本概念和一般模型以及与评估有关的一些框架。

第二部分是安全功能要求,列出了一系列类、子类和组件。由11大类、66个子类和135个组件构成。

第三部分是安全保证要求,列出了一系列保证类、子类和组件,包括7大类、26个子类和74个组件。根据系统对安全保证要求的支持情况提出了评估保证级(Evaluation Assurance Level, EAL),从EAL1至EAL7共分为七级,按保证程度逐渐增高。如表10.3所示。

表10.3　CC评估保证级(EAL)的划分

评估保证级	定义	TCSEC安全级别(近似相当)
EAL1	功能测试(functionally tested)	D
EAL2	结构测试(structurally tested)	Cl
EAL3	系统地测试和检查(methodically tested and checked)	C2
EAL4	系统地设计、测试和复查(methodically designed tested and reviewed)	Bl
EAL5	半形式化设计和测试(semiformally designed and tested)	B2
EAL6	半形式化验证的设计和测试(semiformally verified design and tested)	B3
EAL7	形式化验证的设计和测试(formally verified design and tested)	Al

CC的附录部分主要介绍保护轮廓(Protection Profile,PP)和安全目标(Security Target,ST)的基本内容。

这三部分的有机结合具体体现在保护轮廓和安全目标中,CC提出的安全功能要求和安全保证要求都可以在具体的保护轮廓和安全目标中进一步细化和扩展,这种开放式的结构更适应信息安全技术的发展。CC的具体应用也是通过保护轮廓和安全目标这两种结构来实现的。

粗略而言,TCSEC的C1和C2级分别相当于EAL2和EAL3;B1、B2和B3分别相当于EAL4,EAL5和EAL6;A1对应于EAL7。

10.3 数据库安全性控制

一般计算机系统中,安全措施是一级一级层层设置的。例如,在图10.2所示的安全模型中,用户要求进入计算机系统时,系统首先根据输入的用户标识进行用户身份鉴定,只有合法的用户才准许进入计算机系统;对已进入系统的用户,数据库管理系统还要进行存取控制,只允许用户执行合法操作;操作系统也会有自己的保护措施;数据最后还可以以密码形式存储到数据库中。操作系统的安全保护措施可参考操作系统的有关书籍,这里不再详述。另外,对于强力逼迫透露口令、盗窃物理存储设备等行为而采取的保安措施,例如出入机房登记、加锁等,也不在这里讨论之列。

下面讨论与数据库有关的安全性,主要包括用户身份鉴别、多层存取控制、审计、视图和数据加密等安全技术。

10.3.1 基于计算机的控制

针对计算机系统受到的威胁,可采取的对策涵盖了物理控制和管理过程。尽管基于计算机的控制手段很多,但值得注意的一点是,通常情况下DBMS的安全程度仅与操作系统的安全程度相当,因为两者密切相关。典型的多用户计算机环境如图10.3所示。

图10.4是数据库安全保护的一个存取控制流程。首先,数据库管理系统对提出SQL访问请求的数据库用户进行身份鉴别,防止不可信用户使用系统;然后,在SQL处理层进行自主存取控制和强制存取控制,进一步还可以进行推理控制。为监控恶意访问,可根据具体安全需求配置审计规则,对用户访问行为和系统关键操作进行审计。通过设置简单入侵检测规则,对异常用户行为进行检测和处理。在数据存储层,数据库管理系统不仅存放用户数据,还存储与安全有关的标记和信息(称为安全数据),提供存储加密功能等。

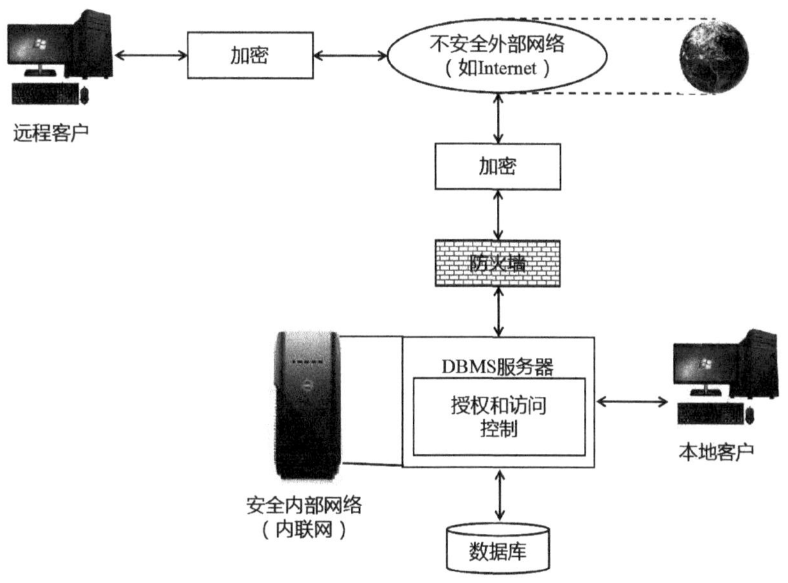

图 10.3 典型的多用户计算机环境

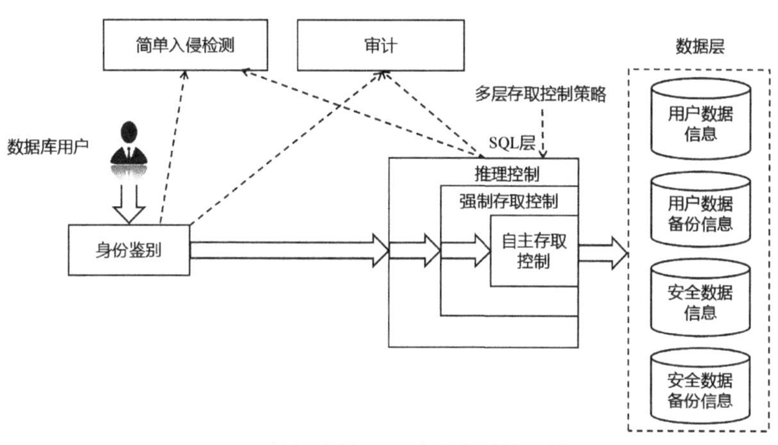

图 10.4 数据库管理系统安全性控制模型

10.3.2 用户身份标识与鉴别

用户身份标识与鉴别是数据库管理系统提供的数据库系统最外层安全保护措施。每个合法用户在系统内部都有一个用户标识，每个用户标识由用户名(User name)和用户标识号(UID)组成。UID 在系统的整个生命周期内是唯一的。系统内部记录着所有合法用户的标识。

系统鉴别是指由系统提供一定的方式让用户标识自身的名字或身份。每次用户要求登录系统时，由数据库管理系统安全子系统进行验证，通过验证的用户才提供相应使用数据库系统的权限。例如，Oracle 允许同一用户三次登录，如果连续三次登录密码都错误，则锁死该用户标识。

用户进行身份鉴别的方法有很多种，在一个实际的系统中，往往是多种方法结合，以获得更强的安全性。常用的用户身份鉴别方法有以下四种。

1.静态口令鉴别

静态口令鉴别是常用的鉴别方法。静态口令由用户自己设定，鉴别时只要输入的口令正确，系统就鉴别通过，允许用户使用数据库系统。因此，静态口令鉴别时，口令的复杂程度与安全对数据库系统的登录安全十分关键。

在此基础上，数据库管理员还可以根据应用需求设置口令强度。例如，设定的口令不可以与用户名相同、设置重复输入口令的最小时间间隔等。

2.动态口令鉴别

动态口令鉴别是目前较为安全的鉴别方式。其口令是动态变化的，每次鉴别时均须使用动态产生的新口令登录数据库系统，也就是"一次一密"。常用的方式如短信密码和动态令牌方式，每次鉴别时要求用户使用通过短信或令牌等途径获取的新口令登录数据库系统。

3.生物特征鉴别

生物特征鉴别是一种通过生物特征进行身份鉴别的技术。生物特征是指生物体唯一具有的，可测量、识别和验证的稳定生物特征，如指纹、虹膜等。生物特征鉴别采用图像处理和模式识别等技术实现基于生物特征的认证，与传统口令鉴别方式相比，安全性高很多。

4.智能卡鉴别

智能卡是一种不可复制的硬件，内置集成电路芯片，具有硬件加密功能。智能卡由用户携带，登录数据库系统时，用户将智能卡插入专门的读卡器进行身份验证。由于每次从智能卡中读取的信息是静态的，通过内存扫描或者网络监听等技术是可能截获用户的智能卡身份验证信息的。因此，实际应用中一般采用个人身份识别码(PIN)和智能卡相结合的方式。这样，即使PIN和智能卡中有一种被窃取，用户身份仍不会被冒充。

10.3.3 存取控制概述

存取控制机制主要包括两部分：定义用户权限，并将用户权限登记到数据字典中。

用户或应用程序使用数据库的方式称为权限(authorization)。权限的分类在10.4节介绍。在数据库系统中对用户或应用程序权限的定义称为授权。这些授权定义经过编译后存放在数据字典中，被称作"安全规则"或"授权规则"。需要说明的是，某个用户应该具有何种权限是管理和政策的问题，而不是技术问题，数据库管理系统要提供保证这些决定执行的功能，也就是权限定义功能。

合法权限检查：每当用户发出使用数据库的操作请求后，请求一般包括操作类型、操作对象和操作用户等信息，数据库管理系统查找数据字典的安全性定义，根据安全规则进行合法权限检查，若用户的操作请求超出定义的权限，系统将拒绝执行此操作。

用户权限定义和合法权限检查机制一起组成了DBMS的安全子系统。

C2级或VAL3级的数据库管理系统必须支持自主存取控制（Discretionary Access Control，DAC），B1级或VAL4级的数据库管理系统必须支持强制存取控制（Mandatory Access Control，MAC）。DAC与MAC是SQL层存取控制的不同级别。

1.自主存取控制

在自主存取控制机制中，用户对不同的数据库对象有不同的存取权限，不同的用户对同一对象也有不同的权限，用户可以将其拥有的存取权限转授给其他用户，因此自主存取控制非常灵活。

2.强制存取控制

在强制存取控制机制中，每个数据库对象被标以一定的密级，每个用户也被授予某一个级别的许可证。对于任意一个对象，只有具有合法许可证的用户才可以存取。相对于DAC，强制存取控制严格一些。

3.多级存取控制

较高安全性级别提供的安全保护要包含较低级别的所有保护，因此在实现强制存取控制时要首先实现自主存取控制。自主存取控制与强制存取控制共同构成数据库管理系统SQL层的安全机制。系统首先进行自主存取控制检查，对通过自主存取控制的允许存取的数据对象再进行强制存取控制检查，只有通过强制存取控制检查的数据对象方可被用户存取。

10.4　自主存取控制

大型数据库管理系统都支持自主存取控制，SQL标准也支持自主存取控制。自主存取控制主要通过SQL的GRANT语句和REVOKE语句来实现。

用户权限由两个要素组成：数据库对象和操作类型。定义一个用户的存取权限就是要定义这个用户在哪些数据库对象上可以进行哪些类型的操作。在数据库系统中，定义存取权限称为授权（authorization）。

在非关系数据库系统中，用户只能对数据进行操作，存取控制的数据库对象仅限于数据本身。在关系数据库系统中，存取控制的对象不仅有数据本身（如基本表中的数据、属性、属性列上的数据等），还有数据库模式（包括模式、基本表、视图和索引中的创建等）。

具体来说，关系数据库权限（authorization）（SQL2标准）有下列几种。

读（read）：允许用户读数据，但不能修改数据。

插入(insert):允许用户插入新的数据。

修改(update):允许用户修改数据。

删除(delete):允许用户删除数据。

参照(references):允许用户引用其他关系的主键作为外键。

除了以上访问数据本身的权限,关系系统还提供给用户修改数据库模式的权限。

Create:允许用户创建新的数据库模式、关系、索引、视图等。

Alter:允许用户修改已有的数据库模式、关系、索引、视图等的结构。

Drop:允许用户撤销已有的数据库模式、关系、索引、视图等的结构。

10.4.1 授权

授权有两层意思:权限授予与收回。SQL中使用GRANT和REVOKE语句向用户授予或收回对数据对象的操作权限。GRANT语句向用户授予权限,REVOKE语句收回已经授予给用户的权限。

1.GRANT 语句

GRANT语句的一般格式:

```
GRANT <权限>[,<权限>]...
ON <对象类型 > [,< 对象名>]
TO <用户 >[,< 用户>]...
[WITH GRANT OPTION];
```

该语句的语义为:将指定数据对象的指定操作权限授予指定的用户。其中,指定的权限类型在GRANT子句后列出,指定的对象在ON子句后指定。一个GRANT语句可以指定多个数据对象。ON子句对象类型指定授权的对象类型缺省字,关系为TABLE,视图为VIEW等;TO子句指定上述对象的指定权限授予哪些用户。一个GRANT语句可以同时对多个用户,甚至全部用户(PUBLIC)授权。

如果指定了WITH GRANT OPTION子句,则获得权限的用户可以把这种权限再授予其他用户。SQL允许具有WITH GRANT OPTION的用户把相应权限授予其他用户,但不允许循环授权,即被授权者不能把权限授回给授权者或授权者祖先。

最后需要特别说明的是,不是所有用户都可以随意执行GRANT语句。GRANT语句的执行者可以是数据库管理员,也可以是该数据库对象的拥有者(owner),或者拥有该权限并被指定了WITH GRANT OPTION子句的用户。

【例10.1】 将查询employee表的权限授给用户userl。

```
GRANT SELECT
ON TABLE employee
TO userl;
```

【例10.2】 将对employee表和department表的全部权限授予用户user2和user3。

```
GRANT ALL PRIVILEGES
ON TABLE employee,department
TO user2,user3;
```

【例10.3】 将对project表的查询权限授予所有用户。

```
GRANT SELECT
ON TABLE project
TO PUBLIC;
```

【例10.4】 将查询employee表和修改职员职工号的权限授予用户user4。

```
GRANT UPDATE(Eno),SELECT
ON TABLE employee
TO user4;
```

这里实际是授予user4用户对基本表employee的SELECT权限和对属性列Eno的UPDATE权限。对属性列授权必须明确指出相应的属性列名。

【例10.5】 将对表project的INSERT权限授予user5用户,并允许他再将此权限授予其他用户。

```
GRANT INSERT
ON TABLE project
TO user5
WITH GRANT OPTION;
```

执行例10.5中的SQL语句后,user5不仅拥有了对project表的INSERT权限,还可以传播此权限。

2.REVOKE语句

授予用户的权限可以由数据库管理员或者其他授权者用REVOKE语句收回。

REVOKE语句的一般格式:

```
REVOKE<权限>[,<权限>]…
ON<对象类型>[,<对象名>]
FROM<用户>[,<用户>]…[CASCADE|RESTRICT];
```

【例10.6】 把用户user4修改employee表职员职工号的权限收回。

```
REVOKE UPDATE(Eno)
ON TABLE employee
FROM user4;
```

【例10.7】 回收所有用户对project表的查询权限。

```
REVOKE SELECT
ON TABLE project
```

```
FROM PUBLIC;
```

【例10.8】 把用户user5对project表的INSERT权限收回。

```
REVOKE INSERT
ON TABLE project
FROM user5;
```

在将用户user5的INSERT权限收回的同时，系统会级联（CASCADE）收回user6和user7的INSERT权限（假设user5级联授予了user6和user7权限），否则系统拒绝（RESTRICT）执行REVOKE命令。

SQL提供了非常灵活的授权机制。数据库管理员拥有对数据库中所有对象的所有权限，根据应用的需要将不同的权限授予不同的用户。用户对自己建立的数据库对象，如基本表和视图，拥有全部的操作权限，并且可以用GRANT语句将其中某些权限授予其他用户。被授权的用户如果有"继续授权"的许可（WITH GRANT OPTION），还可以把获得的权限再授予其他用户。

所有授予出去的权限在必要时都可以用REVOKE语句收回。

10.4.2 角色

数据库角色（Role）是被命名的一组数据库权限的集合。为了方便权限管理，可以为具有相同权限的用户创建一个管理单位（即角色）。角色被授予某个用户，用户就继承角色上的所有权限。例如，同一部门的职员，很多数据库的使用权限是相同的，不妨将这些权限定义一个部门权限角色，每个职员自动获得部门角色的所有权限。使用角色来管理数据库权限可以简化授权过程。

一个角色包含的权限包括直接授予这个角色的全部权限加上其他角色授予它的全部权限。一个用户包含的权限包括直接授予该用户的权限加上它从所在角色处继承来的角色。

1.创建角色

在SQL中创建角色的语法格式为

```
CREATE ROLE<角色名>
```

刚创建的角色权限为空，使用GRANT语句像对用户授权一样为角色授权。

2.给角色授权

```
GRANT<权限> [,<权限>]…
ON<对象类型>[,<对象名>]
TO <角色 > [,<角色>]…
```

3.将角色授予其他用户或者角色

```
GRANT<角色1> [,<角色2>]…
```

```
TO<用户 3>[,<角色 1>]…
[WITH ADMIN OPTION];
```

GRANT 语句把角色授予用户或者另外的角色。授予者或者是角色的创建者，或者拥有在这个角色上的 ADMIN OPTION。在 GRANT 语句中，如果指定了 WITH ADMIN OPTION 子句，则获得角色权限的角色或用户可以再将角色权限授予其他角色。

4. 角色权限的收回

```
REVOKE <权限> [,<权限>]…
ON<对象类型><对象名>
FROM<角色> [,<角色>]…
```

使用 REVOKE 语句可以收回角色的权限，从而修改角色拥有的权限。REVOKE 动作的执行者或者是角色的创建者，或者拥有在这个角色上的 ADMIN OPTION。

【例 10.9】　创建角色 role_1，对其授予 employee 表、department 表的查询与删除权限，将 role_1授予用户 user3、user4 和 user5。

①创建角色 role_1：

```
CREATE ROLE role_1;
```

②对 role_1 授予 employee 表、department 表的查询与删除权限。

```
GRANT SELECT,DELETE
ON TABLE employee,department
TO role_1;
```

③将 role_1 授予用户 user3、user4 和 user5。

```
GRANT role_1
TO user3,user4,user5;
```

用户 user3、user4 和 user5 自动集成 role_1的所有权限，即获得 employee 表、department 表的查询与删除权限。

【例 10.10】　修改 role_1的权限。

```
GRANT UPDATE
ON TABLE employee
TO role_1;
```

角色 role_1在原来的基础上增加了 employee 表的 UPDATE 权限。

【例 10.11】　数据库管理员将 role_1在 user3 上的授权一次收回。

```
REVOKE role_1
FROM user3;
```

总之，数据库角色是一组权限的集合。使用角色来管理数据库权限可以简化授权操作，使自主存取控制更加灵活、方便。

10.4.3 视图机制

SQL中有两个机制提供安全性:一是授权子系统,它允许拥有权限的用户有选择地、动态地把这些权限授予其他用户;二是视图,它用来对无权限用户屏蔽相应的那一部分数据,从而自动对数据提供一定程度的安全保护。

视图机制间接地实现支持存取谓词的用户权限定义。例如,某部门A的peoplel职员只能检索本部门职员的信息,可以先建立部门A的视图A_employee,然后在视图上进一步定义存取权限。

10.5 审　　计

为了使数据库管理系统达到一定的安全级别,还需要在其他方面提供相应的支持。其中,审计(audit)功能是数据库管理系统达到C2(或EAL3)以上安全级别必不可少的一项指标。

前面提到的用户身份标识与鉴别、存取控制、视图等这些安全策略都不是无懈可击的,蓄意破坏、恶意盗窃的人总是想方设法打破安全防护。

审计功能把用户对数据库的所有操作自动记录下来放入审计日志(audit log)中。数据库系统管理员或者审计员可以利用审计跟踪的信息,重现导致数据库现有状况的一系列事件,找出非法存取数据库数据的人、时间和内容等。

跟踪审计(Audit Trail)是一种监视措施。数据库在运行中,数据库管理系统跟踪用户对一些敏感性数据的存取活动,跟踪的结果记录在跟踪审计记录文件中,有许多数据库管理系统的跟踪审计记录文件与系统的运行日志结合在一起。一旦发现有窃取数据的企图,有的数据库管理系统会发出警报信息,多数数据库管理系统虽无警报功能,但是可以在事后根据记录进行分析,从中发现危及安全的行为,追究责任,采取防范措施。

跟踪审计由数据库系统管理员或者审计员控制,或由数据的属主控制。审计通常很费时间和空间,所以DBMS往往都将其作为可选特征,数据库管理员根据应用对安全性的要求,灵活地打开或关闭审计功能。审计一般主要用于安全性要求较高的部门。

跟踪审计的记录一般包括下列内容:请求(源文本)、操作类型(如修改、查询等)、操作终端标识与操作者标识、操作时间、操作涉及的对象、数据的前映像和后映像。

10.5.1　审计事件

审计事件分为多个类别,一般有如下四种。

(1)服务器事件:审计数据库服务器发生的事件,包含数据库服务器的启动、停止、数据库服务器配置文件的重新加载。

(2)系统权限:对系统拥有的结构和模式对象进行操作的审计,要求该操作的权限是通过系统权限获得的。

(3)语句事件:对 SQL 语句(如 DDL、DML)及 DCL 语句的审计。

(4)模式对象事件:对特定模式对象上进行的 SELECT 或 DML 操作的审计。模式对象包括表、视图等。模式对象不包括依附于表的索引、约束、触发器等。

10.5.2　审计的作用

审计主要有以下两方面作用。

(1)可以用来记录所有数据库用户登录及退出数据库的时间,作为记账收费或统计管理的依据。

(2)可以用来监视对数据库的一些特定的访问及任何对敏感数据的存取情况。需要说明的是,审计只记录对数据库的访问活动,并不记录具体的更新、插入或删除的信息内容,这与日志文件是有区别的。

10.6　强制存取控制

自主存取控制机制由用户自主地决定将数据的存取权限授予何人,以及是否将该授权的权限授予该人。在这种授权机制下,仅通过对数据的存取权限来进行安全控制,而对数据本身不实施安全性标记,则很容易造成数据无意泄露。因为被授权的用户可以将数据进行备份,获得自身权限内的副本,并自由传播。

本节介绍的强制存取控制就能解决上述问题。

在强制存取控制中,数据库系统中的全部实体被分为主体和客体两类。主体是系统中的活动实体,既包括数据库管理系统管理的实际用户,也包括代表用户的进程。客体是系统中的被动实体,受主体操纵,包括数据文件、基本表、索引、视图等。对于主体和客体,数据库管理系统为它们每个实例指派一个敏感度标记。

敏感度标记分为若干级别,从高到低有绝密(Top Secret,TS)、机密(Secret,S)、可信(Confidential,C)、公开(Public,P)。主体的敏感度标记称为许可证级别(clearance Level),客体的敏感度标记称为密级(classification level)。

强制存取控制就是通过比对主体的敏感度标记和客体的敏感度标记，最终确定主体是否能够存取客体。

当某一用户或主体以标记label登录系统，该用户或主体对客体的存取就遵循如下规则：

(1)仅当主体的许可证级别大于或等于客体的密级时，该主体才能读取相应的客体。

(2)仅当主体的许可证级别小于或等于客体的密级时，该主体才能写取相应的客体。

例如，Oracle的规则(2)规定，仅当主体的许可证级别等于客体的密级时，该主体才能写取相应的客体，也就是Oracle中的主体只能修改与其同级的数据。

对于规则(2)，主体可以将他写入的数据对象赋予高于自身许可证级别的密级，这样一旦数据被写入，该主体自己也不能再读该数据对象了。

强制存取控制对数据本身进行密级标记，无论数据如何复制，标记与数据都是一个密不可分的整体，只有符合密级标记要求的用户才可以操纵数据，从而提供更高级别的安全性。

10.7 数据加密

为了更好地保证数据库的安全性，可以使用数据加密技术加密存储口令和数据，数据传输采用加密传输。数据加密是防止数据库数据——尤其对于高度敏感数据在存储和传输中泄密的有效手段。在数据加密技术中，原始数据称为明文(plain text)，加密的基本思想是根据一定的算法将明文变换为不可直接识别的密文(cipher text)，从而使得不知道解密算法的人无法获知数据的内容。

10.7.1 加密技术

加密数据的技术举不胜举。好的加密技术具有如下性质。

(1)对于授权用户，加密数据和解密数据相对简单。

(2)加密模式不应依赖于算法的保密，而应依赖于被称作加密密钥的算法参数，该密钥用于加密数据。

(3)对入侵者来说，即使已经获得了加密数据的访问权限，确定解密密钥仍是极其困难的。

对称密钥加密和公钥加密是两种相对立但应用广泛的加密方法。

10.7.2　数据库中的加密支持

数据库加密主要包括存储加密和传输加密。

1. 存储加密

对于存储加密,一般提供透明和非透明两种存储加密方式。透明存储加密是内核级加密保护方式,对用户完全透明;非透明存储加密则是通过多个加密函数实现的。

2. 传输加密

在网络传输中,数据库用户与服务器之间若采用明文方式传输数据,容易被网络恶意用户截获或篡改,存在安全隐患。因此,数据库管理系统提供了传输加密功能,系统将数据发送到数据库之前对其加密,应用程序必须在将数据发送给数据库之前对其加密,并当获取到数据时对其解密。传输加密方法需要对应用程序进行大量的修改。

数据库加密使用已有的加密技术和算法对数据库中存储的数据和传输的数据进行保护。即使攻击者获取数据源文件(即密文),也很难解密得到原始数据(即明文)。

但是,数据库加密会增加查询处理的复杂程度,查询效率会受影响。加密数据的密钥管理和数据加密对应用程序的影响也是数据加密过程中需要考虑的问题。

10.8　更高安全性保护

除自主存取控制、强制控制外,为了满足更高安全等级的数据库系统的安全性要求,还有推理控制、隐蔽信道和数据隐私保护技术。有兴趣的读者可以查阅相关书籍。

万无一失地保证数据库安全几乎是不可能的。但高度的安全措施可以使攻击者付出高昂的代价,从而迫使攻击者不得不放弃破坏。

10.9　小　　结

数据库安全性是数据库管理系统的基本功能之一。随着数据库应用的深入,大数据时代来临,数据的共享安全、隐私保护显得日益重要。

数据库的安全性是指保护数据库,防止不合法使用造成数据泄密、更改或者破坏。数据库管理系统自身有一套完整而有效的安全性机制。

数据库管理系统提供的安全措施主要包括用户身份标识与鉴别、多级存取控制、视图技术、审计技术以及数据加密等。

用户身份标识与鉴别是数据库管理系统提供的数据库系统最外层安全保护措施。常见的用户身份鉴别方法有静态口令、动态口令、生物特征鉴别、智能卡等。

多级存取控制从低到高分为自主存取控制、强制存取控制和推理控制。高安全性级别提供的安全保护要包含较低级别的所有保护。自主存取控制(DAC)指用户对不同的数据库对象有不同的存取权限,不同的用户对同一对象也有不同的权限,用户可以将其拥有的存取权限转授给其他用户。强制存取控制(MAC)指每个数据库对象被标以一定的密级,每个用户也被授予某一个级别的许可证。对于任意一个对象,只有具有合法许可证的用户才可以存取。

视图对无权限用户屏蔽相应数据,从而自动对数据提供一定程度的安全保护。

审计把用户对数据库的所有操作自动记录下来放入审计日志中。数据库系统管理员或者审计员可以利用审计发现危及安全的行为,采取防范措施。

数据加密是根据一定的算法将明文变换为密文,不知道解密算法的人无法获知数据的内容。为了更好地保证数据安全性,可以使用数据加密技术加密存储口令和数据,数据传输采用加密传输。

习　题

1. 什么是数据库安全性?
2. 简述TCSEC/TDI和CC安全级别如何划分。
3. 什么是数据库的自主存取控制?
4. 什么是数据库的强制存取控制?
5. 解释强制存取控制中主体、客体、敏感度标记的含义。

第11章　事务管理——数据库恢复技术

本章目标

•事务的概念及性质；
•故障的类型；
•数据库恢复的基本原理和实现方法；
•恢复技术(数据转储和登录日志文件)；
•日志文件的内容及作用,登记日志文件所要遵循的原则；
•具有检查点的恢复技术；
•数据库恢复的策略。

DBMS应该具备的功能中有三个密切相关的功能,用以保证数据库是可靠的、一致的,即事务支持、并发控制服务和恢复服务。即使出现了硬件或软件的故障,以及在多个用户同时访问数据库的情况下,DBMS都必须保证这种可靠性和并发性。

虽然每个功能均可单独论述,但是它们之间是相互依赖的。并发控制和恢复主要用于保护数据库,避免数据库发生数据不一致或者数据丢失。许多DBMS都允许用户对数据库进行并发操作。如果对这些操作不加控制,对数据库的访问将相互干扰,使得数据库出现不一致的情况。为了解决这个问题,DBMS实现了并发控制协议,来阻止数据库访问之间的相互干扰。

虽然数据库系统中采取了各种保护措施来防止数据库的安全性和完整性被破坏,保证并发事务的正确执行,但是计算机系统中硬件的故障、软件的错误、操作员的失误以及恶意的破坏仍是不可避免的,这些故障轻则造成运行事务非正常中断,影响数据库中数据的正确性,重则破坏数据库,使数据库中全部或部分数据丢失。因此数据库管理系统必须具有把数据库从错误状态恢复到某一已知的正确状态(亦称为一致状态或完整状态)的功能,这就是数据库的恢复。恢复子系统是数据库管理系统的一个重要组成部分,而且还相当庞大,常常占整个系统代码的10%以上。数据库系统所采用的恢复技术是否行之有效,不仅对系统的可靠程度起着决定性作用,而且对系统的运行效率也有很大影响,是衡量系统性能优劣的重要指标。

11.1 事务的基本概念

在讨论数据库恢复技术之前先讲解事务的基本概念和性质。

1.事务

由单个用户或者应用程序执行的,完成读取或者更新数据库内容的一个或者一串操作。

所谓事务是用户定义的一个数据库操作序列,这些操作要么全做,要么全不做,是一个不可分割的工作单位。例如,在关系数据库中,一个事务可以是一条SQL语句、一组SQL语句或整个程序。

事务和程序是两个概念。一般地讲,一个程序中包含多个事务。

事务的开始与结束可以由用户显式控制。如果用户没有显式地定义事务,则由数据库管理系统按默认规定自动划分事务。在SQL中,定义事务的语句一般有三条:

```
BEGIN TRANSACTION;
COMMIT;
ROLLBACK;
```

事务通常是以BEGIN TRANSACTION开始,以COMMIT或ROLLBACK结束。COMMIT表示提交,即提交事务的所有操作。具体地说,就是将事务中所有对数据库的更新写回到磁盘上的物理数据库中去,事务正常结束。ROLLBACK表示回滚,即在事务运行的过程中发生了某种故障,事务不能继续执行,系统将事务中对数据库的所有已完成的操作全部撤销,回滚到事务开始时的状态。这里的操作指对数据库的更新操作。

2.事务的ACID特性

事务具有四个特性:原子性(Atomicity)、一致性(Consistency)、隔离性(Isolation)和持续性(Durability)。这四个特性简称为ACID特性(ACID properties)。

(1)原子性。

事务是数据库的逻辑工作单位,事务中包括的诸操作要么都做,要么都不做。

(2)一致性。

事务执行的结果必须是使数据库从一个一致性状态变到另一个一致性状态。因此当数据库只包含成功事务提交的结果时,就说数据库处于一致性状态。如果数据库系统运行中发生故障,有些事务尚未完成就被迫中断,这些未完成的事务对数据库所做的修改有一部分已写入物理数据库,这时数据库就处于一种不正确的状态,或者说是不一致的状态。

例如，某公司在银行中有A，B两个账号，现在公司想从账号A中取出一万元，存入账号B。那么就可以定义一个事务，该事务包括两个操作，第一个操作是从账号A中减去一万元，第二个操作是向账号B中加入一万元。这两个操作要么全做，要么全不做。全做或者全不做，数据库都处于一致性状态。如果只做一个操作，则逻辑上就会发生错误，减少或增加一万元，这时数据库就处于不一致性状态了。可见一致性与原子性是密切相关的。

(3)隔离性。

一个事务的执行不能被其他事务干扰，即一个事务的内部操作及使用的数据对其他并发事务是隔离的，并发执行的各个事务之间不能互相干扰。

(4)持续性。

持续性也称永久性(Permanence)，指一个事务一旦提交，它对数据库中数据的改变就应该是永久性的。接下来的其他操作或故障不应该对其执行结果有任何影响。

事务是恢复和并发控制的基本单位，所以下面的讨论均以事务为对象。

保证事务ACID特性是事务管理的重要任务。事务ACID特性可能遭到破坏的因素有：

(1)多个事务并行运行时，不同事务的操作交叉执行；

(2)事务在运行过程中被强行停止。

在第一种情况下，数据库管理系统必须保证多个事务的交叉运行不影响这些事务的原子性；在第二种情况下，数据库管理系统必须保证被强行终止的事务对数据库和其他事务没有任何影响。

这些就是数据库管理系统中恢复机制和并发控制机制的责任。

11.2　故障的类型

数据库系统中可能发生各种各样的故障大致分为以下四类。

11.2.1　事务故障

事务故障意味着事务没有达到预期的终点COMMIT或者显式的ROLLBACK，因此事务可能处于不正确的状态。

例如，银行转账事务，这个事务把一笔金额从一个账户甲转给另一个账户乙。

```
BEGIN  TRANSACTION
        读账户甲的余额BALANCE;
        BALANCE=BALANCE-AMOUNT;      /*AMOUNT为转账金额*/
```

```
IF(BALANCE < 0)THEN
    {打印'金额不足,不能转账';        /*事务内部可能造成事务被回
                                      滚的情况*/
    ROLLBACK;}
ELSE                                  /*撤销刚才的修改,恢复事务*/
    {读账户乙的余额BALANCE1;
    BALANCE 1=BALANCE 1+AMOUNT;
    写回 BALANCE 1;
    COMMIT;}
```

这个例子所包括的两个更新操作要么全部完成,要么全部不做,否则就会使数据库处于不一致状态,例如可能出现只把账户甲的余额减少而没有把账户乙的余额增加的情况。在这段程序中若产生账户甲余额不足的情况,应用程序可以发现并让事务滚回,撤销已作的修改,恢复数据库到正确状态。

事务故障多数是非预期的,造成事务执行失败的错误有逻辑错误和系统错误。

逻辑错误指事务由于某些内部条件无法继续正常执行,例如非法输入、溢出或者超出资源限制。

系统错误指系统进入一种不良状态,如死锁,结果事务无法继续正常执行。但是,该事务可以在以后的某个时间重新执行。

恢复程序要在不影响其他事务运行的情况下,强行回滚该事务,即撤销该事务已经作出的任何对数据库的修改,使得该事务好像根本没有启动一样。这类恢复操作称为事务撤销(UNDO)。

11.2.2 系统故障

系统故障也称为系统崩溃(system crash),指软件、硬件故障或者操作系统的漏洞,导致易失性存储器(如内存)内容丢失,运行其上的所有事务非正常停止。系统故障常称为软故障(soft crash)。

恢复子系统必须在系统重新启动时让所有非正常终止的事务回滚,强行撤销所有未完成事务。

另一方面,发生系统故障时,有些已完成的事务可能有一部分甚至全部留在缓冲区,尚未写回到磁盘上的物理数据库中,系统故障使得这些事务对数据库的修改部分或全部丢失,这也会使数据库处于不一致状态,因此应将这些事务已提交的结果重新写入数据库。所以系统重新启动后,恢复子系统除需要撤销所有未完成的事务外,还需要重做(REDO)所有已提交的事务,以将数据库真正恢复到一致状态。

11.2.3　介质故障

介质故障(media crash)也称为硬故障(hard crash)或者磁盘故障(disk failure),指非易失性存储器故障(即外存故障),如磁盘损坏、磁头碰撞、瞬时强磁场干扰等。这类故障将破坏数据库或部分数据库,并影响正在存取这部分数据的所有事务。这类故障比前两类故障发生的可能性小得多,但是破坏性很大。

11.2.4　计算机病毒

计算机病毒是一种人为的故障或破坏,是一些恶作剧者研制的一种计算机程序。这种程序与其他程序不同,它像微生物学所称的病毒一样可以繁殖和传播,并造成对计算机系统包括数据库的危害。

计算机病毒已成为计算机系统的主要威胁,自然也是数据库系统的主要威胁。为此计算机的安全工作者已研制了许多预防病毒的“疫苗”,检查、诊断、消灭计算机病毒的软件也在不断发展。但是,至今还没有一种可以使计算机“终生”免疫的“疫苗”,因此数据库一旦被破坏仍要用恢复技术把数据库加以恢复。

总结各类故障对数据库的影响有两种可能性,一是数据库本身被破坏,二是数据库没有被破坏,但数据可能不正确,这是由于事务的运行被非正常终止造成的。

恢复的基本原理十分简单,可以用一个词来概括:冗余。这就是说,数据库中任何一部分被破坏或不正确的数据可以根据存储在系统别处的冗余数据来重建。尽管恢复的基本原理很简单,但实现技术的细节却相当复杂,要将数据库系统从故障中恢复,首先需要确定用于存储数据的设备的故障方式,然后确定这些故障对数据库的数据有什么影响,最后确定故障发生后仍然保证数据库一致性以及事务的原子性的算法。这些算法称为恢复算法,由两部分组成:在正常事务处理时采取措施,保证有足够的信息可用于故障恢复;在故障发生后采取措施,将数据库内容恢复到某个保证数据库一致性、事务原子性以及持久性的状态。

11.3　恢复的基本原理及实现方法

恢复技术的基本原理很简单,就是建立“冗余”,建立冗余数据最常用的技术是数据转储和登记日志文件(logging)。通常在一个数据库系统中,这两种方法是一起使用的。

基本的实现方法如下。

(1)平时做好两件事情:转储和建立日志。

周期性地(如一天一次)对整个数据库进行复制,转储到另一个磁盘或者磁带类存储介质中;建立日志数据库。记录事务的开始、结束标志,记录事务对数据库的每次插入、删除和修改前后的值,写到日志中,以便有案可查。

(2)一旦发生数据库故障,分两种情况进行处理。

①如果数据库被破坏,如磁头脱落、磁盘损坏等,数据库就不能正常运行。这时装入最近一次复制的数据库备份到新的磁盘,然后利用日志将这两个数据库状态之间的所有成功更新重做(REDO)一遍,这样既恢复了原有的数据库,又没有丢失对数据库的更新操作。

②如果数据库没有被破坏,但是有些数据已经不可靠,受到质疑,例如程序在批处理修改数据库时异常中断,这时不必去复制存档的数据库,只要通过日志执行撤销处理(UNDO)。撤销所有不可靠的修改,把数据库恢复到正确的状态即可。

日志恢复的原理很简单,实现的方法也很清晰,但是实现技术相当复杂。

11.4 恢复技术

恢复机制的两个关键问题是建立冗余数据,利用冗余数据实现数据库恢复。建立冗余数据包括数据转储和建立日志。

11.4.1 数据转储

数据转储是指数据库管理员将整个数据库复制到磁带或另一个磁盘上保存起来的过程。这些备用的数据文本称为后备副本或后援副本。

当数据库遭到破坏后可以将后备副本重新装入,但重装后备副本只能将数据库恢复到转储时的状态,要想恢复到故障发生时的状态,必须重新运行自转储以后的所有更新事务。

例如,在图11.1中系统在T_a时刻系统停止运行事务开始转储,在T_b时刻转储完毕,得到T_b时刻的数据库一致性副本。系统运行到T_f时刻发生故障。为恢复数据库,首先由数据库管理员重装数据库后备副本,将数据库恢复至T_b时刻状态,然后重新运行自T_b ~ T_f时刻所有更新事务,这样就把数据库恢复到故障发生前的一致状态。

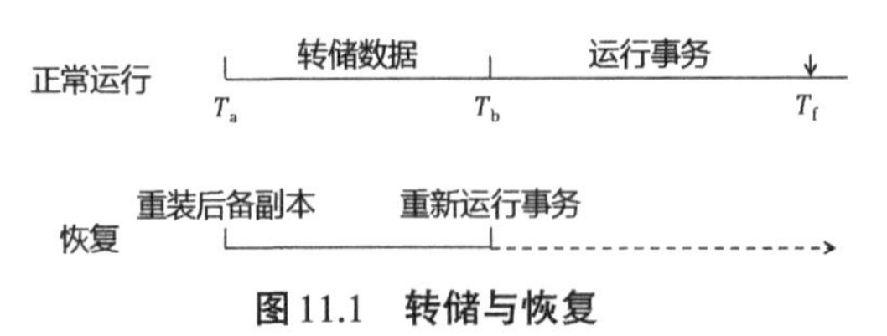

图11.1 转储与恢复

1.静态转储与动态转储

静态转储指在系统中无事务运行时进行转储，转储开始时数据库处于一致性状态，转储期间不允许对数据库的任何数据进行修改活动。静态存储实现简单，但是不允许事务在转储过程中修改数据库，极大地降低了数据库的可用性。转储必须等用户事务结束，而新的事务必须等转储结束才能开始。

动态转储指转储操作与用户事务并发进行，转储期间允许对数据库进行数据修改。动态转储不用等待正在运行的用户事务结束，不会影响新事务的运行；但是，正因为不需切断用户连接，数据操作与转储同时进行，所以动态转储不能保证副本中的数据正确、有效。

利用动态转储得到的副本进行故障恢复，需要把动态转储期间各事务对数据库的修改活动登记下来，建立日志文件。后备副本加上日志文件才能把数据库恢复到某一时刻的正确状态。

2.海量转储与增量转储

海量转储指每次转储全部数据库，很多数据库产品称其为完整备份。

增量转储只转储上次转储后更新过的数据。

从恢复角度看，使用海量转储得到的后备副本进行恢复一般更方便，但如果数据库很大，事务处理又十分频繁，则增量转储方式更实用、更有效。

3.转储方法小结

转储方式有海量转储与增量转储两种，分别可以在静态与动态两种状态下进行，因此转储方法分类如表 11.1 所示。

表 11.1　转储方法分类

转储方式	转储状态	
	动态转储	静态转储
海量转储	动态海量转储	静态海量转储
增量转储	动态增量转储	静态增量转储

一般地，应定期进行数据转储，制作后备副本。但是，转储十分耗费时间与资源，不能频繁进行。数据库管理员应该根据数据库系统的实际情况确定适当的转储策略。例如，每天晚上进行动态增量转储，每周进行一次动态海量转储，每月进行一次静态海量转储。

11.4.2　登记日志文件

日志文件是用来记录事务对数据库的更新操作的文件。也可以说，日志文件是日志记录的序列，记录着数据库中的所有更新活动。不同数据库系统采用的日志文件格式并不完全一样。概括起来，日志文件主要有两种格式：以记录为单位的日志文件和以数据块为单位的日志文件。

1. 日志文件登记的信息

(1)各个事务的开始标记(BEGIN TRANSACTION)。

(2)各个事务的结束标记(COMMIT 或 ROLLBACK)。

(3)各个事务的所有更新操作。

(4)与事务有关的内部更新操作。

2. 基于记录的日志文件中的一个日志记录(log record)需要登记的信息

(1)事务标识(标明是哪个事务)。

(2)操作类型(插入、删除或修改)。

(3)操作对象(记录内部标识)。

(4)更新前数据的旧值(对插入操作而言,此项为空值)。

(5)更新后数据的新值(对删除操作而言,此项为空值)。

3. 基于数据块的日志文件中的一个日志记录需要登记的信息

(1)事务标识(标明是哪个事务)。

(2)被更新的数据块号。

(3)更新前数据所在的整个数据块的值(对插入操作而言,此项为空值)。

(4)更新后整个数据块的值(对删除操作而言,此项为空值)。

为了从系统故障和介质故障中恢复时能使用日志记录,日志必须存放在稳定存储器中。一般地,每个日志记录创建后立即写入稳定存储器中的日志文件尾部。

4. 日志记录标记

为了方便,日志记录简记如下。

更新日志记录表示为 $<T_i, X_i, V_1, V_2>$,表示事务 T_i 对数据项 X_i,执行了一个写操作,写操作前 X_i 的值是 V_1,写操作后 X_i 的值是 V_2。

类似地,有 $<T_i$ start$>$,表示事务 T_i 开始;$<T_i$ commit$>$,表示事务 T_i 提交;$< T_i$ abort$>$,表示事务 T_i 中止。

11.4.3 日志登记原则

1. 日志登记原则概述

为保证数据库是可恢复的,登记日志文件时必须遵循两个原则。

(1)登记的次序为并行事务执行的时间次序。

(2)必须先写日志文件,后写数据库。

数据的修改写到数据库中和对应这个修改的日志记录是两个不同的操作。写日志文件操作指把对应数据修改的日志记录写到日志文件中。写数据库操作指把对数据的修改写到数据库中。

2. 日志技术下的事务提交

当一个事务的COMMIT日志记录输出到稳定存储器后，这个事务就提交了。COMMIT日志记录是事务的最后一个日志记录，这时所有更早的日志记录都已经输出到稳定存储器。日志中有足够的信息来保证，即使发生系统崩溃，事务所做的更新也可以重做。

如果系统崩溃发生在日志记录<T_i commit>输出到稳定存储器之前，事务T_i将回滚。这样，包含COMMIT日志记录的块的输出是单个原子动作，它导致一个事务的提交。

在原理上，要求事务提交时，包含该事务修改的数据块输出到稳定存储器。但对于大多数基于日志的恢复技术，这个输出可以延迟到某个时间再输出。

11.4.4　使用日志重做和撤销事务

本小节分析系统如何利用日志从系统崩溃中进行恢复以及正常操作中对事务的回滚。

利用日志，只要存储日志的非易失性存储器不发生故障，系统就可以对任何故障实现恢复。恢复子系统使用两个恢复过程REDO和UNDO来完成恢复操作。这两个过程都利用日志查找更新过的数据项的集合，以及它们各自的旧值和新值的方法。

REDO（T）：将事务T更新过的所有数据项的值都设置成新值。

REDO执行更新的顺序是非常重要的。当从系统崩溃中恢复时，如果对某数据项的多个更新的执行顺序不同于原来的执行顺序，那么该数据项的最终状态将是一个错误的值。大多数的恢复算法都不会把每个事务的重做分别执行，而是对日志进行一次扫描，在扫描过程中每遇到一个需要REDO的日志记录，就执行REDO动作。这种方法能确保执行时的更新顺序，并且效率更高，因为仅仅需要整体读一遍日志，而不是对每个事务读一遍日志。

UNDO（T）：将事务T更新过的所有数据项的值都恢复成旧值。

UNDO操作不仅将数据项恢复成它的旧值，而且作为撤销过程的一部分，还写日志记录来记下执行的更新。这些日志记录是特殊的REDO-ONLY日志记录。与REDO过程一样，执行更新的顺序仍是非常重要的。完成对事务的UNDO操作后，UNDO过程往日志中写一个<T abort>记录，表明撤销完成了。对于每个事务，UNDO（T）只执行一次，如果在正常的处理中该事务回滚，或者在系统崩溃后的恢复中既没有发现事务T的COMMIT记录，也没有发现事务T的ABORT记录，日志文件中，每个事务最终或者有一条COMMIT记录，或者有一条ABORT记录。

UNDO处理：反向扫描日志文件，对每个需UNDO的事务的更新操作执行反操作。即对已插入的记录执行删除，对已删除的记录重新插入，对已修改的记录用旧值代替新值。

REDO处理:正向扫描日志文件重新执行登记的操作。

【例11.1】 考虑简化的银行转账事务,事务T_0从A账户转账50元到账户B,A账户初始值为1 000,B账户初始值为2 000,事务序列如下:

T_0:Read(A);

A:=A-50;

Write(A);

Read(B);

B:=B+50;

Write(B);

事务T_1从账户C中取出100元,C账户初始值为700,事务序列如下:

T_1:Read(C);

C:=C-100;

Write(C);

日志文件中与T_0和T_1相关的部分如图11.2所示。图中是可串行化调度中的一个可能的调度。事务T_0和事务T_1的执行结果,对于数据库和日志文件都完成了实际到稳定存储器的输出。

<T_0 start>
<T_0, A, 1000, 950>
<T_0, B, 2000, 2050>
<T_0 commit>
<T_1 start>
<T_1, C, 700, 600>
<T_1 commit>

图11.2 日志文件中与T_0和T_1相关的部分

发生系统崩溃后,系统查阅日志确定为了保持原子性,哪些事务需要重做,哪些事务需要撤销:如果日志只有<T_i start>记录,既没有<T_i commit>,也没有<T_i abort>,事务T_j就需要撤销;如果日志有<T_i start>记录,以及<T_i commit>记录或者<T_i abort>记录,事务T需要重做;如果日志包括<T_i abort>还要重做对应的事务T_i,是因为在日志中有<T_i abort>记录的事务,日志中会有UNDO操作写的那些REDO-ONLY日志记录。在这种情况下,最终结果是对所做的修改进行撤销。

回到本节开始的简化银行事务示例11.1,事务T_0和T_1按照先T_0后T_1,的顺序执行。假定在事务完成之前系统崩溃,则考虑三种情形,如图11.3所示。

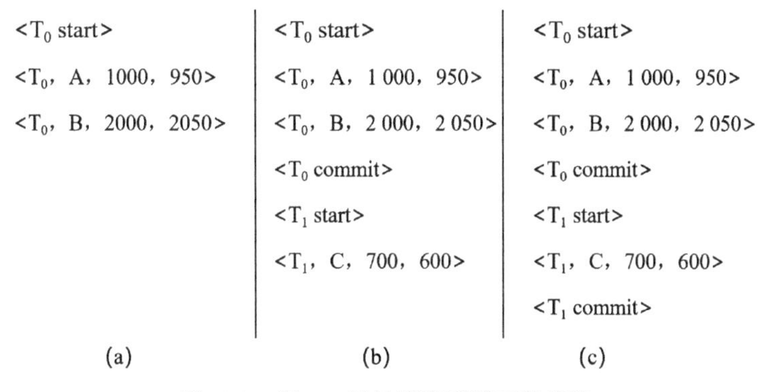

图11.3　例11.1系统崩盘时的三种情况

情况(a)，假定崩溃发生在事务T_0的Write(B)步骤已经写到稳定存储器之后，当重新启动时，系统查找日志，对于事务T_0，只有<T_0 start>记录，但是没有< T_0 commit>和<T_0 abort>记录。事务T_0必须撤销，执行UNDO(T_0)。恢复结果是：存储器上账户A和账户B的值分别为1 000和2 000。

情况(b)，假定崩溃发生在事务T_1的Write(C)步骤已经写到稳定存储器之后，当重新启动时，系统查找日志，对于事务T_0，既有<T_0 start>记录，又有<T_0 commit>记录。事务T_0必须重做，执行REDO(T_0)。对于事务T_1，只有<T_1 start>记录，但是没有<T_1 commit>和<T_1 abort>记录。事务T_1必须撤销，执行UNDO(T_1)，整个恢复过程结束时，存储器上账户A、B和C的值分别为950、2 050和700。

情况(c)，假定崩溃发生在事务T_1的日志记录<T_1 commit>已经写到稳定存储器之后，当重新启动时，系统查找日志，事务T_0在日志中既有<T_0 start>记录，又有<T_0 commit>记录。对于事务T_1，在日志中也既有<T_0 start>记录，也有<T_0 commit>记录。事务T_0和T_1都需要重做。在系统执行REDO(T_0)和REDO(T_1)过程后，存储器上账户A、B和C的值分别为950、2 050和600。

11.4.5　检查点

当系统发生故障，恢复子系统利用日志进行恢复，必须检查所有日志记录，即搜索整个日志，确定哪些事务需要重做，哪些事务需要撤销。这就带来下面两个问题。

(1)搜索整个日志将耗费大量的时间。

(2)很多需要重做处理的事务的更新操作实际上已经写到了数据库中。也就是说，已经输出至稳定存储器，对这些事务的REDO处理，将浪费大量时间。

为降低这些不必要的开销，引入检查点机制。

检查点技术在日志文件中增加了一类新记录——检查点(checkpoint)记录，并让恢复子系统在登记日志文件期间动态地维护日志。为简单起见，本节中在建立检查点过程中不允许执行任何更新，并将所有更新过的缓冲块输出到磁盘。

检查点的建立过程如下。

(1)将当前位于主存缓冲区的所有日志记录输出到稳定存储器。

(2)将所有更新过的数据缓冲块输出到磁盘。

(3)将一个日志记录<checkpoint L>输出到稳定存储器,其中L是执行检查点时正活跃的事务列表。

在日志中引入<checkpoint L>检查点记录,大幅提高了恢复效率。

对于在检查点前完成的事务T,<T_i commit>或<T_i abort>记录在日志中出现在<checkpoint L>记录前。T做的任何数据库修改都已经在检查点前或者作为检查点的一部分写入了数据库,因此恢复时就不必再对T执行REDO操作。

系统崩溃发生后,系统检查日志找到最后一条<checkpoint L>记录(从尾端开始反向搜索日志遇到的第一条< checkpoint L>记录即最后一条<checkpoint L>记录)。只需要对L中的事务,以及<checkpoint L>之后才开始执行的事务进行UNDO或者REDO操作,将这个事务集合记为T。

对T中的事务T_i,若事务T中既没有<$T_i$commit>记录,也没有<$T_i$abort>记录,则对事务执行UNDO(TD)。

若T_i在日志中有<T_i commit>或<T_i abort>记录,则执行REDO(T_i)。

要找出事务集合T,还需要确定T中的每个事务是否有COMMIT或者ABORT记录出现在日志中,只需要检查日志中从最后一条checkpoint日志记录开始的部分。

考虑日志集合{T_0,T_1,T_2,…,T_{99}},假设最近的检查点发生在事务T_{67}和T_{69}执行的过程中,而T_{68}和下标小于67的所有事务在检查点之前都已经完成。检查点恢复机制只需要考虑事务T_{67},T_{68},…,T_{99}其中已经完成(提交或中止)的事务需要重做,未完成的事务需要撤销。

对于检查点日志记录中的事务集合L中的每个事务T,如果T没有提交,撤销它可能需要该事务发生在检查点日志记录之前的所有日志记录。更进一步分析,一旦检查点完成了,最先出现的<T start>日志记录之前的所有日志记录就不再需要了。当数据库系统需要回收日志记录占用的空间时,就可以清除最早<T_i start>之前的日志记录。

11.5 恢复策略

当系统运行过程中发生故障,利用数据库后备副本和日志文件就可以将数据库恢复到故障前的某个一致性状态。不同故障其恢复策略和方法也不一样。

11.5.1 事务故障的恢复

事务故障是指事务在运行至正常终止点前被终止,这时恢复子系统应利用日志文件撤销(UNDO)此事务已对数据库进行的修改。事务故障的恢复是由系统自动完成的，对用户是透明的。系统的恢复步骤是：

(1)反向扫描日志文件(即从最后向前扫描日志文件)，查找该事务的更新操作。

(2)对该事务的更新操作执行逆操作，即将日志记录中“更新前的值”写入数据库。这样，如果记录中是插入操作，则相当于做删除操作(因此时“更新前的值”为空)；若记录中是删除操作，则做插入操作；若是修改操作，则相当于用修改前值代替修改后值。

(3)继续反向扫描日志文件，查找该事务的其他更新操作，并做同样处理。

(4)如此处理下去，直至读到此事务的开始标记，事务故障恢复就完成了。

有些事务虽已发出COMMIT操作，但更新的结果可能只是写到缓冲区而未能写入磁盘，或磁盘上数据库被破坏，因此需要REDO处理。

UNDO处理：若事务提交前出现异常，则对已执行的操作进行撤消处理，使数据库恢复到该事务开始前的状态。具体做法是：反向扫描日志文件，对每个需UNDO的事务的更新操作执行反操作。即对已插入的记录执行删除，对已删除的记录重新插入，对已修改的记录用旧值代替新值。

REDO处理：重做已提交事务的操作。具体做法是：正向扫描日志文件重新执行登记的操作。

【例11.2】　事务T_1在学生表Student上执行下面三个操作，如图11.4所示，对出现故障的事务进行撤销(UNDO)和重做(REDO)的操作分别为如图11.5和11.6所示。

```
INSERT INTO Student
VALUES ('S4','D','CS',19);
DELETE FROM Student
WHERE Sno ='S1';
UPDATE Student
SET Sdept='CS'
WHERE Sno='S2';
```

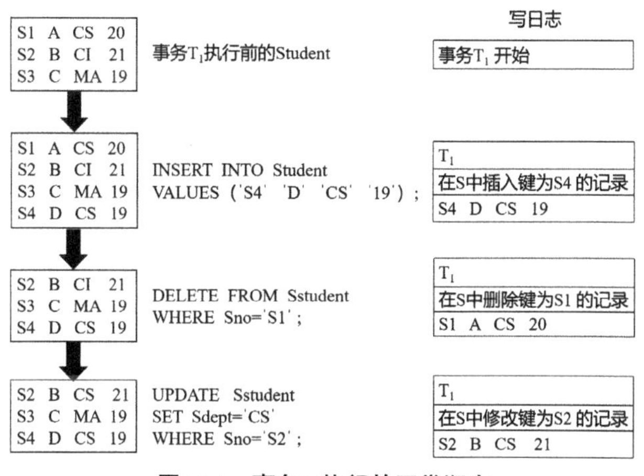

图11.4　事务T执行的正常顺序

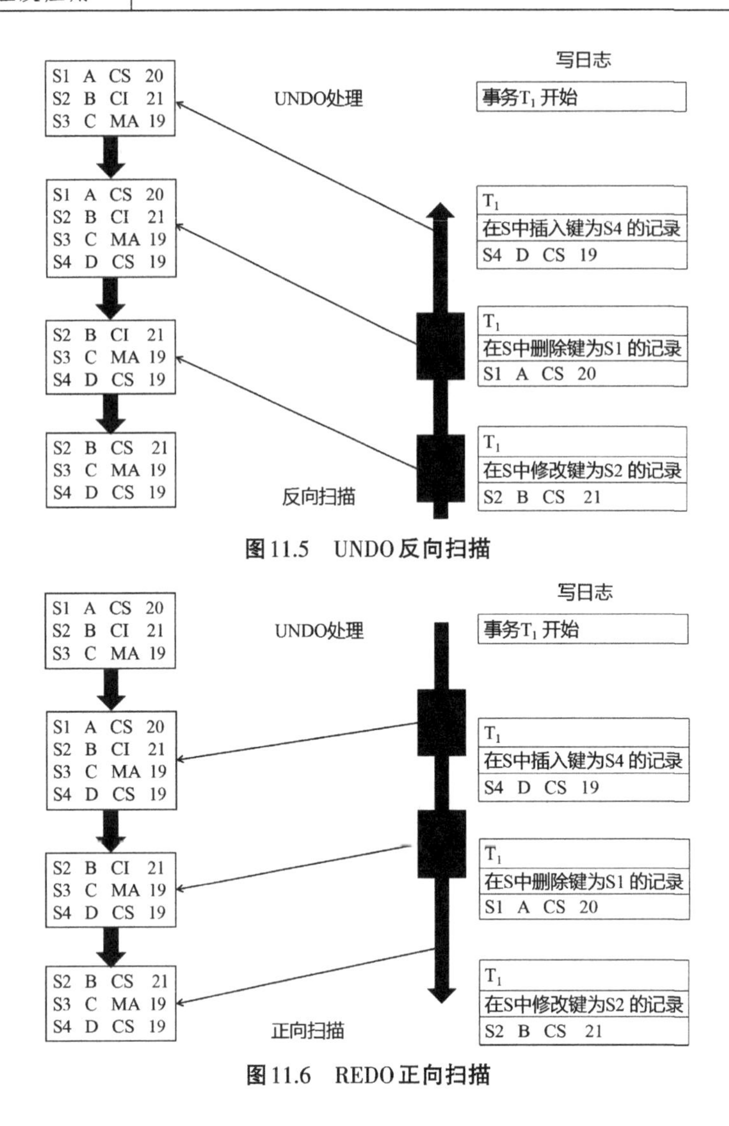

图 11.5 UNDO 反向扫描

图 11.6 REDO 正向扫描

11.5.2 系统故障的恢复

前面已讲过，系统故障造成数据库不一致状态的原因有两个：一是未完成事务对数据库的更新可能已写入数据库，二是已提交事务对数据库的更新可能还留在缓冲区没来得及写入数据库。因此恢复操作就是要撤销故障发生时未完成的事务，重做已完成的事务。

系统故障的恢复是由系统在重新启动时自动完成的，不需要用户干预。

系统的恢复步骤是：

(1)正向扫描日志文件(即从头扫描日志文件)，找出在故障发生前已经提交的事务(这些事务既有 BEGIN TRANSACTION 记录，也有 COMMIT 记录)，将其事务标识记入重做队列(REDO-LIST)。同时找出故障发生时尚未完成的事务(这些事务只有

BEGIN TRANSACTION记录，无相应的COMMIT记录），将其事务标识记入撤销队列（UNDO-LIST）。

（2）对撤销队列中的各个事务进行撤销（UNDO）处理。

进行撤销处理的方法是，反向扫描日志文件，对每个撤销事务的更新操作执行逆操作，即将日志记录中“更新前的值”写入数据库。

（3）对重做队列中的各个事务进行重做（REDO）处理。

进行重做处理的方法是：正向扫描日志文件，对每个重做事务重新执行日志文件登记的操作，即将日志记录中“更新后的值”写入数据库。

11.5.3　介质故障的恢复

发生介质故障后，磁盘上的物理数据和日志文件被破坏，这是最严重的一种故障，恢复方法是重装数据库，然后重做已完成的事务。

（1）装入最新的数据库后备副本（离故障发生时刻最近的转储副本），使数据库恢复到最近一次转储时的一致性状态。

对于动态转储的数据库副本，还需同时装入转储开始时刻的日志文件副本，利用恢复系统故障的方法（即REDO+UNDO），才能将数据库恢复到一致性状态。

（2）装入相应的日志文件副本（转储结束时刻的日志文件副本），重做已完成的事务。首先扫描日志文件，找出故障发生时已提交的事务的标识，将其记入重做队列；然后正向扫描日志文件，对重做队列中的所有事务进行重做处理，即将日志记录中“更新后的值”写入数据库。

这样就可以将数据库恢复至故障前某一时刻的一致状态了。

介质故障的恢复需要数据库管理员介入，但数据库管理员只需要重装最近转储的数据库副本和有关的各日志文件副本，然后执行系统提供的恢复命令即可，具体的恢复操作仍由数据库管理系统完成。

11.5.4　具有检查点的恢复技术

利用日志技术进行数据库恢复时，恢复子系统必须搜索日志，确定哪些事务需要重做，哪些事务需要撤销。一般来说，需要检查所有日志记录。这样做有两个问题，一是搜索整个日志将耗费大量的时间，二是很多需要重做处理的事务实际上已经将它们的更新操作结果写到了数据库中，然而恢复子系统又重新执行了这些操作，浪费了大量时间。为了解决这些问题，又发展了具有检查点的恢复技术。这种技术在日志文件中增加一类新的记录——检查点（checkpoint）记录，增加一个重新开始文件，并让恢复子系统在登录日志文件期间动态地维护日志。

检查点记录的内容包括：

•建立检查点时刻所有正在执行的事务清单。

•这些事务最近一个日志记录的地址。

动态维护日志文件的方法是，周期性地执行建立检查点、保存数据库状态的操作。具体步骤是：

(1)将当前日志缓冲区中的所有日志记录写入磁盘的日志文件上。

(2)在日志文件中写入一个检查点记录。

(3)将当前数据缓冲区的所有数据记录写入磁盘的数据库中。

(4)把检查点记录在日志文件中的地址写入一个重新开始文件。

恢复子系统可以定期或不定期地建立检查点，保存数据库状态。检查点可以按照预定的一个时间间隔建立，如每隔一小时建立一个检查点；也可以按照某种规则建立检查点，如日志文件已写满一半建立一个检查点。

使用检查点方法可以改善恢复效率。当事务T在一个检查点之前提交，T对数据库所做的修改一定都已写入数据库，写入时间是在这个检查点建立之前或在这个检查点建立之时。这样，在进行恢复处理时，没有必要对事务T执行重做操作。

系统使用检查点方法进行恢复的步骤是：

(1)从重新开始文件中找到最后一个检查点记录在日志文件中的地址，由该地址在日志文件中找到最后一个检查点记录。

(2)由该检查点记录得到检查点建立时刻所有正在执行的事务清单ACTIVE-LIST。这里建立两个事务队列：

•UNDO-LIST：需要执行UNDO操作的事务集合；

•REDO-LIST：需要执行REDO操作的事务集合。

把ACTIVE-LIST暂时放入UNDO-LIST队列，REDO队列暂为空。

(3)从检查点开始正向扫描日志文件。

①如有新开始的事务T_i，把T_i暂时放入UNDO-LIST队列；

②如有提交的事务，把T_j从UNDO-LIST队列移到REDO-LIST队列，直到日志文件结束。

(4)对UNDO-LIST中的每个事务执行UNDO操作，对REDO-LIST中的每个事务执行REDO操作。系统出现故障时，恢复子系统将根据事务的不同状态采取不同的恢复策略。

11.6 小　　结

保证数据一致性是对数据库的最基本的要求。事务是数据库的逻辑工作单位，只要数据库管理系统能够保证系统中一切事务的ACID特性，即事务的原子性、一致性、隔离性和持续性，也就保证了数据库处于一致状态。为了保证事务的原子性、一致性与持续性，数据库管理系统必须对事务故障、系统故障和介质故障进行恢复。数据转储和登记日志文件是恢复中最经常使用的技术。恢复的基本原理就是利用存储在后备副本、日志文件和数据库镜像中的冗余数据来重建数据库。

事务不仅是恢复的基本单位，也是并发控制的基本单位。为了保证事务的隔离性和一致性，数据库管理系统需要对并发操作进行控制，第 12 章将进一步讲解并发控制。

习　题

1. 什么是数据库恢复？
2. 恢复的基本原理是什么？
3. 登记日志的原则是什么？
4. 简述事务故障恢复的过程。
5. 简述系统故障恢复的过程。

第12章　事务管理——并发控制

本章目标

•介绍并发操作可能产生的数据不一致性；

•介绍并发控制的技术：封锁机制、三级封锁协议、活锁的避免、死锁的预防、诊断及解除；

•掌握并发调度的正确性标准和技术（可串行性、两段锁协议）。

12.1　并发控制概述

开发数据库的一个主要目标就是使得多个用户能够并发地访问共享数据。如果所有用户都只是读取数据，并发访问就相对简单，因为互相之间不可能产生干扰。但是，如果两个或者更多的用户同时访问数据库，并且至少有一个执行更新操作，则这些操作之间就有可能相互干扰，导致数据库处于不一致的状态。

这个目标和多用户计算机系统的目标类似，后者允许同时执行两个或者多个应用程序（或者事务）。例如，许多系统都有输入/输出（I/O）子系统，输入/输出子系统能够在中央处理器（CPU）执行某些操作的同时，独立地处理I/O操作。这样的系统就允许同时执行两个或者多个事务。系统开始执行第一个事务直至第一个I/O操作，在执行第一个I/O操作的时候，CPU挂起第一个事务并开始执行来自第二个事务的操作。当第二个事务也到达I/O操作时，CPU又返回到第一个事务，从事务刚刚被挂起的地方继续执行。第一个事务继续执行直至再次到达另外一个I/O操作。通过这种方法，两个事务的操作互相重叠，并发执行。并且，在一个事务执行I/O操作的时候，CPU并没有因为等待该I/O操作的完成而处于空闲的状态，而是继续执行其他事务，这种做法提高了系统吞吐量，即在给定时间间隔内完成工作量。

虽然两个事务各自执行时是完全正确的，但是这种操作的重叠方式却可能产生不正确的结果，从而破坏数据库的完整性和一致性。

下面先来看一个例子，说明并发操作带来的数据的不一致性问题。

【例12.1】　考虑飞机订票系统中的一个活动序列：

①甲售票点（事务T_1）读出某航班的机票余额A，设A=16。

②乙售票点（事务T_2）读出同一航班的机票余额A，也为16。

③甲售票点卖出一张机票，修改余额A←A-1，所以A为15，把A写回数据库。

④乙售票点也卖出一张机票，修改余额A←A-1，所以A为15，把A写回数据库。结果明明卖出两张机票，数据库中机票余额只减少1。

这种情况称为数据库的不一致性。这种不一致性是由并发操作引起的。在并发操作情况下，对T_1、T_2两个事务的操作序列的调度是随机的。若按上面的调度序列执行，T_1事务的修改就被丢失。这是由于第④步中T_2事务修改A并写回后覆盖了T_1事务的修改。具体流程如图12.1所示。

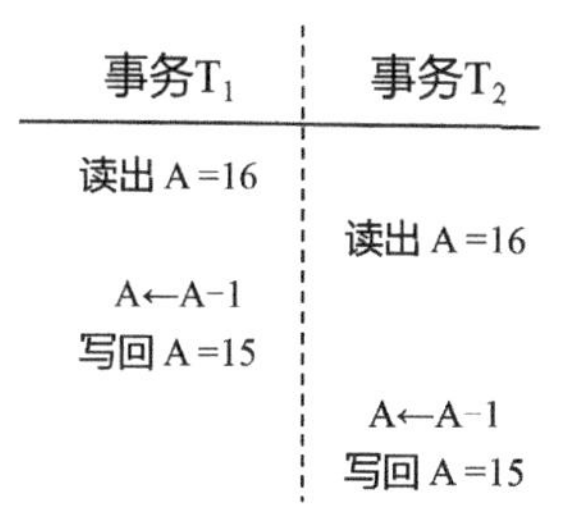

图12.1　飞机订票系统

下面把事务读数据x记为R(x)，写数据x记为W(x)。

并发操作带来的数据不一致性包括丢失修改、不可重复读和读“脏”数据。

1.丢失修改（lost update）

两个事务T_1和T_2读入同一数据并修改，T_2提交的结果破坏了T_1提交的结果，导致T_1的修改被丢失，例12.1的飞机订票例子就属此类。

例如，A的初值为100，事务T_1将数据库中A的值减少50，事务T_2将数据库中A的值减少40。无论执行次序是先T_1后T_2，或者是先T_2后T_1，A的值都是10。但是，按照图12.2中的并发操作序列执行，A的结果是60，这是错误的，因为丢失了事务T_1对数据库的更新，因而这个并发操作是不正确的。

事务T_1	事务T_2
R(A)，A的值为100	
	R(A)，A的值为100
A←A-50	
W(A)，A的值为50	
	A←A-40
	W(A)，A的值为60

图12.2　丢失更新示例

2.不可重复读（non-repeatable read）

不可重复读是指事务T_1读取数据后，事务T_2执行更新操作，使T_1无法再现前一次

读取结果。具体地讲,不可重复读包括三种情况:

(1)当事务T_1读取某一数据后,事务T_2对其做了修改,当事务T_1再次读该数据时,得到与前一次不同的值。例如,在图12.3中,C的初值为100,事务T_1读到C的值为100,事务T_2读到C的值为100,并修改为200,写回数据库。T_1为了校验,再次读取C,发现C的值为200,与第一次读取的值不一样,不可重复读。

事务T_1	事务T_2
R(C),C 的值为100	
	R(C)
	C←C×2
	W(C),C 的值为200
	COMMIT
R(C),C 的值为200	

图12.3　不可重复读

(2)事务T_1按一定条件从数据库中读取了某些数据记录后,事务T_2删除了其中部分记录,当T_1再次按相同条件读取数据时,发现某些记录神秘地消失了。

(3)事务T_1按一定条件从数据库中读取某些数据记录后,事务T_2插入了一些记录,当T_1再次按相同条件读取数据时,发现多了一些记录。

后两种不可重复读的现象有时也称为幻影(phantom row)现象。

3.读“脏”数据(dirty read)

读“脏”数据是指事务T_1修改某一数据并将其写回磁盘,事务T_2读取同一数据后,T_1由于某种原因被撤销,这时被T_1修改过的数据恢复原值,T_2读到的数据就与数据库中的数据不一致,则T_2读到的数据就为“脏”数据,即不正确的数据。例如在图12.4中B的初值为100,事务T_1将B值修改为200,事务T_2读到B为200,随后事务T_1由于某种原因撤销,其修改回滚撤销,B的值恢复为100,这时T_2读到的B为200,与数据库内容不一致,读到了“脏”数据。

事务T_1	事务T_2
R(B),B 的值为100	
B←B×2	
W(B),B 的值为200	
	R(B),B 的值为200
ROLLBACK B 的值为100	

图12.4　读“脏”数据

产生上述三类数据不一致性的主要原因是并发操作破坏了事务的隔离性。并发控制机制就是要用正确的方式调度并发操作,使一个用户事务的执行不受其他事务的干扰,从而避免造成数据的不一致性。

另一方面,对数据库的应用有时允许某些不一致性,例如有些统计工作涉及数据量很大,读到一些“脏”数据对统计精度没什么影响,这时可以降低对一致性的要求以减少系统开销。

并发控制的主要技术有封锁(locking)、时间戳(timestamp)、乐观控制法(optimistic scheduler)和多版本并发控制(multi-version concurrency control,MVCC)等。

本章讲解基本的封锁方法,也是众多数据库产品采用的基本方法。

12.2 封　　锁

封锁是实现并发控制的一个非常重要的技术。所谓封锁就是事务T在对某个数据对象(例如表、记录等)操作之前,先向系统发出请求,对其加锁。加锁后事务T就对该数据对象有了一定的控制,在事务T释放它的锁之前,其他事务不能更新此数据对象。例如,在例12.1中,事务T_1要修改A,若在读出A前先锁住A,其他事务就不能再读取和修改A了,直到T_1修改并写回A后解除了对A的封锁为止。这样,就不会丢失T_1的修改。

确切的控制由封锁的类型决定。基本的封锁类型有两种:排他锁(exclusive locks,简称X锁)和共享锁(share locks,简称S锁)。

排他锁又称为写锁。若事务T对数据对象A加上X锁,则只允许T读取和修改A,其他任何事务都不能再对A加任何类型的锁,直到T释放A上的锁为止。这就保证了其他事务在T释放A上的锁之前不能再读取和修改A。

共享锁又称为读锁。若事务T对数据对象A加上S锁,则事务T可以读A但不能修改A,其他事务只能再对A加S锁,而不能加X锁,直到T释放A上的S锁为止。这就保证了其他事务可以读A,但在T释放A上的S锁之前不能对A做任何修改。

排他锁与共享锁的控制方式可以用图12.5所示的相容矩阵(compatibility matrix)来表示。

	X	S	—
X	N	N	Y
S	N	Y	Y
—	N	Y	Y

Y=Yes,表示相容的请求,N=No,表示不相容的请求

图12.5　封锁类型的相容矩阵

在图12.5所示的封锁类型相容矩阵中,第一列示事务T_1已经获得的数据对象上的锁的类型,其中横线表示没有加锁。第一行示另一事务T_2对同一数据对象发出的封锁请求。T_2的封锁请求能否被满足用矩阵中的Y和N表示,其中Y表示事务T_2的封锁要求与T_1已持有的锁相容,封锁请求可以满足。N表示T_2的封锁请求与T_1已持有的锁冲突,T_2的请求被拒绝。

12.3 封锁协议

在运用X锁和S锁这两种基本封锁对数据对象加锁时，还需要约定一些规则。例如，何时申请X锁或S锁、持锁时间、何时释放等，这些规则称为封锁协议（locking protocol）。对封锁方式制定不同的规则，就形成了各种不同的封锁协议。本节介绍三级封锁协议。对并发操作的不正确调度可能会带来丢失修改、不可重复读和读“脏”数据等不一致性问题，三级封锁协议分别在不同程度上解决了这些问题，为并发操作的正确调度提供一定的保证。不同级别的封锁协议达到的系统一致性级别是不同的。

1. 一级封锁协议

一级封锁协议是指事务T在修改数据R之前必须先对其加X锁，直到事务结束才释放。事务结束包括正常结束（COMMIT）和非正常结束（ROLLBACK）。

一级封锁协议可防止丢失修改，并保证事务T是可恢复的。例如图12. 6使用一级封锁协议解决了图12.1中的丢失修改的问题。

时间	事务T_1	事务T_2
1	请求X锁 对A加X锁 读出A=16	
2		请求X锁 等待
3	A←A-1 写回A =15 COMMIT 释放X锁	⋮
4		对A加X锁 读出A =15 A←A-1 写回A =14 COMMIT 释放X锁

图12.6　一级封锁协议示例

图12.6中的事务T_1在读A进行修改之前先对A加X锁，当T_2再请求对A加X锁时被拒绝，T_2只能等待T_1释放A上的锁后获得对A的X锁，这时它读到的A已经是T_1更新过的值15，再按此新的A值进行运算，并将结果值A=14写回到磁盘。这样就避免了丢失T_1的修改。

在一级封锁协议中，如果仅仅是读数据而不对其进行修改，是不需要加锁的，所以它不能保证可重复读和不读“脏”数据。

2. 二级封锁协议

二级封锁协议是指在一级封锁协议基础上增加事务T在读取数据R之前必须先

对其加S锁,读完后即可释放S锁。

二级封锁协议除防止了丢失修改,还可进一步防止读“脏”数据。例如图12.7使用二级封锁协议解决了读“脏”数据问题。

时间	事务T_1	事务T_2
1	请求X锁 对C加X锁 读出C=100 C←C×2，写回C	
2		请求S锁 等待
3	ROLLBACK C恢复为100 释放X锁	⋮
4		对C加S锁 读出C=100 释放S锁

图12.7　二级封锁协议示例

图12.7中,事务T_1在对C进行修改之前,先对C加X锁,修改其值后写回磁盘。这时T_2请求在C上加S锁,因T_1已在C上加了X锁,T_2只能等待。T_1因某种原因被撤销,C恢复为原值100,T_1释放C上的X锁后T_2获得C上的S锁,读C=100。这就避免了T_2读“脏”数据。

在二级封锁协议中,由于读完数据后即可释放S锁,所以它不能保证可重复读。

3.三级封锁协议

三级封锁协议是指在一级封锁协议的基础上增加事务T在读取数据R之前必须先对其加S锁,直到事务结束才释放。

三级封锁协议除了防止丢失修改和读“脏”数据外,还进一步防止了不可重复读。例如图12.8使用三级封锁协议解决了不可重复读问题。

时间	事务T_1	事务T_2
1	对A加S锁 对B加S锁 读出A=50, B=100 A+B=150	
2		对B请求X锁 等待
3	读出A=50, B=100 A+B=150 COMMIT 释放A、B的S锁	⋮
4		对B加X锁 读出B=100 B←B×2 写回B COMMIT 释放X锁

图12.8　三级封锁协议示例

图12.8中，事务T_1在读A、B之前，先对A、B加S锁，这样其他事务只能再对A、B加S锁，而不能加X锁，即其他事务只能读A、B，而不能修改它们。所以当T_2为修改B而申请对B的X锁时被拒绝，只能等待T_1释放B上的锁。T_1为验算再读A、B，这时读出的B仍是100，求和结果仍为150，即可重复读。T_1结束才释放A、B上的S锁。T_2才获得对B的X锁。

上述三级协议的主要区别在于什么操作需要申请封锁，以及何时释放锁(即持锁时间)。三级封锁协议可以总结为表12.1。表中还指出了不同的封锁协议使事务达到的一致性级别是不同的，封锁协议级别越高，一致性程度越高。

表12.1　不同级别的封锁协议和一致性保证

	X锁		S锁		一致性		
	操作结束释放	事务结束释放	操作结束释放	事务结束释放	不丢失修改	不读“脏”数据	可重复读
一级封锁协议		√			√		
二级封锁协议		√	√		√	√	
三级封锁协议		√		√	√	√	√

12.4　活锁和死锁

和操作系统一样，封锁的方法可能引起活锁和死锁等问题。

12.4.1　活锁

如果事务T_1封锁了数据R，事务T_2又请求封锁R，于是T_2等待；接着，事务T_3也请求封锁R，当T_1释放了R上的封锁之后，系统首先批准了T_3的请求，T_2仍然等待；然后T_4又请求封锁R，当T_3释放了R上的封锁之后系统又批准了T_4的请求……T_2有可能永远等待下去，这就是活锁的情形。

避免活锁的简单方法是采用先来先服务的策略。当多个事务请求封锁同一数据对象时，封锁子系统按请求封锁的先后次序对事务排队，数据对象上的锁一旦释放就批准申请队列中第一个事务获得锁。

12.4.2　死锁

如果存在一个事务集，该集合中的每个事务在等待该集合中的另一个事务，那么说系统处于死锁状态。更确切地，存在一个等待事务集$\{T_0, T_1, T_2, \cdots, T_n\}$，事务$T_0$正在等待被$T_1$锁住的数据项，$T_1$正在等待被$T_2$锁住的数据项，……，并且$T_n$正等待被$T_0$锁住的数据项。在这种情况下，没有一个事务能取得进展。

死锁的问题在操作系统和一般并行处理中已做了深入研究，目前在数据库中解决死锁问题主要有两类方法，一类方法是采取一定措施来预防死锁的发生，另一类方法是允许发生死锁，采用一定手段定期诊断系统中有无死锁，若有则解除之。

1. 死锁预防

死锁预防(deadlock prevention)协议保证系统不进入死锁状态。如果系统进入死锁状态的概率相对较高，则通常使用死锁预防机制。在数据库中，产生死锁的原因是两个或多个事务都封锁了一些数据对象，然后又都请求对其他事务封锁的数据对象加锁，从而出现死锁等待。死锁预防的发生其实就是要破坏产生死锁的条件。预防死锁通常有下列两种方法。

(1)一次封锁法。

要求每个事务必须一次将所有要使用的数据全部加锁，否则就不能继续执行。

一次封锁法存在的问题：一次性将以后要用到的全部数据加锁，势必扩大封锁的范围，从而降低系统的并发度；数据库中的数据是不断变化的，原来不要求封锁的数据，在执行过程中可能会变成封锁对象，所以很难事先精确地确定每个事务所要封锁的数据对象，为此只能扩大封锁范围，将事务在执行过程中可能要封锁的数据对象全部加锁，这就进一步降低了并发度。

(2)顺序封锁法。

顺序封锁法是预先对数据对象规定一个封锁顺序，所有事务都按这个顺序实行封锁。例如，在*B*+树结构的索引中，可以规定封锁的顺序必须从根结点开始，然后是下一级的子结点，逐级封锁。

2. 死锁诊断与恢复

如果数据库管理系统不采用死锁预防协议，那么系统必须采用死锁检测与恢复(deadlock detection and recovery)机制。死锁检测与恢复机制下，检查系统死锁状态的算法周期性激活，判断有无死锁发生，如果发生死锁，将系统从死锁中恢复。系统为了判断死锁的发生，必须实时搜集、维护当前将数据项分配给事务的有关信息，以及任何尚未解决的数据项请求信息。

诊断死锁的方法与操作系统类似，一般使用超时法或等待图法。

(1)超时法。

如果一个事务的等待时间超过了规定的时限，就认为其发生了死锁。

超时法实现简单，缺点也很明显，一般很难确定一个事务超时之前应等待多长时间。如果已经发生死锁，等待时间太长就会导致死锁发生后不能及时发现。如果等待时间太短，即便没有死锁，也可能误判引起事务回滚。

(2)等待图法。

用事务等待图动态反映所有事务的等待情况。事务等待图是一个有向图G=(T,U),T为结点的集合,每个结点表示正运行的事务;U为边的集合,每条边表示事务等待的情况。若T_1等待T_2,则T_1、T_2之间划一条有向边,从T_1指向T_2。事务等待图动态反映了所有事务的等待情况。并发控制子系统周期性地检测事务等待图,如果发现图中存在回路,则表示系统中出现了死锁。

数据库管理系统的并发控制子系统一旦检测到系统中存在死锁,就要设法解除。通常采用的方法是选择一个处理死锁代价最小的事务,将其撤销,释放此事务持有的所有的锁,使其他事务得以继续运行下去。当然,对撤销的事务所执行的数据修改操作必须加以恢复。

12.5 并发调度的可串行性

数据库管理系统对并发事务不同的调度可能会产生不同的结果,那么什么样的调度是正确的呢?显然,串行调度是正确的。执行结果等价于串行调度的调度也是正确的。这样的调度叫作可串行化调度。

12.5.1 可串行化调度

定义 多个事务的并发执行是正确的,当且仅当其结果与按某一次序串行地执行这些事务时的结果相同,称这种调度策略为可串行化(serializable)调度。

可串行性(serializability)是并发事务正确调度的准则。按这个准则规定,一个给定的并发调度,当且仅当它是可串行化的,才认为是正确调度。

【例12.2】 现在有两个事务,分别包含下列操作:

事务T_1:读B; A=B+1;写回A;

事务T_2:读A; B=A+1;写回B。

假设A、B的初值均为2。按$T_1 \to T_2$次序执行结果为A=3,B=4;按$T_2 \to T_1$次序执行结果为B=3,A=4。

T_1	T_2
Slock B	
Y=R(B)=2	
Unlock B	
Xlock A	
A=Y+1=3	
W(A)	
Ulock A	
	Slock A
	X=R(A)=3
	Unlock A
	Xlock B
	B=X+1=4
	W(B)
	Ulock B

（a）串行调度

T_1	T_2
	Slock A
	X=R(A)=2
	Unlock A
	Xlock B
	B=X+1=3
	W(B)
	Ulock B
Slock B	
Y=R(B)=3	
Unlock B	
Xlock A	
A=Y+1=4	
W(A)	
Ulock A	

（b）串行调度

T_1	T_2
Slock B	
Y=R(B)=2	
	Slock A
	X=R(A)=2
Unlock B	
	Unlock A
Xlock A	
A=Y+1=3	
W(A)	
	Xlock B
	B=X+1=3
	W(B)
Ulock A	
	Ulock B

（c）不可串行化的调度

T_1	T_2
Slock B	
Y=R(B)=2	
Unlock B	
Xlock A	
	Slock A
A=Y+1=3	等待
W(A)	等待
Ulock A	等待
	X=R(A)=3
	Unlock A
	Xlock B
	B=X+1=4
	W(B)
	Ulock B

（d）可串行化的调度

12.9 **并发事务的不同调度**

图12.9给出了对这两个事务不同的调度策略。其中，图12.9（a）和图12.9（b）为两种不同的串行调度策略，虽然执行结果不同，但它们都是正确的调度；图12.9（c）执行结果与（a）（b）的结果都不同，所以是错误的调度；图12.9（d）执行结果与串行调度（a）的执行结果相同，所以是正确的调度。

12.5.2 冲突可串行化调度

具有什么样性质的调度是可串行化的调度？如何判断调度是可串行化的调度？本节给出判断可串行化调度的充分条件。

首先介绍冲突操作的概念。

冲突操作是指不同的事务对同一个数据的读写操作和写写操作：

$R_i(x)$与$W_j(x)$　　　　/*事务T_i读x，T_j写x，其中$i\neq j$*/

$W_i(x)$与$W_j(x)$　　　　/*事务T_i读x，T_j写x，其中$i\neq j$*/

其他操作是不冲突操作。

不同事务的冲突操作和同一事务的两个操作是不能交换（swap）的。对于$R_i(x)$与$W_j(x)$，若改变二者的次序，则事务看到的数据库状态就发生了改变，自然会影响到事务T_i后面的行为。对于$W_i(x)$与$W_j(x)$，改变二者的次序也会影响数据库的状态，x的值由等于T_j的结果变成了等于T_i的结果。

一个调度Sc在保证冲突操作的次序不变的情况下，通过交换两个事务不冲突操作的次序得到另一个调度Sc，如果Sc是串行的，称调度Sc为冲突可串行化的调度。若一个调度是冲突可串行化，则一定是可串行化的调度。因此可以用这种方法来判断一个调度是否是冲突可串行化的。

【例12.2】 A的初值为100，事务T_1将数据库中A的值减少50，事务T_2将数据库中A的值减少40。

考虑串行调度，先执行T_1后执行T_2，A结果值为10；先执行T_2后执行T_1，A结果值也为10。

考虑图12.2的并发调度，A的执行结果为60，与任何一个串行调度结果都不一样，因而图12.1的并发调度是不正确的，这个并发调度是不可串行化的调度。只有并发调度执行结果为14时，才是正确的调度，即可串行化的调度。

数据库管理系统广泛采用的并发控制技术是封锁技术。

前面已经讲到，商用数据库管理系统的并发控制一般采用封锁的方法来实现，那么如何使封锁机制能够产生可串行化调度呢？下面讲解的两段锁协议就可以实现可串行化调度。

12.6 两段锁协议

为保证并发调度的正确性，数据库管理系统的并发控制机制必须提供一定的手段来保证调度是可串行化的。目前数据库管理系统普遍采用两段锁（TwoPhase Locking，2PL）协议的方法实现并发调度的可串行性，从而保证调度的正确性。

所谓两段锁协议是指所有事务必须分两个阶段对数据项加锁和解锁。

•在对任何数据进行读、写操作之前，首先要申请并获得对该数据的封锁；

•在释放一个封锁之后，事务不再申请和获得任何其他封锁。

所谓“两段”锁的含义是，事务分为两个阶段，第一阶段是获得封锁，也称为扩展阶段，在这个阶段，事务可以申请获得任何数据项上的任何类型的锁，但是不能释放任何锁；第二阶段是释放封锁，也称为收缩阶段，在这个阶段，事务可以释放任何数据项上的任何类型的锁，但是不能再申请任何锁。

例如，事务T_i遵守两段锁协议，其封锁序列是

SlockA SlockB XlockC UnlockB UnlockA UnlockC；

|← 扩展阶段 →||← 收缩阶段 →|

又如，事务T_j不遵守两段锁协议，其封锁序列是

SlockA UnlockA SlockB XlockC UnlockC UnlockB；

可以证明，若并发执行的所有事务均遵守两段锁协议，则对这些事务的任何并发调度策略都是可串行化的。

例如，图12.10所示的调度是遵守两段锁协议的，因此一定是一个可串行化调度。可以验证如下：忽略图中的加锁操作和解锁操作，按时间的先后次序得到了如下的调度：

$$L_1=R_1(A)R_2(C)W_1(A)W_2(C)R_1(B)W_1(B)R_2(A)W_2(A)$$

通过交换两个不冲突操作的次序（先把$R_2(C)$与$W_1(A)$交换，再把$R_1(B)W_1(B)$与$R_2(C)W_2(C)$交换），可得到

$$L_2=R_1(A)W_1(A)R_1(B)W_1(B)R_2(C)W_2(C)R_2(A)W_2(A)$$

因此L_1是一个可串行化调度。

事务T_1	事务T_2
Slock A	
R(A)=260	
	Slock C
	R(C)=300
Xlock A	
W(A)=160	
	Xlock C
	W(C)=250
	Slock A
Slock B	等待
R(B)=1000	等待
Xlock B	等待
W(B)=1100	等待
Unlock A	等待
	R(A)=160
	Xlock A
Unlock B	
	W(A)=210
	Unlock C

图12.10　遵循两段锁协议的可串行化调度

需要说明的是，事务遵守两段锁协议是可串行化调度的充分条件，而不是必要条件。也就是说，若并发事务都遵守两段锁协议，则对这些事务的任何并发调度策略都是可串行化的；但是，若并发事务的一个调度是可串行化的，不一定所有事务都符合两段锁协议。例如前文中图12.9（d）是可串行化调度，但T_1和T_2不遵守两段锁协议。

另外，要注意两段锁协议和防止死锁的一次封锁法的异同之处。一次封锁法要求每个事务必须一次将所有要使用的数据全部加锁，否则就不能继续执行。因此一次封锁法遵守两段锁协议；但是两段锁协议并不要求事务必须一次将所有要使用的数据全部加锁，因此遵守两段锁协议的事务可能发生死锁，如图12.11所示。

事务T_1	事务T_2
Slock B	
R(B)=2	
	Slock A
	R(A)=2
Xlock A	
等待	Xlock A
等待	等待

图12.11　遵守两段锁协议的事务可能发生死锁

12.7 封锁的粒度

封锁对象的大小称为封锁粒度(granularity)。封锁对象可以是逻辑单元,也可以是物理单元。以关系数据库为例,封锁对象可以是这样一些逻辑单元:属性值、属性值的集合、元组、关系、索引项、整个索引直至整个数据库;也可以是这样一些物理单元:页(数据页或索引页)、物理记录等。

封锁粒度与系统的并发度和并发控制的开销密切相关。直观地看,封锁的粒度越大,数据库所能够封锁的数据单元就越少,并发度就越小,系统开销也越小;反之,封锁的粒度越小,并发度较高,但系统开销也就越大。

例如,若封锁粒度是数据页,事务T_1需要修改元组L_1,则T_1必须对包含L_1的整个数据页A加锁。如果T_1对A加锁后事务T_2要修改A中的元组L_2,则T_2被迫等待,直到T_1释放A上的锁。如果封锁粒度是元组,则T_1和T_2可以同时对L_1和L_2加锁,不需要互相等待,从而提高了系统的并行度。又如,事务T需要读取整个表,若封锁粒度是元组,T必须对表中的每一个元组加锁,显然开销极大。

因此,如果在一个系统中同时支持多种封锁粒度供不同的事务选择是比较理想的,这种封锁方法称为多粒度封锁(multiple granularity locking),选择封锁粒度时应该同时考虑封锁开销和并发度两个因素,适当选择封锁粒度以求得最优的效果。一般说来,需要处理某个关系的大量元组的事务可以以关系为封锁粒度;需要处理多个关系的大量元组的事务可以以数据库为封锁粒度,而对于一个处理少量元组的用户事务,以元组为封锁粒度就比较合适了。

12.7.1 多粒度封锁

下面讨论多粒度封锁,首先定义多粒度树。多粒度树的根结点是整个数据库,表示最大的数据粒度。叶结点表示最小的数据粒度。

图12.12给出了一个三级粒度树。根结点为数据库,数据库的子结点为关系,关系的子结点为元组。也可以定义四级粒度树,例如数据库、数据分区、数据文件、数据记录。

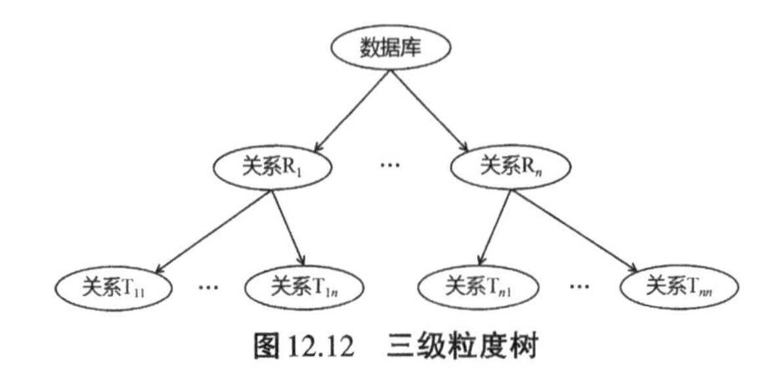

图12.12 三级粒度树

多粒度封锁协议允许多粒度树中的每个结点被独立地加锁。对一个结点加锁意味着这个结点的所有后裔结点也被加以同样类型的锁。因此，在多粒度封锁中一个数据对象可能以两种方式封锁：显式封锁和隐式封锁。

显式封锁是应事务的要求直接加到数据对象上的锁；隐式封锁是该数据对象没有被独立加锁，是由于其上级结点加锁而使该数据对象加上了锁。

多粒度封锁方法中，显式封锁和隐式封锁的效果是一样的，因此系统检查封锁冲突时不仅要检查显式封锁还要检查隐式封锁。例如事务T要对关系R加X锁，系统必须搜索其上级结点数据库、关系R_1以及R_1的下级结点，即R_1中的每一个元组，上下搜索。如果其中某一个数据对象已经加了不相容锁，则T必须等待。

一般地，对某个数据对象加锁，系统要检查该数据对象上有无显式封锁与之冲突；再检查其所有上级结点，看本事务的显式封锁是否与该数据对象上的隐式封锁（即由于上级结点已加的封锁造成的）冲突；还要检查其所有下级结点，看它们的显式封锁是否与本事务的隐式封锁（将加到下级结点的封锁）冲突。显然，这样的检查方法效率很低。为此人们引进了一种新型锁，称为意向锁（intention lock）。有了意向锁，数据库管理系统就无须逐个检查下一级结点的显式封锁。

12.7.2 意向锁

意向锁的含义是：如果对任一结点加基本锁，则必须先对它的上层结点加意向锁；如果对一个结点加意向锁，则说明该结点的下层结点正在被加锁。

例如，对任一元组加锁，必须先对关系R加意向锁。

又如，事务T对关系R加X锁，系统只要检查根结点数据库和关系R是否已加了不相容的锁即可，不需要搜索和检查R中的每个元组是否加了X锁。

意向锁分为：意向共享锁（Intent Share Lock, IS锁）、意向排他锁（Intent Exclusive Lock, IX锁）和共享意向排他锁（Share Intent Exclusive Lock，SIX锁）。

1. IS锁

对一个数据对象加IS锁，表示它的后裔结点拟（意向）加S锁。

例如，对某个元组加S锁，首先要对关系和数据库加IS锁。

2. IX锁

对一个数据对象加IX锁，表示它的后裔结点拟（意向）加X锁。

例如，对某个元组加X锁，首先要对关系和数据库加IX锁。

3. SIX锁

对一个数据对象加SIX锁，表示对它先加S锁，再加IX锁，即SIX = S+IX。

例如，对某个表加SIX锁，表示该事务要读整个表，所以要对该表加S锁，同时会更新个别元组，所以要对该表加IX锁。

加入意向锁后，各种锁的相容矩阵如图12.13所示。

T_1 \ T_2	S	X	IS	IX	SIX	—
S	Y	N	Y	N	N	Y
X	N	N	N	N	N	Y
IS	Y	N	Y	Y	Y	Y
IX	N	N	Y	Y	N	Y
SIX	N	N	Y	N	N	Y
—	Y	Y	Y	Y	Y	Y

Y=Yes，表示相容的请求，N=No，表示不相容的请求

图12.13　锁的相容矩阵

这五种锁的强度偏序关系如图12.14所示。锁强度指某种锁对其他锁的排斥程度。一个事务在申请封锁时以强锁代替弱锁是安全的，反之则不然。

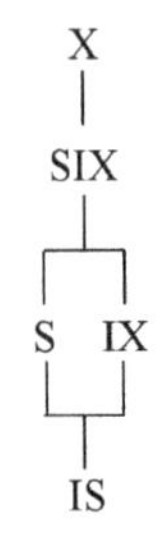

12.14　锁的强度偏序关系

在具有意向锁的多粒度封锁方法中，任意事务T要对一个数据对象加锁，必须先对其上级结点加意向锁。申请封锁时应该按照自上而下的次序进行，释放封锁时则应该按自下而上的次序进行。例如，事务T要对关系R加S锁，则首先要对数据库加IS锁。检查数据库和关系R是否已经加了不相容的锁——X或IX锁，不再需要检查关系R中的每个元组是否加了不相容的锁——X锁。

例如，事务T_1要对关系R_1加S锁，则要首先对数据库加IS锁。检查数据库和关系R_1是否已加了不相容的锁(X或IX)，不再需要搜索和检查关系R_1中的元组是否加了不相容的锁(X锁)。

具有意向锁的多粒度封锁方法提高了系统的并发度，减少了加锁和解锁的开销，已经在实际的数据库管理系统产品中得到广泛应用。

12.8　其他并发控制机制

并发控制的方法除了封锁技术外还有时间戳方法、乐观控制法和多版本并发控制等，这里做一个概要的介绍。

时间戳方法给每一个事务盖上一个时标，即事务开始执行的时间。每个事务具有

唯一的时间戳,并按照这个时间戳来解决事务的冲突操作。如果发生冲突操作,就回滚具有较早时间戳的事务,以保证其他事务的正常执行,被回滚的事务被赋予新的时间戳并从头开始执行。

乐观控制法认为事务执行时很少发生冲突,因此不对事务进行特殊的管制,而是让它自由执行,事务提交前再进行正确性检查。如果检查后发现该事务执行中出现过冲突并影响了可串行性,则拒绝提交并回滚该事务。乐观控制法又被称为验证方法(certifier)。

多版本并发控制(MultiVersion Concurrency Control,MVCC)是指在数据库中通过维护数据对象的多个版本信息来实现高效并发控制的一种策略。

12.9　小　结

数据库的重要特征是能为多个用户提供数据共享。数据库管理系统必须提供并发控制机制来协调并发用户的并发操作以保证并发事务的隔离性和一致性,保证数据库的一致性。

数据库的并发控制以事务为单位,通常使用封锁技术实现并发控制。本章介绍了最常用的封锁方法和三级封锁协议。不同的封锁和不同级别的封锁协议所提供的系统一致性保证是不同的。对数据对象施加封锁会带来活锁和死锁问题,数据库一般采用先来先服务、死锁诊断和解除等技术来预防活锁和死锁的发生。并发控制机制调度并发事务操作是否正确的判别准则是可串行性,两段锁协议是可串行化调度的充分条件,但不是必要条件。因此,两段锁协议可以保证并发事务调度的正确性。

不同的数据库管理系统提供的封锁类型、封锁协议、达到的系统一致性级别不尽相同,但是其依据的基本原理和技术是共同的。作为选读内容,本章还简要介绍了时间戳方法,乐观控制法和多版本并发控制等其他并发控制方法。

习　题

1. 在数据库中为什么要并发控制?并发控制技术能保证事务的哪些特性?

2. 并发操作可能会产生哪几类数据不一致?用什么方法能避免各种不一致的情况?

3. 什么是封锁?基本的封锁类型有几种?试述它们的含义。

4. 如何用封锁机制保证数据的一致性?

5. 什么是活锁?试述活锁的产生原因和解决方法。

6.什么是死锁？请给出预防死锁的方法。

7.请给出一种检测死锁发生的方法。当发生死锁后如何解除死锁？

8.什么样的并发调度是正确的调度？

9.试证明：若并发事务遵守两段锁协议，则对这些事务的并发调度是可串行化的。

第13章　数据库的发展及新技术

本章目标

•结合当前数据库发展的情况，适当地给学生介绍目前最新的数据库技术。

从IBM公司开发的第一个数据库系统IMS开始，数据库技术经过了近50年的发展，已成为一个数据模型丰富、新技术内容层出不穷、应用领域日益广泛的体系，是计算机科学技术中发展最快、应用最广泛的分支之一。

1990年2月，美国国家科学基金会主持的数据库学术研究界和工业界联席会议对数据库技术的新发展做出了结论。

（1）支持21世纪初工业化经济的大量先进技术都将依赖新的数据库技术，需要对这些新技术进行深入和持久的研究。

（2）新一代数据库应用与目前的事务处理数据库应用大不一样，将涉及更多的数据，需要新的能力，包括类型扩充、多媒体支持、复杂对象、规则处理和档案存储等，需要重新考虑几乎所有DBMS的操作算法。

（3）不同组织机构之间需要超大范围的、异种的、分布的数据库在通常的科学、工程和经济问题上的协同操作。

13.1　数据库系统发展的特点

数据库的发展虽然百花齐放，但其发展方向大致遵循下面三条路径，如图13.1所示，通过一个三维视图从数据模型、相关技术、应用领域三个方面描述数据库系统的发展历史、特点和相互关系。

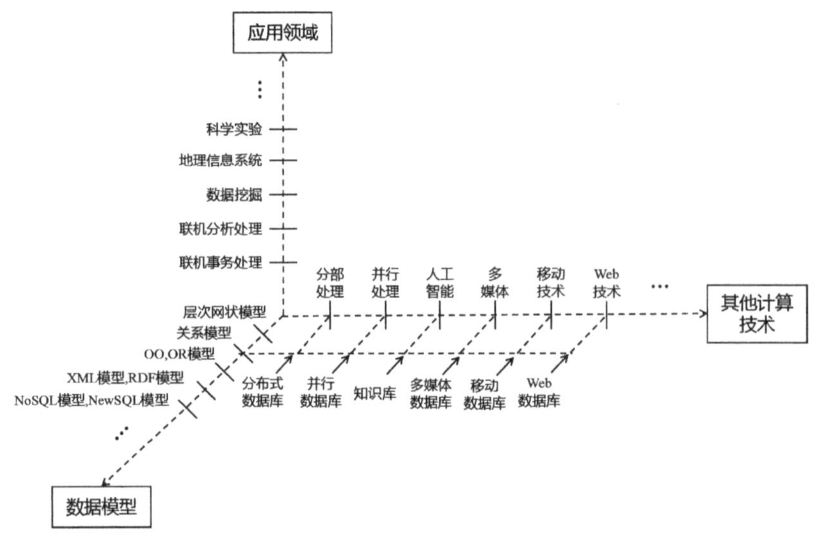

图13.1　数据库系统的发展和相互关系示意图

1.数据模型的发展

数据库的发展集中表现在数据模型的发展上，从最初的层次模型、网状模型发展到关系模型，数据库技术产生了三次巨大的飞跃。

随着数据库应用领域的扩展以及数据对象的多样化，传统的关系数据模型逐渐暴露出许多弱点，如复杂对象表示能力差，语义表达能力较弱，缺乏灵活丰富的建模能力，对文本、时间、空间、声音、图像和视频等复杂数据类型的处理能力差等。因此，人们提出并发展了许多新的数据模型。

(1)面向对象数据模型。

将数据模型和面向对象程序设计方法结合起来，用面向对象的观点来描述现实世界。现实世界的任何事物都可以被建模为对象，而对象又是属性和方法的封装。

它与传统数据库一样既实现数据的增加、删除、修改、查询的操纵功能，也具有并发控制、故障恢复、存储管理的功能。不仅支持传统的数据库应用，也能支持非传统领域的应用，包括CAD/CAM、OA、CIMS、GIS以及图形图像等多媒体领域、工程领域和数据集成等领域。但是，面向对象数据库管理系统太过复杂，导致并没有得到广泛应用，没有得到广大用户的支持，因此在市场上没有获得成功。

关系对象型数据库管理系统是在关系型数据库管理系统的基础上增加了面向对象的管理能力。其中，SQL99标准提供了面向对象的支持。

(2)XML数据模型。

随着互联网的迅速发展，Web上各种半结构化、非结构化数据源已经成为重要的信息来源。可扩展标记语言(eXtended Markup Language，XML)已经成为网上数据交换的标准和研究的热点，人们研究和提出了表示半结构化数据的XML数据模型。

XML数据模型没有严格的模式规定，它的结构不固定，模式由数据自描述。纯

XML数据库系统在面临传统关系数据库的各项问题，如查询优化、并发、事务、索引等时，并没有良好的解决办法。因此，一般采取在传统的关系数据库系统基础上扩展对XML数据的支持。

2. 数据库技术与相关技术相结合

随着数据库技术应用领域的不断扩展，数据库技术与其他计算机技术相结合，涌现出如下各种数据库系统。

- 分布式数据库系统，由数据库技术与分布式处理技术相结合；
- 并行数据库系统，由数据库技术与并行处理技术相结合；
- 多媒体数据库系统，由数据库技术与多媒体技术相结合；
- 移动数据库系统，由数据库技术与移动技术相结合；
- 模糊数据库系统，由数据库技术与模糊技术相结合；
- Web数据库系统，由数据库技术与Web技术相结合。

数据库技术与人工智能技术相结合出现了演绎数据库、知识库和主动数据库系统。

3. 数据库技术与应用领域相结合

数据库技术被应用到特定的领域中，出现了数据仓库、工程数据库、统计数据库、空间数据库等多种数据库，如图13.2所示。

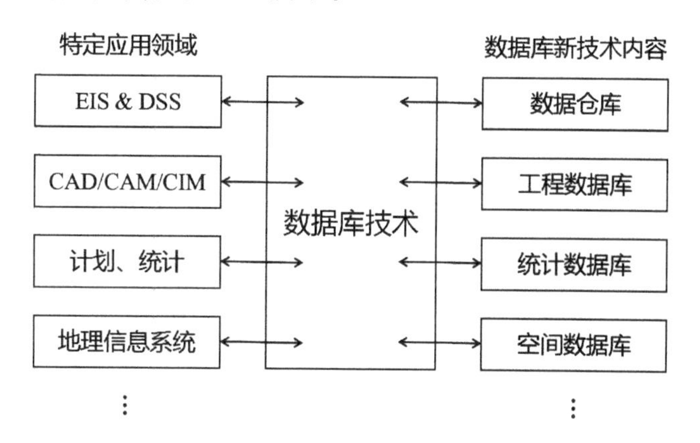

图13.2 数据库技术与应用领域相结合

工程数据库(Engineering DataBase，EDB)是一种能存储和管理各种工程设计图形和工程设计文档，并能为工程设计提供各种服务的数据库，它又称为CAD数据库。工程数据库适合CAD/CAM/CIM，地理信息处理、军事指挥、控制、通信等工程应用领域。

空间数据库是用于存储表示空间物体的位置、形状、大小和分布特征等各方面信息的数据，适用于二维、三维和多维应用的领域。

除了以上三条路径外，还出现了内存数据库、以图形图像的方式形象地显示各种数据的数据可视化技术等。

13.2 数据管理技术的发展趋势

数据、应用需求和计算机软硬件技术是推动数据库技术发展的三个主要动力。随着电子商务、移动互联网、自媒体、物联网、无线网络、嵌入式等技术的发展，获取数据的方式的多样化、智能化，数据量呈现爆炸式增长。而数据类型也越来越多样和异构，从结构化的数据扩展到文本、图形图像、音频、视频等多媒体数据库，HTML、XML、网页等半结构化数据，流数据、队列数据和程序数据，位置、形状、大小等空间数据，传感器数据，RFID（无线射频识别）等物联网数据。这就要求系统具有存储和处理多样异构数据的能力，以满足对复杂数据处理的需求。而传统数据库对半结构及非结构化数据的管理能力非常有限。不仅如此，数据中可能存在大量的冗余和噪声，数据量用海量来形容，其描述单位不断扩大，数据实时性要求高等。

人们希望从数据中获取更高的价值。数据应用从OLTP（联机事务处理）为代表的事务处理扩展到OLAP（联机分析处理）分析处理，从多结构化海量历史数据的多维分析发展到海量非结构化数据的复杂分析和深度挖掘，并且希望把数据仓库的结构化数据和互联网上的非结构化数据结合起来进行分析挖掘，把历史数据和实时流数据结合起来进行处理，但是大数据分析成为大数据应用中的瓶颈。人们已经认识到基于数据进行分析的广阔前景。

计算机硬件技术是数据库系统的基础。当今，计算机硬件体系结构的发展十分迅速。数据处理平台从单处理器向多核、大内存、集群、云计算平台转移，处理器全面进入多核时代。我们必须充分利用新的硬件技术满足海量数据存储和管理的需求。一方面要对现有的传统数据库体系结构（包括存储策略、存取方法、查询处理策略、查询算法、事务管理）重新设计和开发；另一方面，针对大数据需求，以集群、云计算、云存储为特征设计开发新的数据库系统。

大数据给数据管理、处理和分析提出全面的挑战。传统数据库的发展出现了瓶颈，NoSQL数据库技术应运而生，以满足人们对大数据处理的需求。

13.3 面向对象数据库管理系统

20世纪80年代初期，正当数据库产品在事务处理领域取得巨大成功时，一些其他领域也表现出了采用数据库产品的兴趣。

13.3.1 面向对象数据库管理系统介绍

工程应用领域中(如CAD/CAM、CIMS(计算机集成制造系统))涉及的数据种类多(如图形数据、文字数据、数字数据等),相应的操作(如图形操作、文字操作、数字操作等)极为复杂。工程领域需要的数据模型较复杂、特殊,而且数据关系极复杂,这些都是传统的关系型数据库系统无法支持的。在多媒体应用领域中同样存在数据类型复杂、数据联系复杂的情况,因此同样存在传统数据库无法解决的问题。而这些问题通过面向对象数据库都可以得到解决。

面向对象数据库是沿着三条路线发展的。

第一条发展路线:在传统的关系数据库管理系统的基础上扩展对面向对象模型的支持,如DB2、Oracle、SQLServer等。

第二条发展路线:在面向对象程序设计语言的基础上,研究持久的程序设计语言,支持面向对象数据模型,如GemStone的Smalltalk。

第三条发展路线:建立新的面向对象数据库系统,支持面向对象数据模型,如法国C2 Technology公司的C2和美国Itasca System公司的Itasca等。

1.面向对象数据库的定义及相关概念

面向对象数据库系统至少满足以下两个基本要求:①必须是一个面向对象的系统;②必须是一个数据库系统。也就是说,它必须支持面向对象的数据模型,提供面向对象的数据库语言,提供面向对象数据库管理机制,同时具有传统数据库的管理能力。

面向对象数据库是使用面向对象数据模型表示实体及实体之间联系的模型,同样也分为数据结构、数据操作和完整性约束三个方面来描述。

(1)数据结构,面向对象数据模型的基本结构是对象和类。现实世界的任一实体都被统一地模型化为一个对象。

(2)数据操作,面向对象数据模型中,数据操作分为两个部分:一部分封装在类中,称为方法;另一部分是类之间相互沟通的操作,称为消息。

(3)完整性约束,面向对象数据模型中一般使用消息或方法表示完整性约束条件,它们称为完整性约束消息与完整性约束方法。

面向对象数据库包含的几个核心概念:对象、封装、类、继承、消息。

(1)对象。现实世界的任一实体都被统一模型化为一个对象(object),每个对象有一个唯一的标识,称为对象标识(OID)。对象是现实世界中实体的模型化,与记录、元组类似。

(2)封装。每个对象是其属性与行为的封装,行为是对象上的操作方法。

(3)类。同一属性集合及方法集合的所有对象组合在一起构成一个对象类class,简称为类。一个对象是一个类的实例。例如,教师是一个类,具体的某个教师是教师类中的一个对象。类是型,对象是值。每个类都包含了属性和方法,而每个属性可以是基本的数据类型(如整型、字符型)。

(4)继承。类可以继承,即一个类可以有多个超类,分为直接的超类和间接的超类。一个类可以继承它的所有超类的属性和方法。

(5)消息。对象是封装的,对象之间的通信是通过消息传递来实现的,即消息从外部传递给对象,存取和调用对象中的属性和方法,在内部执行要求的操作,操作的结果仍以消息的形式返回。

如图13.3所示,教工和学生分别定义为教工类和学生类,它们都继承了人这个类,教工类和学生类也都继承了人的所有属性和方法。同样,本科生继承了学生类及人类的所有属性和方法。李思是学校的一名具体教师,他具有教工类的所有属性和方法,他有姓名、性别、职称等属性,他具有教书这个方法,同时还封装了其他一些方法。

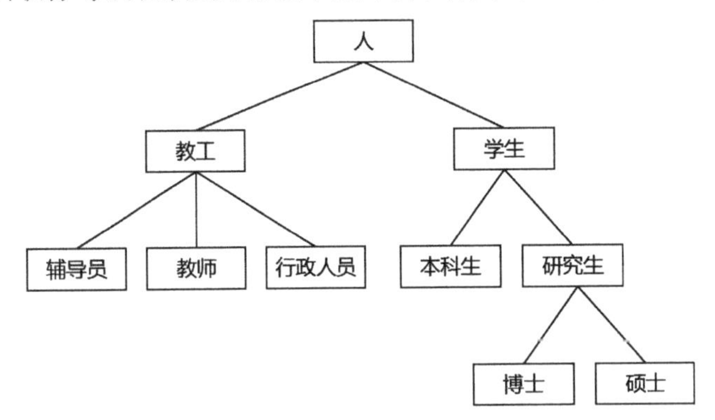

图13.3 “人”类及继承关系

2.面向对象数据库子语言

1993年,对象数据库管理组(Object Data Management Group,ODMG)形成工业化的面向对象数据库标准ODMG93。它是基于对象的,把对象作为基本构造,是用于面向对象数据库管理产品接口的一个定义。各个产品对ODMG93思想的实现区别很大。1997年,ODMG组织公布了第二个标准——ODMG97,内容涉及对象模型、对象定义语言、对象交换格式、对象查询语言,以及这些内容与C++、Smalltalk Java之间的衔接。对象定义语言(Object Definition Language,ODL)是基于面向对象定义的语言,而对象查询语言(Object Query Language,OQL)是基于面向对象的数据查询语言。

13.3.2 对象关系数据库管理系统介绍

基于对象关系数据模型建立的数据库系统称为“对象关系数据库系统”(ORDBS)。对象关系数据库管理系统(ORDBMS)具有关系数据库管理系统的功能,同时又支持面向对象的某些特性,主要是能扩充基本数据类型、支持复合对象、增加复合对象继承机制和支持规则系统。它是在传统的关系数据库管理系统的基础上增加面向对象的特性,把面向对象技术与关系数据库技术结合起来。

1.对象关系数据库子语言

20世纪80年代中期,随着面向对象技术的兴起,人们设法在SQL标准语言的基础上增加面向对象内容,1999年,国际标准化组织(ISO)发布了SQL-3标准,该标准又称为SQL:1999OSQL-3支持对象关系数据库模型。SQL-3包含以下几部分内容。

(1)具有关系数据库系统SQL的基本功能。

(2)具有定义复杂数据类型和抽象数据类型的功能。

(3)具有数据间组合与继承的功能。

(4)具有函数定义和使用的功能。

(5)SQL-3以表为基本数据结构,它的定义形式和查询语言与传统的SQL类似。

2.OODBMS、ORDBMS、RDBMS的区别

RDBMS不支持用户自定义数据类型和面向对象的特征,而ORDBMS和OODBMS支持。ORDBMS支持SQL-3语言标准,而OODBMS支持ODMG97中的OQL和ODL。另外,ORDBMS和OODBMS面向对象的实现原理不同,ORDBMS是在RDBMS中增加新的数据类型和面向对象的特征;而OODBMS则是在程序设计语言中增加DBMS的功能。

13.4　分布式数据库

1.分布式数据库的定义

分布式数据库系统是物理上分散、逻辑上集中的数据库系统。它使用计算机网络将地理分散而管理和控制又需要不同程度集中的多个逻辑单位连接起来,共同组成一个统一的数据库系统。它是计算机网络与数据库系统的有机结合。

在分布式数据库系统中,被计算机网络连接的每个逻辑单位是能够独立工作的计算机,这些计算机称为站点或场地,也称为结点。地理位置上分散是指各个站点分散在不同的地方,大到不同的国家,小到一个机房。逻辑上集中是指各站点之间虽然不是相关的,但它们是一个逻辑整体,并由一个统一的数据库管理系统进行管理,这个数据库管理系统称为分布式数据库管理系统(Distributed DataBase Management System,DDBMS)。分布式数据库系统的体系结构如图13.4所示,每个大圆圈就是一个结点。各个结点通过通信网络连接起来,每个结点一般是一个集中式数据库系统,它由数据库服务器及若干终端(客户机)构成。

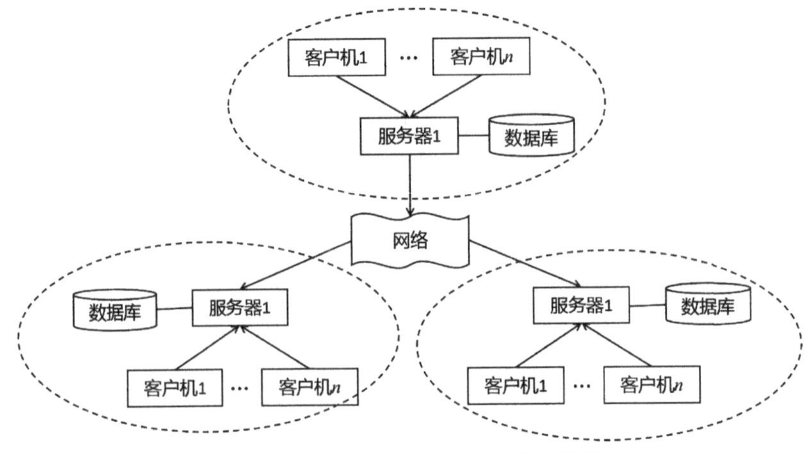

图 13.4　分布式数据库系统的体系结构

2.分布式数据库的特点

(1)物理分布性。

分布式数据库系统中的数据不存储在一个结点上,而是分散在由计算机网络连接起来的多个结点上,但这种分散对用户是透明的,用户感觉不到。

(2)逻辑整体性。

虽然这些数据物理分散在不同结点,但是逻辑上却是统一的,它们被所有用户共享,由一个分布式数据库管理系统统一管理。

(3)站点自治性。

各个站点的数据由本地的数据库管理系统所管理,完成本站点的局部应用。

(4)场地之间的协作性。

各个场地虽然具有较高度的自治性,但又相互协作构成一个整体,用户可以在任何一个场地执行全局应用。

3.分布式数据库分类

(1)同构同质型 DDBS:各个场地采用同一类型的数据模型(如都是关系型),并且是同一型号的 DBMS。

(2)同构异质型 DDBS:各个场地采用同一类型的数据模型,但是 DBMS 的型号不同,如 DB2、Oracle、MySQL、Sysbase、SQLServer 等。

(3)异构型 DDBS:各个场地的数据模型不一样,DBMS 的型号也不同。

4.分布式数据库的举例

(1)假设一个银行系统由多个分布在不同城市的支行系统组成,如图 13.5 所示。每个支行是这个系统中的一个结点,它存放了其所在城市的所有账户的数据库。各个支行通过网络连接可以相互通信,组成一个整体的银行系统。

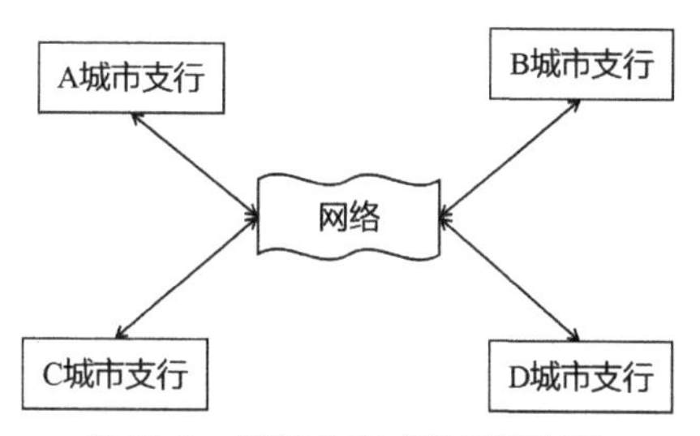

图13.5　银行分布式数据库架构

当用户需要异地存取款时，就称为一个全局事务，需要各个结点通信来解决。例如，用户在A城市开了账户并存了10 000元钱，则此用户的账户信息存放在A城市的数据库服务器中，当此用户要在B城市取钱时，A城市的计算机就要将这一全局事务通过结点通信进行处理。

（2）图13.6是一个高校数据库系统架构，该学校由A、B、C三个校区组成，每个校区的师生及相关数据都保存在当地数据库服务器，如A校区的教师及学生数据保存在A校区。如果想查询A校区所有教授的信息，那么只需要查询A校区的数据库服务器，这种查询只涉及一个站点，叫作局部查询。如果想查询整个学校所有教授的信息，那么这个查询将检索所有数据库服务器，分别检索A、B、C三个数据库服务器的教授信息，最后把三个站点的查询结果进行合并。这种涉及多个站点的查询叫作全局查询，也属于全局事务。

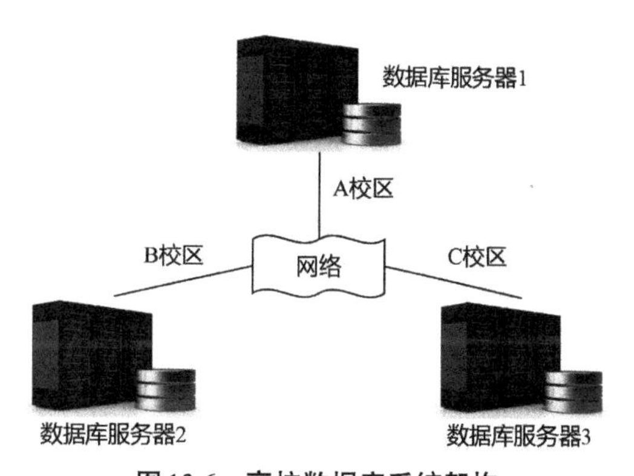

图13.6　高校数据库系统架构

13.5　并行数据库

1. 并行数据库的定义及相关概念

并行数据库是并行技术与数据库技术相结合的产物，也是当今社会研究的热点数据库技术之一。处理机、内存、芯片等物理元件的发展潜力越来越小，不可能无限制地提供其速度和功能。并行处理技术利用大量处理机并行处理来提高性能，已经证明不仅具有极大的可行性，而且也是计算机发展的必由之路。

并行数据库可以充分发挥多处理机结构的优势，将数据分布存储在多个磁盘上，并且利用多个处理机对磁盘数据进行并行处理，以提高速度。并行数据库管理系统的基本思想是通过先进的并行查询技术，开发查询间并行、查询内并行以及操作内并行，来提高性能和查询的效率。

2.并行数据库的体系结构

并行数据库系统的基本思想是通过并行执行来提高性能。其体系结构主要分为全共享结构、无共享结构、共享磁盘结构三类，如图13.7所示。

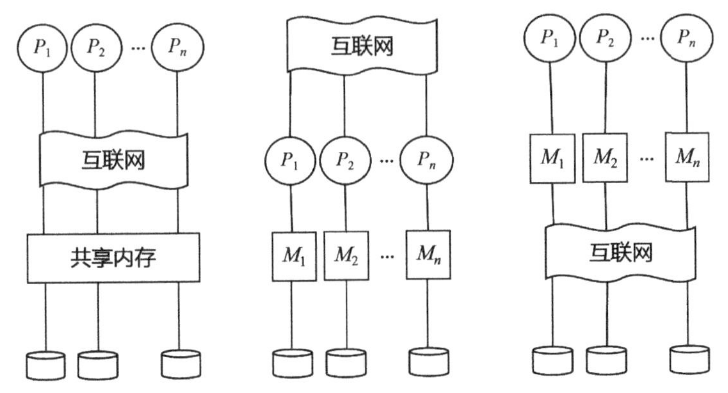

图13.7　并行数据库的体系结构

全共享结构：主要指多个处理机通过网络进行通信，共享访问内存和磁盘。因此，内存访问冲突将会是这种并行结构的瓶颈，这种结构中CPU的数目不能太多。

无共享结构：每个处理机有自己独立的磁盘和内存，处理器之间通过网络进行通信。此种结构被认为是最佳的并行数据库结构。

共享磁盘结构：每个处理机有自己独立的内存，通过网络共享访问磁盘。这种结构消除了内存访问的瓶颈，但是磁盘访问冲突成为瓶颈。

并行数据库系统中虽然已经取得了一些成果，但是仍然有大量问题需要研究。

(1)并行体系结构。

(2)为提高并行查询效率，研究并行操作算法。

(3)并行查询优化。

(4)并行数据库的物理设计。

(5)并行数据库的数据加载和再组织技术。

并行数据库与分布式数据库经常在一起结合使用，它们有很多相似点，都是利用网络连接各个数据库结点，所有结点构成逻辑上统一的整体。但是它们有很大的不同，主要有：①应用目的不同。并行数据库是调动所有结点并行地完成某个任务，提高整体性能；分布式数据库的目的是实现站点自治和全局透明共享。②网络连接方法不同。并行数据库系统采用高速网络将各个结点连接起来，实现高速传输，而分布式数据库系统采用局域网和广域网连接，传输速率较低。③结点地位不同。并行数据库中的各个结点不是独立的，必须在数据处理中协同作用，才能实现系统功能；而分布数据库系统的每个站点可以自治，有独立的数据库系统，可以独立完成局部应用，也可以协同完成全局应用。

13.6　空间数据库

1.空间数据库的定义与应用领域

空间数据库（spatial data base）是以描述空间位置和点、线、面、体特征的位置数据（空间数据）以及描述这些特征的属性数据（非空间数据）为对象的数据库，其数据模型和查询语言能支持空间数据类型和空间索引，并且提供空间查询和其他空间分析方法。

空间数据用于表示空间物体的位置、形状、大小和分布特征等信息，用于描述所有二维、三维和多维分布的关于区域的信息，它不仅表示物体本身的空间位置和状态信息，还能表示物体之间的空间关系。非空间信息主要包含表示专题属性和质量的描述数据，用于表示物体的本质特征。因此，凡是需要处理空间数据的应用，都需要建立高效的空间数据库，主要应用领域包括如下。

（1）地理信息系统（GIS）。在GIS中，需要广泛地处理空间数据，包括点、线、两维或者三维区域。例如，一幅地图包含对象（点）、河流和高速公路（线）以及城市和湖泊（面）的位置，因此需要数据库有效地管理这些数据。

（2）计算机辅助设计和制造系统。如所要设计对象的表面（像飞机的机身）。

2.空间数据的分类

根据空间数据的特征，可以把空间数据分为三类。

（1）属性数据：描述空间数据的属性特征的数据，也称为非几何数据，如类型、等级、名称、状态等。

（2）几何数据：描述空间数据的空间特征的数据，也称为位置数据、定位数据，如用X、Y坐标来表示。

（3）关系数据：描述空间数据之间的空间关系的数据，如空间数据的相邻、包含和相交等，主要指拓扑关系。拓扑关系是一种对空间关系进行明确定义的数学方法。

为了将空间数据及其属性数据有效地组织和管理起来，必须建立结构合理的空间数据库，由于空间数据和一般的数据不完全一致，因此，空间数据库的设计有其自身的特点。它主要有以下四种组织形式。

①文件与关系数据库混合型组织形式。

用关系型数据库管理系统管理属性数据，而用文件管理系统管理几何图形数据。在这种管理形式中，属性数据与几何图形数据通过系统内部生成的唯一标识符进行关联。

②全关系数据库型组织形式。

图形数据和属性数据都用关系数据库管理系统进行管理。

③对象关系型数据库组织形式。

在关系型数据库管理系统的基础上增加了对面向对象的支持，这种方式比较好兼容异构数据的访问，具有对空间数据类型和海量数据的兼容，又具备传统关系数据库管理系统的特点，因此它是GIS空间数据管理的主流。

④面向对象数据库组织形式。

面向对象模型最适合于空间数据类型的管理，但是它本身还不成熟、价格昂贵，目前在GIS领域还不通用。

3.空间查询语言的分类

查询语言是数据库管理系统中的核心要素，SQL是关系型数据库管理系统的查询语言标准。那么，在空间查询语言的设计上，空间查询语言大体分为：①基于SQL扩展的空间查询语言，如GSQL，它支持空间数据类型、空间数据运算符、空间关系运算以及空间分析；②可视化查询语言，它主要使用直观的图符等来表示空间概念，用不同的图符组成空间查询语句，并以直观的图、表、多媒体等形式展现查询结果；③自然查询语言三种方法。一般采用第一类方法描述空间数据查询。常用的空间数据查询操作有精确匹配查询、点查询、空间区域查询、最临近查询。为了提高查询效率，在空间数据库中还存在多种类型的空间数据索引。

在商用数据库管理系统Oracle和SQL Server中都由空间数据库组件来存储和管理空间数据，如Oracle Spatial是Oracle从版本8i开始推出的空间数据管理组件，它负责对空间数据进行有效存储、获取以及分析的操作。SQL Server从2008版本开始提供了全面的空间支持。

13.7　数据仓库与数据挖掘

数据仓库是一种数据存储和组织技术，是决策分析的基础。它将分布在不同站点的相关数据集成到一起，为决策者提供各种类型的、有效的数据分析，起到决策支持的作用。

数据挖掘是一种决策支持过程，它基于多学科技术，包括数据库技术、统计学、机器学习、信息科学、可视化等，高度自动化地分析原有的数据，从中挖掘出潜在的模式，预测未来的行为。

随着软硬件技术的发展，互联网、电子商务、移动网络、无线网络、物联网的广泛使用，数据量爆炸式增长，人们对数据的处理要求已经不仅满足于在线联机事务处理

(OLTP),更多向在线联机分析处理(OLAP)转变,并逐步向数据挖掘及大数据挖掘扩展。

1.数据仓库的定义及相关概念

W.H.Inmon提出数据仓库是一个面向主题的、集成的、时变的、非易失的数据集合,支持管理决策制定。数据仓库围绕一些主题,如顾客、供应商、产品和销售组织。数据仓库关注的内容不再是日常操作和事务处理,而是决策者的数据建模与分析。数据仓库将多个异种数据源经过抽取、清洗、转换、集成在一起。保存的数据多是历史性的数据,它与日常操作的事务数据分开存放。

通过数据仓库上的联机分析处理,更多关注的是支持决策活动的信息,如顾客购买模式包括喜爱买什么、购买时间、消费习惯,根据季度、年、地区的营销情况比较,重新配置产品和投资,调整生成策略,管理顾客关系,如哪些产品最受15~20岁女性欢迎,病房花在每个患者身上的成本和时间是多少等。

2.数据仓库的体系结构

数据仓库通常采用四层结构,如图13.8所示,它由ETL工具(数据提取、清洗、转换、装入、刷新)、数据仓库服务器、OLAP服务器、前端工具组成。

数据仓库的数据来源经常是异地异构异种数据源,如记事本、Excel、关系数据库、非关系数据库等,只能通过ETL(Extract Transform Load)工具抽取、清洗、转换,形成统一的格式装入数据仓库中。

数据仓库服务器相当于管理数据库的系统,它负责数据仓库中数据的存储管理和存取,并为上层服务提供接口。目前,数据仓库服务器一般是关系数据库管理系统或者扩展的关系数据库管理系统。

OLAP服务器为上层服务提供多维数据视图和操作。顶层是前端工具,包括查询和报表工具、分析工具、数据挖掘及结果可视化工具等。

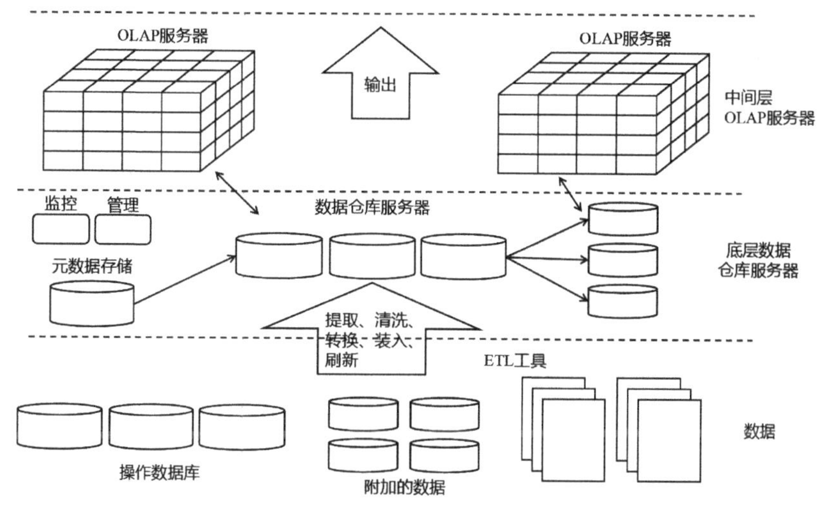

图13.8　数据仓库的体系结构

3.数据仓库的设计方法

数据仓库的设计方法和数据库的设计方法类似,大体上分为以下六个步骤。

(1)需求分析。收集相关信息,理解系统信息结构,了解用户需求。

(2)概念模型设计。这一阶段的工作类似于数据库设计的概念模型设计。其主要任务是确定系统边界,确定数据仓库的主题及内容,一般用E-R图表示法描述实体及实体之间的联系。

(3)逻辑模型设计。这一阶段的任务主要是确定主题和维度信息,确定粒度层次划分,确定数据分割策略,以及关系模式定义。它实际就是把不同主题和维度的信息映射到数据仓库中的具体表。

(4)物理模型设计。设计数据的存放形式和组织形式,确定数据的存储结构、存放位置、存取方法、存储分配。

(5)数据仓库实施。数据仓库的生成,数据装入。

(6)数据仓库的使用和维护。使用数据仓库调整和完善系统,维护数据仓库。

4.联机分析处理(OLAP)

联机分析处理是以海量数据为基础,基于数据仓库的信息分析处理过程。OLAP工具基于多维数据模型,如某种产品某季度在每个地区的销售数量,如图13.9所示。多维数据模型由维和事实表构成。每个维对应于一个表,叫维表。多维数据模型围绕中心主题组织,该主题用事实表表示。事实表包含事实的名称和度量值,以及每个相关维表的关键字,在图13.9中有城市维、时间维、产品维,605表示家庭娱乐产品Q1季度在温哥华的销售数量。

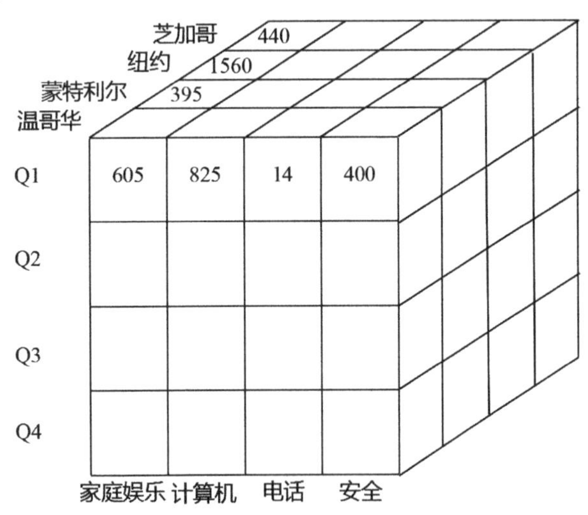

图13.9 多维数据模型

多维数据模型常以星形模式、雪花模式、事实星座模式存在。

星形模式由一个事实表及一组维表构成,类似星形。如图13.10所示,每个维只用一个表表示,包含一组属性,该图描述的是销售数据,表示某产品在某时间、某地区每个销售员销售给不同客户的销售数量，图中有六个维，它们是产品、订单、销售员、客户、地区名称、日期标示，分别有一组属性对这六个维进行描述。

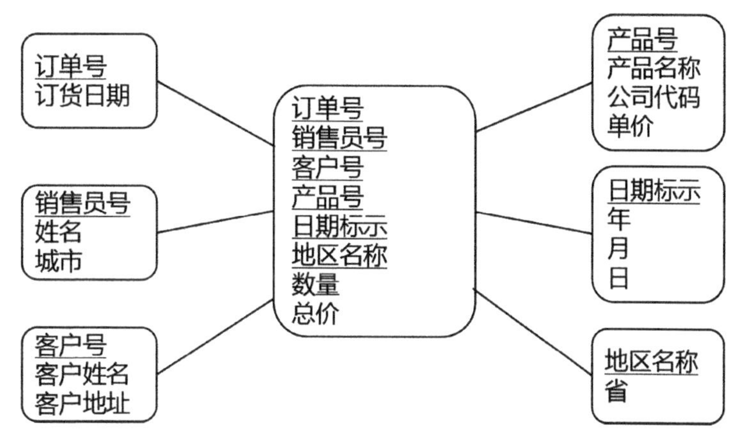

图13.10　星形模式

雪花模式在星形模式的基础上，维表可以进行进一步分解。如图13.11所示，产品维中的公司属性进一步由属性“公司名称”和“地址”描述。

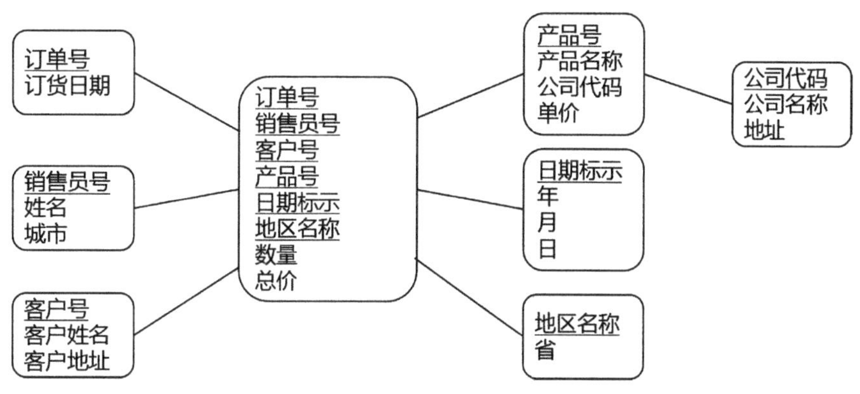

图13.11　雪花模式

常用的OLAP操作有切片、切块、旋转、上卷、下钻等。通过这些操作，用户可以深入观察、分析数据，从而获取包含在数据里的信息。

5. 数据挖掘的定义

到底什么是数据挖掘呢？它除了可以解答某种现象为什么发生，还可以解答未来将会发生什么。

数据挖掘是从大量数据中发现并提取隐藏在内的、人们事先不知道的，但又可能有用的信息和知识的一种新技术。数据挖掘是数据库中知识发现不可缺少的一部分，而知识发现是将未加工的数据转换为有用信息的整个过程，如图13.12所示，该过程包括一系列的转换步骤，从数据的预处理到数据挖掘结构的后处理。

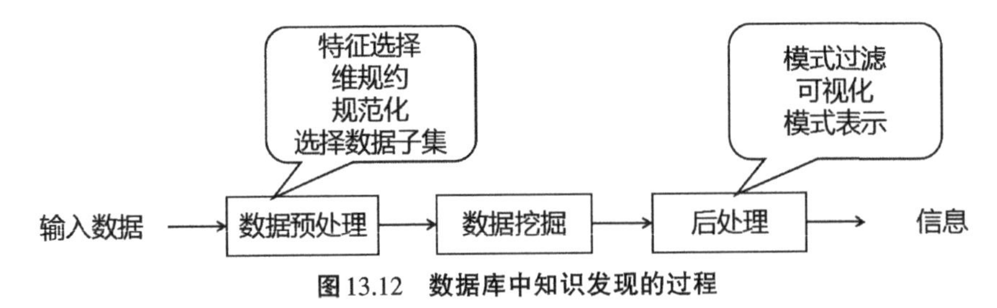

图13.12 数据库中知识发现的过程

数据挖掘的数据主要有两种来源,既可以来自数据仓库,也可以来自数据库。而这些数据往往是不完全的、有噪声的、模糊的、随机的,因此,在数据挖掘前一般都需要对数据进行预处理,如清洗、转换等。数据挖掘过程如图13.13所示。

(1)数据清洗:消除噪声或不一致数据。

(2)数据集成:多种数据源组合在一起。

(3)数据选择:从数据库中提取与分析任务相关的数据。

(4)数据变换:数据变换或统一成适合挖掘的形式。

(5)数据挖掘:使用挖掘算法提取数据模式。

(6)模式评估:根据某种兴趣度度量,识别提供知识的真正有趣的模式。

(7)知识表示:使用可视化和知识表示技术向用户提供挖掘的知识。

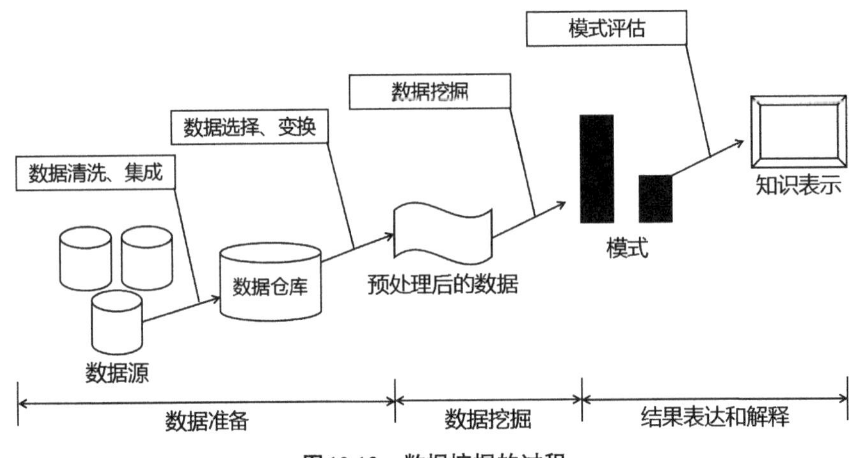

图13.13 数据挖掘的过程

6.数据挖掘的任务

数据挖掘的主要任务主要包括聚类分析、预测建模、关联分信息和异常检测等。

7.大数据上的数据挖掘

目前,大数据时代对数据挖掘又提出了新的机遇和挑战。数据量的剧增给数据挖掘提供数据基础的同时,如何存储、管理、快速分析及挖掘这些大数据又成了新的问题,数据类型的多样化及复杂化给数据挖掘提出新的难题。因此,针对大数据的存储等问题,大数据时代对数据挖掘体系结构提出新的改进。

13.8 大 数 据

科技界和工业界正在研究大数据理论和技术以及开发大数据系统，孕育新的数据学科，形成新的产业，它将给人们带来无穷的、变化的、灿烂的前景。不管是大数据理论，还是技术、系统及应用，都还没有成熟，这些内容将会不断地被更新、发展，最终形成新的标准体系。

1.大数据概述

数据的发展从20世纪70年代中期出现的超大规模数据库（Very Large DataBase，VLDB）里保存了数百万条数据，到21世纪初更大数据集及更丰富数据类型的“海量数据”，再到如今，数据已经渗透到每个行业和业务职能领域。随着互联网、移动互联网、物联网大潮的高速发展以及IT技术的快速进步，很多企业面临海量的交易数据、顾客信息、供货商信息和运营数据等，传感器、智能手机、工业设备等都产生了海量数据，用户访问网站的海量点击记录数据，电子商务网站的在线购买记录、通信数据、RFID（无线射频识别）、多媒体数据、医疗数据、微博数据、社交网络数据等。2008年，*Science*推出了“大数据”专刊，通过多篇文章全方位介绍了大数据问题的产生及对各个研究领域的影响，首次将“大数据”这一概念引入科学家和研究人员的视野。

2.大数据的定义

维基百科对大数据的定义：大数据是指其大小或复杂性无法通过现有常用的软件工具以合理的成本并在可接受的时限内对其进行获取、管理和处理的数据集。这些困难包括数据的收录、存储、搜索、共享、分析和可视化。

专家对大数据的定义：大数据通常被认为是PB（10^3 TB）、EB（10^6 TB）或更高数量级的数据，包括结构化的、半结构化的和非结构化的数据。

Gartner咨询公司、IBM、微软、SAS公司等分别都给出了大数据的定义。总结起来，大数据应该包含四个V特征。

第一个V（Volume）：大规模。统计数据表明，2010年全世界信息总量是1 ZB（1 ZB $=10^6$ GB），最近三年人类产生的信息量已经超过之前历史上人类产生的所有信息之和。Twitter一天产生1.9亿条微博，搜索引擎一天产生的日志高达35 TB，Google一天处理的数据量超过25 PB，YouTube一天上传的视频总时长为50 000小时等。

第二个V（Velocity）：高速度。主要指数据实时性，数据到达的速度快、处理时间短、响应快，具有强时效性。

第三个V（Variety）：多样化越来越多的应用产生的数据不再是结构化的关系数据，更多的是半结构化、非结构化数据，如文本、图形、图像、音频、视频、网页、博客等。截至2012年年末，非结构化数据占整个数据量的比例为75%以上。

第四个V(Value):价值。大数据中蕴藏着巨大价值,早在1980年,有人就提出“数据就是财富”。

正是因为大数据有以上特征,所以给我们现存的数据存储、数据处理、数据管理、数据分析技术提出了挑战和新的课题。

从内存容量、硬盘容量、处理器速度等物理硬件的性能上考虑,可以采用一主多从的集中式数据存储管理系统,如Google的BigTable,但更多的是采用无主从结点之分的分布式并行架构的非集中式数据存储管理系统,如集群、云存储(如Amazon的Dynamo)。

传统的数据管理技术已经无法管理海量半结构化、结构化的数据,因此,需要开发出高并发、高性能、高可用新的数据库系统,如NoSQL、NewSQL等。

海量数据处理的方法中,MapReduce是最流行的处理方法之一,它是Google公司的核心计算模型,它将复杂的运行于大规模集群上的并行计算过程高度地抽象为Map和Reduce两个函数。

同样,大数据对传统的数据分析提出了新的要求。传统的数据分析算法对处理同构的关系数据比较成熟,而对非结构化、半结构化的数据不一定适用。

因此,目前大数据各种相关技术(包括存储、分区、复制与容错、压缩、缓存、数据处理、分析等)都处于积极发展时期,都还没有很成熟的理论,是亟待大家努力去发展的学科方向。

随着NoSQL,NewSQL数据库的迅速崛起,针对市场上大数据数据库管理系统进行调查,当今数据库系统“百花齐放”,现有数据库管理系统达数百种之多。数据库系统新格局主要分为非关系分析型数据库管理系统、关系分析型数据库管理系统、关系操作型数据库管理系统、非关系操作型数据库管理系统、数据库缓存系统五类。其中,非关系操作型数据库管理系统主要指的是NoSQL,分为键值数据库、列式存储数据库、图形存储数据库以及文档数据库四大类;除了传统的关系型数据库管理系统外,关系操作型数据库管理系统主要还包括NewSQL数据库管理系统。

3.NoSQL

NoSQL有两种解释:一种是非关系数据库;一种是Not Only SQL,不仅仅是SQL。NoSQL数据库系统支持的数据模型通常分为键值模型、文档模型、图模型、列式存储模型。NoSQL系统为了提高存储能力和并发读写能力,采用简单的数据模型,支持简单的查询操作,把复杂的操作留给应用层实现。NoSQL系统在体系结构、数据存储、数据模型、读写方式、索引技术、事务特性、动态负载均衡策略、副本管理策略、数据一致性策略上和传统关系型数据库完全不同。

4.NewSQL

NewSQL是对各种新的可扩展、高性能的SQL数据库的简称,它把关系模型的优势融入到分布式体系结构中。从一开始就将SQL功能考虑在内,并且精简传统关系数据库中不必要的组件，提高执行效率，可以完整无缝地替换原有系统的关系数据库。NewSQL将SQL与NoSQL的优势结合起来，支持高扩展性，如SQL语句、ACID一致性约束、高可用性、Hadoop集成等。典型的代表有MySQL Cluster，它是MySQL的集群版本，既适合高可用集群，也适合高性能计算集群。

13.9　小　　结

本章介绍了数据库系统发展的特点及数据管理技术发展的趋势，简单讲述了面向对象数据库管理系统、对象关系型数据库管理系统、分布式数据库、并行数据库、空间数据库、数据仓库、数据挖掘、大数据等基本概念。

习　　题

1. 查找资料，了解非关系数据模型的市场占有情况。
2. 查找资料，了解非关系数据库的设计过程。
3. 查找资料，了解大数据的应用情况。
4. 列出几种常用的数据挖掘算法，并给出其使用的环境。
5. 选择一种非关系型数据库管理系统，下载并安装使用。